“十三五”国家重点研发计划课题
（2020YFB2103901）资助

“十三五”国家重点图书出版规划项目
生态智慧与生态实践丛书

生态城市
实践指引

A Practical Guide
to Eco-City

象伟宁　丛书主编
颜文涛　著

中国建筑工业出版社

审图号：GS(2021)4688号
图书在版编目(CIP)数据

生态城市实践指引 = A Practical Guide to Eco-City / 颜文涛著. —北京：中国建筑工业出版社，2020.9
（生态智慧与生态实践丛书 / 象伟宁主编）
“十三五”国家重点图书出版规划项目
ISBN 978-7-112-25534-4

Ⅰ. ①生… Ⅱ. ①颜… Ⅲ. ①生态城市—城市建设—研究 Ⅳ. ①X21

中国版本图书馆CIP数据核字（2020）第185863号

责任编辑：杨 虹 周 觅
书籍设计：付金红 李永晶
责任校对：芦欣甜

“十三五”国家重点图书出版规划项目
生态智慧与生态实践丛书
生态城市实践指引
A Practical Guide to Eco-City
象伟宁 丛书主编
颜文涛 著
*
中国建筑工业出版社出版、发行（北京海淀三里河路9号）
各地新华书店、建筑书店经销
北京雅盈中佳图文设计公司制版
北京富诚彩色印刷有限公司印刷
*
开本：787毫米×1092毫米 1/16 印张：$17^{3}/_{4}$ 字数：348千字
2021年3月第一版 2021年3月第一次印刷
定价：165.00元
ISBN 978-7-112-25534-4
（36548）

序

生态文明建设需要更多的具有生态智慧的实践学者

“绿化地球、修复地球、治愈地球——我们别无选择。”

——伊恩·L. 麦克哈格（Ian L. McHarg，1996）

“我非常渴望能够目睹和见证我们地球母亲的绿化、修复和治愈的过程。”美国景观规划大师和教育家伊恩·麦克哈格（1920—2001）在他 1996 年撰写的自传《生命·求索》（P.375）一书中这样地憧憬着他身后的未来，“在我的脑海中，我可以想象到自己和一群科学家在太空中眺望着地球，她那缩减的沙漠，增长的森林，清新的空气和纯净的海洋；我们会充满信心地期待着有一天，地球母亲的年轻后代庄严地宣布‘妈妈的病好了，她没事了！’”。

作为麦克哈格 20 世纪 80 年代的学生，我觉得在他身上体现出来的生态实践智慧（Ecophronesis）对于我们在当下探索并从事生态智慧引导下的生态实践研究从而更好地推动人类的可持续发展具有重大的启迪作用和指导意义。那么，什么是生态智慧引导下的生态实践研究呢？这是作为同济大学“生态智慧与城乡生态实践研究中心”首任主任的我时常被问到的问题。我的回答是：

生态实践（Ecological Practice）是人类为自身生存和发展营造安全与和谐的社会－生态环境（即“善境”）的社会活动，包含了生态规划、设计、建造、修复和管理五个方面的内容；生态实践研究（Ecological Practice Research）则是在从事生态实践时人们寻求知识和工具以解决实际问题的过程，旨在为善境的营造提供实用的知识与工具（Useful Knowledge and Tools），即与实践直接相关（适用，Pertinent）、能为实践者直接使用（好用，Actionable）、并且行之有效能产生预期效果（管用，Efficacious）；而生态智慧引导下的生态实践研究（Ecophronetic Practice Research）是生态实践研究的一种最佳范式。它具有两个显著的特点：一，从事实践研究的学者，即实践学者（Scholar-practitioner），肩负着创造知识与影响实践的双重职责；二，研究的过程体现了生态实践智慧。

作为《生态智慧与生态实践丛书》的主编，我十分高兴这套丛书为实践学者们提供了一个能充分展示和分享他们所从事的生态智慧引导下的生态实践研究的平台。

按照美国哲学家和规划理论家唐纳德·绍恩（Donald Schön，2001）的观点，在与各种社会实践（比如教育、法律、医学以及生态实践）紧密相连的学科当中，学者们在确定自己的学术定位时常常需要在理论研究与实践研究之间做出选择。实践研究的往往是棘手的、非理性的实际问题，缺少有时甚至没有科学或技术的解决方法；而理论研究的通常是理性的、甚至是理想化的问题，是能够通过科学的理论解答和现代技术解决的。但实践研究的问题往往是对人类影响最直接并最受人们关注的；而理论研究的问题的影响往往是间接的、相对来讲不那么重要，因而不受人们重视的。实践学者（Scholar-practitioner），按照美国管理学者埃德·史肯（Ed Schein）的定义，就是那些选择研究实际问题并且致力于寻求对实践者有用的新知识的学者们（Wasserman & Kram，2009）。

选择成为一名实践学者对一名学者来说意味着什么？意味着他需要：成为一名为了实践而研究实践的学者，而非为了科学或应用科学而研究实践的学者；肩负双重职责，即一方面寻求有用但未必是传统意义上新颖的知识，另一方面作为参与者主动地影响实践活动，而不是作为旁观者“客观地”点评和提建议；搭建理论与实践之间的桥梁；弥补理论与实践间的裂隙（关于理论与实践之间裂隙的近期讨论，请见 Sandberg and Tsoukas，2011）。对于一位生态实践学者，这一选择还意味着他要比其他学科的实践学者承担更多的责任和面临更多的挑战。其他学科（譬如教育学、机械工程、医学、法律等）的实践学者在研究中只需要关注和应对与人类相关的事务，而生态实践学者首先要面对的是人类与自然的关系，其次才是在这一大背景下的各种人类社会关系（Steiner，2016；Xiang，2016）。

生态智慧引导下的生态实践研究的第二个特点是其研究过程是在生态实践智慧的启迪与引领下推进的。作为亚里士多德提出的实践智慧（Phronesis）在生态实践领域的延伸，生态实践智慧（Ecophronesis）是人们在生态实践当中做出既因地制宜又符合道德标准的正确选择的卓越能力和随机应变、即兴创造的高超技巧（Xiang，2016）。具有生态实践智慧的人们（Ecophronimos，或称为智慧的生态实践者）能够通过他们的不懈努力为人类的生存与繁衍营造安全和谐的社会生态条件和环境，比如李冰和同行们建造并维持运行了 2000 多年的四川都江堰水利工程（Needham et al.，1971；Xiang，2014）；麦克哈格和他的同事们在半个世纪前规划、设计并建造的美国德克萨斯州 The

Woodlands 生态城（McHarg，1996；Yang and Li，2016）。体现在这些智慧的生态实践者身上的生态实践智慧对于当代生态实践学者们应对他们所面临的上述挑战具有重要的启迪和引导作用。比如，智慧的生态实践者们都有一个显著的特点，即在遵循生态实践逻辑与应用生态科学逻辑之间能够找到一个很好的平衡。对他们而言，科学理论的严谨与其在生态实践当中的实用之间从来不存在无法逾越的裂隙。又如，智慧的生态实践者探寻实用知识和工具的方式对生态实践学者的研究也极有启发。他们以解决实践当中出现的问题为唯一目的，通过研究产生在生态实践当中适用（相关）、好用（可操作性强）和管用（有效）的知识和工具，即实用的知识和工具。这种研究方式不仅完全不同于生态科学，而且与应用生态研究也不同。在应用生态学研究中，生态实践通常被认为是验证和完善生态学知识、方法与原理的实验，或被当作展示科学原理相关性的平台。

因此，我相信生态智慧引导下的生态实践研究不仅有着生态科学研究和应用生态学研究所无法替代的作用，而且其发展的前景会很好，并会吸引更多学者的有意识关注和积极加入。事实上，许多学者，包括这套丛书的一些作者，已经在以实践学者的身份正在从事这样的研究，只是他们或许还不知道或并没有将自己从事的研究称之为生态智慧引导下的生态实践研究。

通过这套《生态智慧与生态实践丛书》，我希望读者不仅能学习到生态实践研究的途径和产生的实用的知识，更能从生态智慧引导的生态实践研究这一新视角以文会友，结识一批立志服务于实践的杰出的具有生态智慧的学者们。我也相信大家会像我一样，在我们的研究工作中，效法他们，为更好地开展服务于实践的学术研究作出自己的贡献。

象伟宁

教授、主任

同济大学建筑与城市规划学院生态智慧与生态实践研究中心

美国北卡罗来纳大学夏洛特分校地理与地球科学系

2017 年仲春

前言

本书是为规划师、建筑师、景观设计师，以及生态城市和生态社区的建设者和管理者所写。自从 20 世纪 70 年代联合国教科文组织（UNESCO）发起的“人与生物圈 (MAB) 计划”中提出了生态城市概念后，以理查德·瑞杰斯特（Richard Register）为代表的相关学者已经论述了生态城市的概念、内涵和原理，逐渐构建了相对完整的生态城市思想体系。撰写本书的最初目的之一是讨论“从规划、建设、管理层面如何实施生态城市？”。当然，由于生态城市实践涉及的议题复杂，并非本书能够完全囊括得了的，至少无法涵盖生态城市的所有实践环节。本书从本体论层面概略论述生态城市实践的整体全景，从物质层面聚焦讨论生态城市实践环节的若干技术性议题，从社会层面审视生态城市实践的公平与正义的议题。采用这种撰写方法，可以让我们对生态城市实践有个全貌而又有核心议题的理解。

本书第一章对生态城市研究动态进行了概括讨论，界定了生态城市实践的基本概念。由于城市系统的复杂性和非线性作用，我们难以对实践过程进行精确控制，所以关注生态实践过程中的动态适应性至关重要。尽管每座城市都有其特有的环境条件，它们向生态城市转变方式也各不相同，但是，若将生态城市规划建设视为一类综合的生态实践，我们还应该理解生态城市实践的共性特征和基本原则。本书第二章构建了生态实践的逻辑框架，提出了生态实践的五个基本法则，可以帮助规划决策者和规划设计师在深入理解生态实践“如何呈现”以及“为何如此呈现”，以提升生态实践过程中技术和政策的有效性，降低规划决策者和规划设计师主观上积极却造成客观上消极的可能性。

本书第三章对生态城市建设和规划内容进行全景式讨论。基于空间支持系统、环境支持系统、资源支持系统、经济支持系统、社会人文支持系统等五大系统，建立了生态城市建设指标体系。针对人居功能、生态环境、能源利用、固废处理、水资源管理、绿色交通、可持续建筑等生态城市建设内容，建立了生态城市建设综合指标体系，并与土地使用、城市设计与建筑控制、自然历史保护、基础设施、环卫与防灾共五个城市规划内容进行关联耦合，建立了生态城市规划指标体系。从政策法规、规划编制、生态技术共三个方面，提出了生态城市规划指标实施途径。

本书第四章至第十章主要从物质层面论述生态城市实践的七个议题，提出的策略和行动都是综合性的。其中，第四章至第七章分别从生物多样性、气候、水、能源四个方面，提出了城市行动策略和空间发展框架。改善城市生态系统中的生物多样性，可以促进城市复合生态系统的稳定性，对营造健康安全的城市人居环境具有重要意义。全球气候变化是 21 世纪人类面临的巨大挑战，城市是气候变化的高脆弱区。城市不仅是气候变化的主因，也是承担气候变化后果的主要承接者。城市化对区域水文系统产生了深远的影响，而城市化地区又依赖于区域健康的水文系统，要求城市和区域发展决策综合考虑水资源条件、水环境容量、水安全标准和水生态修复，构建城市健康水系统，以促进水的良性循环和城市和区域的可持续发展。由于城市空间结构与组织形态与城市能耗关系密切，我们提出了整合绿色空间与建设用地的城市空间结构、整合绿色交通与土地利用的城市形态结构、整合能源设施与绿色园区的产城融合结构等策略，形成提升能源绩效的城市开发综合行动框架。

绿色基础设施是应对城市各类环境问题以及实施精明保护的综合方案，并为城市绿色经济创造条件。第八章至第十章分别从绿色基础设施、绿色经济、生态系统服务三个议题，探索绿色基础设施规划实践的创新理念和行动框架。将不同尺度的绿色基础设施分别融入相应层级的法定规划，可以有效实现绿色基础设施的规划目标、规划内容和战略重点。土地利用变化是生态系统服务的主要驱动因素，将生态系统服务融入国土空间规划框架中，优化城乡生态空间结构，综合考虑生态系统服务的供需协同，将生态系统服务主动关联到城乡发展的安全生存、健康生活和产业定位等发展目标，才能更好地理解生态保护的社会价值。

技术不是万能的，生态城市实践过程充满了各种价值选择。我们当前面临的城市环境状况，是我们的政治和文化选择的直接结果。政治与文化因素不仅在过去、也会在现在和将来发挥持续的影响，是我们能否实现人和自然的共生关系的重要根源。城市及其各个系统都处于连续的动态演进过程，通过物质规划和建设可以调节城市系统的“初始状态”，而持久地维持和更新城市良好的生态状态，人和社会系统是关键。生态城市社会系统的建构或重构，可以通过影响个体的认知和行为强化过程，从而对生态城市实体环境功能的维持和更新，在某种意义上起决定作用。生态城市目标的实现，应该是社会系统和实体环境系统协同作用的结果。因此，本书第十一章的核心观点是，生态城市不能只依靠短期的“物质性途径”来实现，更需要长期的社会共识的培育。

前几十年我们更多关注生态新城的实践探索。随着城市存量更新时代到来，对存量背景下生态城市的实践探索尤其值得关注。存量背景下建设生态城市，需要从理念到实施路径的创新性探索。本书最后一章提出了视存量空间转型为实施生态城市的战略机遇、将生态城市战略作为存量空间的统筹框架、将存量更新作为生态城市战略的实施工具的观点，并提出城市存量空间的生态化转型策略和网络化建构路径。

本书有些内容已经在之前《城市规划》《城市规划学刊》《国际城市规划》《上海城市规划》《中国园林》《风景园林》《现代城市研究》等相关规划设计类刊物发表过的。也有些内容是我在学术会议上曾经公开宣讲过的，如，“生态城市实践的范式转型——实践科学研究的缺失和回归”（住建部城科会第十一届城市发展与规划大会，湖南长沙，2016 年 8 月）、“提升人类福祉的生态空间规划：供应侧与需求侧的协同逻辑”（住建部城科会第十三届城市发展与规划大会，江苏苏州，2018 年 8 月）、“生态实践智慧：理性与情感的美妙舞蹈”（Ecophronesis: A Cohesive Whole of Reason and Emotion）（首届生态智慧与城乡生态实践前沿同济讲堂，2017 年 5 月）。

本书撰写完成得益于我的学习和研究经历。我记得 1994 年 6 月某一天，我研究生毕业后十分幸运地加入重庆大学（原重庆建筑工程学院）黄光宇先生的研究团队，参与完成了全国各地的一系列法定规划以及非法定规划项目。黄先生是我进入生态城市和生态规划研究领域的引路人，虽然黄先生已经离开我们十多年了，撰写本书时经常会回忆往昔项目调研和研究讨论时的场景，他的形象时时会浮现在我眼前，我会永远感谢他。另外，十分感谢北卡罗来纳大学夏洛特分校、同济大学兼职教授象伟宁先生。我记得 2013 年 6 月某一天，我十分幸运地遇到象伟宁教授，并跟随象伟宁教授参加成都都江堰水利工程和都江堰水利灌区人居环境的考察活动，考察过程中跟象伟宁教授的交流让我深受启发，本书很多思想得益于 2013 年及以后与象伟宁教授的多次交流。

我还要感谢原来黄光宇先生研究团队的朋友和同事，他们是邢忠、杨柳、周茜和叶林，跟他们的学术交流或日常工作交往，都让我受益匪浅。特别感谢我的妻子邹锦博士和我的女儿颜陌兮，由于她俩的全力支持和鼓励，我才能有更多的精力投入到本书的写作中。本书撰写过程中，我的博士生黄欣、陈卉、卢江林，以及硕士生李子豪、万山霖、刘小涵、李思静、王雨琪在资料收集、图表制作等方面给予了大力协助。在此，谨向他们表示诚挚的感谢。最后，特别感谢中国建筑工业出版社的杨虹编辑，她的支持和鼓励，使得本书出版从一个申请快速地转变为现实。

2021 年 2 月于上海

目录

第一章

生态城市
实践动态

20 世纪 60 年代以来，环境危机深刻影响着地球的每一个角落，人口膨胀、资源耗竭、污染加剧、全球变暖、灾害频繁、环境恶化、粮食危机……所有这一切，正在威胁着地球生物圈所有生命体的生存与发展，社会经济可持续发展面临着严峻的挑战。资本驱动下的工业文明已经达到其最高成就，但人与自然的关系并没有随着技术和社会革新而得到根本的改善（Grimm et al.，2008）。我们致力于矫正人类和自然的失衡关系，试图通过工程技术和材料创新来解决人居环境问题的同时，却总是伴随着产生其他一系列的环境问题（Alexander，2008；颜文涛等，2012）。人居环境问题越来越突出，特别是在发展中国家，人与自然的和谐关系遭遇巨大的挑战（Cohen，2006；Seto et al.，2010；Wu，2014；颜文涛等，2017）。完全追求生产力最大化的工业文明逐渐陷入困境，人类社会的可持续发展需要一种新的文明模式，将进入追求人与自然和谐的生态文明新时代。

1　生态城市认知

1.1　生态城市概念

生态城市（Eco-City），也称生态城，这一概念最早是在 20 世纪 70 年代联合国教科文组织（UNESCO）发起的“人与生物圈（MAB）计划”中提出的。几十年来，作为一种城市发展理念，生态城市的内涵随着社会和科技的发展，不断得到充实和完善，反映了人类对人与自然关系认识的提高，同时也是人类在谋求自身发展之路上的不断思考。

关于生态城市的理论研究发端于 20 世纪 80 年代，从最初在城市中运用生态学原理，发展成为包括城市自然生态观、城市经济生态观、城市社会生态观和复合生态观等综合生态理论。1984 年，苏联生态学家杨诺斯基（O. Yanitsky）提出生态城市是按生态学原理建立起来的高效、和谐的人类栖境，物质、能量、信息在其中被高效利用、良性循环，技术与自然充分融合，居民的身心健康和环境质量都维持在较高水平（黄光宇和陈勇，2002）。1987 年，美国学者瑞杰斯特（Richard Register）提出了关于生态城市的一系列原则，并在伯克利进行了生态城市的规划建设实践。他认为生态城市是一座与自然平衡的城市，追求人类和自然的健康与活力（Register，2007）。

在国内学界，黄光宇先生将生态城市概括为“社会和谐、经济高效、生态良性循环的人类住区形式”，具有“自然、城市、人融为有机整体，形成互惠共生结构”的特点（黄光宇和陈勇，2002），是根据生态学原理，应用现代科学与技术手段协调人工系统与自然系统的关系，从资源的保护、利用和循环再生出发，提高城市生态系统的自我调节、修复、维持和发展的能力，使人、自然、环境融为一体，互惠共生的关系。宋永昌等（1999）认为生态城市应该是环境清洁优美、生活健康舒适、人尽其才、物尽其用、地尽其利、人和自然协调发展、生态良性循环的城市。杨保军和董珂（2008）认为生态城市是有效运用具有生态特征的技术手段和文化模式，实现人工—自然复合系统良性运转以及人与自然、人与社会可持续和谐发展的城市，是城市本体与其周边整体环境的共生关系。上述关于生态城市的概念定义，均体现了人和自然和谐共生的关系模式这一核心内涵。

此外，还有众多国内外学者也进行了相关研究，对人与自然关系的认识得以不断深入和升华。简而言之，生态城市就是按照生态学原理建设的和谐、高效、可持续发展的人类理想聚居环境。它具体体现为：建立在人类对人与自然关系更深刻认识的基础上的新的文化观；按照生态学原则建立起来的社会、经济与自然协调发展的新型社会关系；有效地利用环境资源实现可持续发展的新的生产和生活方式。生态城市实践是指人类为营造安全与和谐的城市环境的社会活动，主要包括生态城市的规划与实施、设计与营造、管理与反馈等方面内容。

1.2　相近名词辨析

当前，在全球环境变迁以及局部环境退化的背景下展开的可持续城市实践过程中，与生态城市相关的名词层出不穷，并经常被混为一谈，例如：低碳城市、海绵城市、绿色城市等。

但认真分析这些名词，其提出的背景通常是针对城市系统的特定要素，核心目标和实施对象也各不相同。例如，世界自然基金会定义的低碳城市是指城市在经济高速发展的前提下，保持能源消耗和二氧化碳排放处于较低的水平，是主动从工业文明跨越到生态文明，关注城市发展的经济生产模式、能源供应和消耗模式、社会消费模式等是否体现为低碳化。戴亦欣（2009）认为低碳城市是通过消费理念和生活方式的转变，在保证生活质量不断提高的前提下，减少碳排放的城市建设模式和社会发展方式。中国科学院可持续发展战略研究组提出低碳城市是以城市空间为载体发展低碳经济，实施绿色交通和建筑，转变居民消费观念，创新低碳技术，从而达到最大限度地减少温室气体的排放。另外有学者提出低碳城市就是以低碳经济为发展模式、以低碳生活为行为特征、以低碳社会为建设目标的经济、社会、环境相互协调的可持续城市发展道路。

低碳城市与生态城市在核心思想上都是关注人类和环境的关系问题，低碳城市强调的是城市运行全过程的低碳化，重点应对全球尺度的环境问题；生态城市重点

生态城市与相关名词的辨析 表 1-1

辨析内容	生态城市	低碳城市	海绵城市	绿色城市	田园城市	紧凑城市
提出背景	20 世纪 60—70 年代，城市发展与自然的对立导致严重的环境危机	全球气候变化，能源危机	城市水安全与水环境恶化，水资源分布不均	金融危机爆发，全球生态危机加剧	英国城市化进程中，大量人口涌入城市，造成一系列的城市问题	第二次世界大战后，西方城市重新进入扩张与繁荣期
核心目标	人与自然的和谐	减少城市温室气体排放	水资源与城市雨洪管理	减少环境负外部性	城乡一体化的城市簇群	解决城市蔓延与郊区化
基本内涵	采用综合手段实现人与自然的和谐共生	从减缓气候变化角度考虑人与自然的关系	从雨洪管控出发修复健康的水循环过程	从减少环境影响角度解决城市绿色增长问题	融合城市生活和乡村环境的可持续城镇发展模式	城市高密度发展与土地功能混合

资料来源：作者自制

关注自然环境和人居环境的“和谐”和“共生”。因此从某种意义上，低碳城市是生态城市的初级阶段（沈清基等，2010）。而低碳生态城市是低碳城市和生态城市这两个概念的复合，以低碳化手段和生态化理念实现人和自然的和谐共生，强调经济活动过程中的低碳化和资源要素的循环利用，在城市结构上强调多样性、共生性和紧凑性。

绿色城市是指环境友好的城市，它通过减少环境负外部性、降低对自然资源和生态系统服务不良影响的城市活动促进城市经济增长与发展。它是在全球经济衰退、金融危机爆发、全球生态危机加剧的背景下提出的，主要关注生态环境友好、资源高效利用、绿色经济与绿色增长。其他还有一些相关的名词，如田园城市、紧凑城市等，主要思路都是希望改变传统的城市发展模式，解决城市问题。

以上各种思想与理念，虽然其最终指向都是城市的可持续发展，但其提出背景、侧重点、内涵等都各不相同（表 1-1）。比较而言，生态城市的内涵更为丰富、立体，其他概念可以认为是生态城市的某种阶段形态，是生态城市的一个子集（张泉，2010）。

1.3 生态城市的内涵

“内涵”是指“概念中所反映的对象的特有属性”，“特征”是指“一事物区别于他事物的特别显著的征象、标志”，是事物内涵的外在表现[①]。生态城市是面向未来生态文明社会的人类住区，其内涵即本质属性应该反映生态文明的思想。作为社会一

① 转引自：夏征农 . 辞海 [M]. 上海：上海辞书出版社，2002：1221，1653.

经济—自然的复合生态系统，生态城市的内涵体现为以下几个方面：

（1）价值层面上，强调人与自然整体的和谐协调，人与自然的局部利益不能超越人与自然统一体的整体利益（黄光宇和陈勇，2002）；

（2）经济层面上，为保护和合理利用一切自然资源和能源，提高资源的再生和利用，实现资源的高效利用，采用可持续的生产、消费、交通、居住模式；

（3）文化层面上，生态意识、生态道德、生态文化成为具有广泛民众基础的文化意识；

（4）社会层面上，生态化渗入社会结构和整个社会生活的多个方面，人们的追求不再是对物质财富的过度享受，既满足自身需要又不损害群体生存和其他物种生存的自然环境（杨保军和董珂，2008）；

（5）环境层面上，减少城市对自然环境的负面影响，城市发展尊重自然演进过程，维护自然环境的生命支撑功能；

（6）空间层面上，整体、复合、紧凑；时间层面上，主要体现动态、渐进；

（7）技术层面上，发展低能耗、低排放、高效能、高效率、高效益、低污染的生态技术，逐步淘汰资源或能源高耗型的传统技术。

1.4 生态城市基本特征

基本特征是内涵的外在表现。通过以上内涵的分析，生态城市的特征体现为以下几点：

（1）和谐性：生态城市是在体现人与自然协调关系的基础上，再体现人与人、人与社会的和谐关系。工业革命后人类活动极大地促进了经济增长，却没能实现人与自然作为生命共同体的同步发展。生态城市是营造满足人类自身进化需求的环境，充满人情味，文化气息浓郁，具有自觉的区域协同和社会协作机制，富有生机与活力。因此，生态城市并不只是一个人与自然协调、自然融于城市的人居环境，更是富有文化个性和文化魅力，具有生态和文化多样性特征。

（2）共生性：共生是自然界普遍存在的现象，生态城市共生性指内部各子系统的共生以及系统与外部的共生关系，主要指：城市与自然的共生，人与人之间的共生；异质文化的共生，城市文化的异质性体现了城市的特色；产业之间的共生，在更多类型或者相关行业企业间建立共生关系，提高生产效率；其他各类共生关系，传统与现代、物质与非物质、城市与乡村之间的共生关系。

（3）多样性：主要表现为城市各个子系统及其各组成要素的多样化程度，主要指社会文化多样性、景观多样性、功能多样性、空间多样性、建筑多样性、交通多样性、生物多样性、经济多样性等内容（颜文涛，2011）。多样性可以提高城市的适应能力，是城市发展的活力源泉之一。

（4）健康性：主要表现在城市各个子系统结构、功能的健康，表现在人类的健康、社会的健康、环境的健康以及经济结构的健康等几个方面。主要指：清洁安全的环境；提供各种娱乐和休闲活动场所，以方便市民之间的沟通和联系；保护文化遗产并尊重地方文化与生活特征；能使人们更健康长久地生活和少患疾病；经济结构的合理和健康。

（5）高效性：主要表现为减少输入、增加有效输出、减少废物输出。生态城市改变了现代工业城市“高能耗”和“非循环”的运行方式，提高一切资源的利用率，物尽其用，地尽其利，人尽其才，各施其能，各得其所，优化配置。物质、能量得到多层次分级利用，物流畅通有序、出行高效便捷，废弃物循环再生。极大提高资源的利用效率，显著减少物质的输入、废物的排放，有效降低对环境的负面影响和冲击。

（6）整体性：生态城市不是单单追求环境优美，或自身繁荣，而是兼顾社会、经济和环境三者的效益。不仅仅重视经济发展与生态环境协调，更重视对人类整体发展质量的提高，是在整体协调的新秩序下寻求发展，强调城市复合生态系统在一定时空尺度上的整体效益。主要指：空间尺度的整体性、时间尺度的整体性和操作管理层面上的整体性；需要提出城市解决核心问题的时序安排；重视总体规划、控制性详细规划和专项规划等不同类型规划对关键要素管控的连续性。

（7）区域性：生态城市本质上是“区域市”甚至是“全球市”的概念。生态城市作为城乡统一体，其本身即为一个区域概念，是建立在区域平衡上的，而且城市之间是互相联系、相互制约的，只有平衡协调的区域，才有平衡协调的生态城市。因此，应从区域视角研究城市问题，从区域视野认识城市，依区域条件发展城市，在区域空间布局城市。生态城市是人和自然和谐为价值取向的，就广义而言，要实现这目标，全球必须加强合作，共享技术与资源，形成互惠的网络系统，建立全球生态平衡。

（8）紧凑性：紧凑的空间形态可以降低能耗、节约土地资源、实现更高的公共服务设施可达性等。主要体现在：控制城市无序蔓延，以较少的土地提供更多城市空间，提高土地资源利用效率，承载更高的人居环境质量（李琳，2008）；减少小汽车交通出行，支持公共交通和步行、自行车出行，降低交通能耗，减少温室气体排放。紧凑性有助于多样性、社会融合及公平，是我国城市可持续发展的核心理念之一（仇保兴，2006）。

（9）安全性：指健全的法治社会秩序、完备的防灾与预警系统、安全的生活环境和交通出行系统，主要表现在日常安全性和灾害应急能力。日常安全性是指社会治安良好、交通安全、环境安全、生物安全。灾害应急能力是指防灾预警系统、应

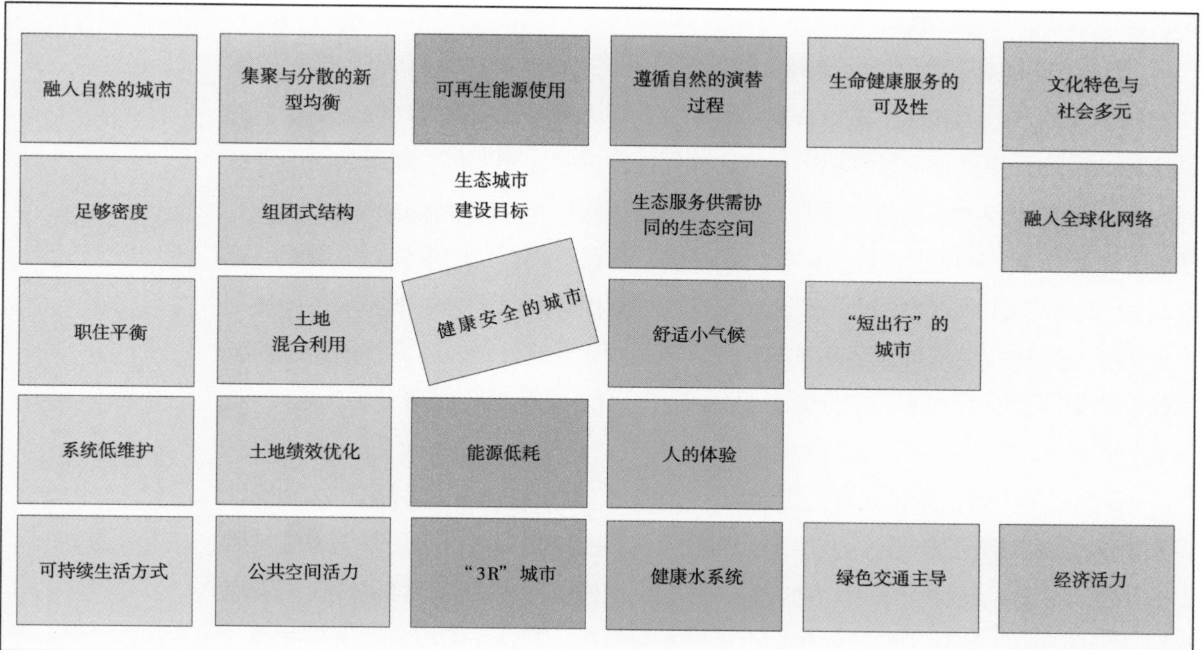

图 1-1　体现基本特征的生态城市建设目标

图片来源：作者自绘

急避难场所数量规模等。

（10）自适应性：指抗干扰的能力及恢复力。任何城市均与外部环境发生作用，在城市发生人为或自然因素的干扰冲击下，生态城市应具有较强的维持基本功能的特性以及自我恢复的能力。人类与环境关系模式随着时间的推移，城市演进过程是朝着更加和谐、更加健康的目标路径，而不是静态的。体现了时间维度上的动态性，生态城市建设标准不是固定不变的，随着时间的推移，标准可能改变或提高。因此，生态城市需要结合“此时”的社会—经济—环境特征，避免提出远离现实的目标。

在生态城市建设中，以上这些基本特征通常会转化为一系列的建设目标（图 1-1）。

2　生态城市思想

2.1　自然融合的生态理念

在漫长的城市建设史中，人类从早期开始就很重视在城市建造过程中整合自然因子，遵循生态原则。中国传统的堪舆理论、天人合一等有机整体观都反映出当时人们尊重环境与自然规律，注重保持自然平衡的朴素的生态思想，是协调人与自然如何和谐相处的生态智慧。

工业革命把城市建设的历史舞台转向西方。19 世纪中叶后，在不到半个世纪的时间里，西方，尤其是美国的许多城市发生了翻天覆地的变化。然而城市规划的缺失和城市的无序扩张，导致城市各种环境问题日益突出和恶化，城市公园运动在此时应运而生。其中，弗雷德里克·劳·奥姆斯特德（Frederick Law Olmsted）于 1858 到 1861 年间设计并完成的纽约中央公园具有划时代的意义。奥姆斯特德在其近 30 年的职业生涯中，承担了约 500 个规划设计项目，其中很多项目即使用今天的眼光来看，也是具有超前意识，并且直到今天还在持续发挥着作用的，如波士顿的翡翠项链城市公园系统。他所强调的将自然引入城市、以公园环绕城市的观点，对当时的城市和社区产生了重大影响。

20 世纪前半叶，帕特里克·盖迪斯（Patrick Geddes）的工作第一次明确地将生态学和规划结合在一起。他提出自然融合城市的规划观点，是后来生态区域概念的雏形。这些从理论、纸上规划或是实践案例出发提出的观点，强调以区域观点来解决城市问题，以城市与自然相结合的城乡复合体（Town-Country）形式的区域空间单元，来解决城市无止境扩张蔓延的问题。盖迪斯革命性地将地理学视为规划的基础，提出"调查、分析、设计"的模式，他把流域作为一个空间的基本单元，认为规划的第一步应该是调查城市所在区域周边的自然资源。由他提出的生态规划方法，让城市规划工作开始重视研究城市及其周边的区域自然地理与人类聚落之间的关系，是当时景观生态规划最为先驱的思想。

20 世纪 30 年代，现代生态学迎来了学科的发展期。生态学在这一阶段吸收了物理、化学、数学、工程等多个相关学科的研究成果，逐渐向量化、精确的方向前进，并形成了自己的理论体系。生态学的发展在这一阶段具有以下特点：一是整体观的发展；二是研究对象更加多层次性；三是生态学研究的国际性视野；四是生态学在理论、应用和研究方法等各个方面获得了全面的发展。生态学的发展为后来景观生态规划理论与方法的产生和完善打下了坚实的基础。

2.2 环境限制的生态理念

20 世纪 60 年代，受社会批判与环境思潮的影响，生态理念逐渐成为西方社会思潮的主导方向，生态学与环境科学对规划学科的影响日益显著。1962 年，美国生物学家蕾切尔·卡森（Rachel Carson）的著作《寂静的春天》问世。该书在作者花费四年时间对 DDT 等杀虫剂的使用和危害情况的调查研究基础上，详细而生动地描述了当时人们由于使用杀虫剂等化学制品，经过食物链的转化后，对生物、环境以及人类造成严重危害的景象。在阐明人类与环境的密切关系的同时，揭示了人类所面临的生态危机，带来的将是一个没有鸟语花香、毫无生气的“寂静的春天”。这本书揭开了隐藏在经济繁荣背后的环境问题的面纱，使严重的环境污染问题展现在人们眼前。作者良好的科学素养和清醒的环境意识，使人们重新审视人类行为及其后果，唤起了普通公众对生态问题的关注。

1969 年，伊恩 .L. 麦克哈格（Ian. L. McHarg）出版了《设计结合自然（Design with Nature）》一书，该书运用生态学的原理，研究自然的特征，提出创造人类生存环境的生态规划方法，在当时的西方学术界引起了很大的轰动，成为景观生态规划的里程碑式著作，直到今天仍然在景观与规划领域中具有极高的地位与影响力。关于如何处理人与自然环境之间的关系，该书以生态学的观点，阐明了自然演进过程，以及人类对自然的依存关系，批判以人类为中心的思想，揭示了人类持续生存的基本法则。人类作为一个物种的生存和延续，依赖于其他物种的生存和延续以及多种文化基因的保存，维护自然过程和其他生命最终是为了维护人类自身的生存；提出适应自然的特征来创造人类生存环境的可能性与必要性，城市和建筑等人造物的建造与评价应以“适应”为准则。

城市作为区域自然生态环境的一部分，置于区域整体的生态系统特征审视城市人工建筑要素，期望限制人类的城市活动与发展需求，偏重于自然生态因素主导的城市规划方法。这一时期的生态规划理论和方法将生态学和建筑规划行业、城市研究高度地交叉结合，极大程度地丰富了城市研究的价值理念和技术工具，为生态新城建设提供了认识论和方法论的基础。这种思想及方法处理新城开发时具有重要的借鉴意义，但无法有效解决城市建成环境区的一系列生态环境问题。

2.3 复杂系统的生态思想

20 世纪 70 年代，联合国教科文组织（UNESCO）发起的“人与生物圈（MAB）”计划在研究过程中提出了生态城市的概念。1972 年，在斯德哥尔摩召开的联合国人类环境会议，较为系统地探讨了人类发展与环境保护的协同问题。1981 年，苏联生态学家杨诺斯基（O. Yanitsky）提出生态城市（Ecopolis）的释义：生态城市是一种理想的城市模式，按生态学原理建立起来的高效、和谐、诗意的人类栖境，注重以人为本的基本特征。1987 年，美国生态学家瑞杰斯特（Richard Register）提出了他对生态城市（Ecocity）的理解：生态城市是一座与自然平衡的城市，追求人类和自然的健康活力（Register，2007）。他关注生态城市思想与实际人居环境建设的有机对接，在他领导的美国伯克利市生态城市实践中，瑞杰斯特（Richard Register）坚持走群众路线，重视实践的长期性、综合性、全民性，建设性地推进了伯克利的生态化建设，是生态城市实践、系统理论构建、宣传和商业化较成功的案例之一。

20 世纪 90 年代以来，美国环境史的研究重点从荒野和农村转向城市，研究范式发生了明显变化：从注重物质层面的分析转向注重社会层面的分析；从强调生态环境变迁及自然在人类历史进程中的作用转向强调不同社会群体与自然交往的种种经历和体验；从以生态和经济变迁为中心转向着重于社会和文化分析；从重视自然科学知识转向将自然视为一种社会文化建构。这一范式转换，被美国著名环境史学家 R · 怀特（R · White）称为“环境史的文化转向”，被研究者广为接受。该思想逐渐在实践中意识到生态城市建设亟待与城市社会文化及产业经济融合，单一生态学科的知识已无法支撑生态城市的完整内涵。

欧盟 GREEN SURGE① 研究项目创新性地提出了城市生物文化多样性的概念，将绿色基础设施、城市生物多样性和社区文化的多样性建立了联系。1992 年 6 月，联合国在巴西的里约热内卢召开联合国环境与发展大会亦确认了经济发展和环境保护是相互关联的。该报告对环境、经济和不同社会的人们所持有的文化价值这三者之间的复杂联系与相互关系给予了充分重视。

城市本身作为一个复杂的人居环境系统，应当综合协调经济、社会、文化、空间等要素与自然生态要素。同时，对于生态城市的实践模式、治理模式和生态城市的人文关怀也应受到重视。规划师、社会学家、生态学家等多重身份出现了一定程度的重合。

生态城市思想本身也是动态变化的，并随着科学技术的进步而发生改变，但始终会紧跟时代，揭示现实社会的问题导向。在城市的健康、生态、可持续发展等已经成为当今全球、全人类共同追求的目标，以及针对当前中国城市建设面临转型发展的背景下，生态城市思想也应当对社会—生态问题作出相应的思考与回应。

3　生态城市实践历程

3.1　人与生物圈计划

人与生物圈计划（The Man and the Biosphere Program，简称 MAB）是联合国教科文组织（UNESCO）于 1972 年开始执行的一项跨国的、多学科综合性的研究、训练和提供情报的行动计划。MAB 既研究人对环境的影响，也研究环境变化对人的影响；并侧重于人类活动和自然系统之间的相互关系，在世界范围内

---

① Green Infrastructure and Urban Biodiversity for Sustainable Urhban Development and the Green Econociy，绿色基础设施和城市生物多样性促进城市可持续发展和绿色经济。

推动了生态学理论的广泛应用与对生态城市的探索。

1984 年，联合国在其“人与生物圈”（MAB）报告中提出了生态城市规划的五项原则：

（1）生态保护战略，包括自然保护、动植物区系保护、资源保护和污染防治；

（2）生态基础设施，即自然景观和腹地对城市的持久支持能力；

（3）居民的生活标准；

（4）文化历史的保护；

（5）将自然融入城市。

另外，生态城市建设被认为应考虑四个基本问题：即人口问题、资源合理利用问题、经济发展问题和环境污染问题。

在生态城市研究和实践过程中，美国学者理查德·瑞杰斯特（Richard Register）和他所领导的美国“生态城市建设者协会”作出了突出贡献。瑞杰斯特（Richard Register）认为：生态城市即生态健康的城市，是紧凑、充满活力、节能并与自然和谐共存的聚居地。他于 1984 年提出了初步的生态城市原则，针对西方发达国家大量使用私人小汽车与蔓延式的、总体上功能单一和低密度的土地利用模式之间的恶性循环的问题，设计了未来生态城市的形式。他组建的以“重建城市与自然的平衡”为宗旨的非营利性组织“生态城市建设者协会”在美国加州伯克利组织了一系列城市生态建设活动，并进行了关于“生态城市”的理论与实践研究。

3.2 “未来生态城市”高峰论坛

在 1992 年巴西里约热内卢召开的联合国环境与发展大会期间，国际建筑学院（IAA）、联合国环境与发展大会秘书处、联合国人居中心（UNCHS）和非政府机构（NGOS）组织举办了“未来生态城市”高峰论坛（Earth Summit the’92 Global Forum）和生态城市设计展览，其宗旨是“展望 21 世纪为创造生态学上的清洁城市，探索新概念、新构想、原理、规范和标准，使它成为全球的需要，以拯救所有生命赖以生存的生态基础，实现人工环境与自然环境的和谐共存，以保证当代人和后代人有更美好的生活”。

1996 年，瑞杰斯特领导的美国“生态城市建设者协会”提出更加完整的生态城市十项原则（Register，2010）。这些原则主要集中在城市土地开发、交通方式、自然环境、资源利用技术、生产和消费方式、生态意识和社会公平等方面。为了进一步促进生态城市规划与建设的理论研究与实践，生态城市建设者协会从 1990 年开始组织召开了五届国际生态城市系列研讨会（International Ecocity Conference），扩大了生态城市建设的影响，生态城市规划、设计与建设的重要性被更多的人所认识

（表 1-2）。由于该组织的影响，伯克利的生态城市建设成为世界许多城市效法的模式和样板。

历次国际生态城市会议摘要　　表 1-2

会议名称	时间	地点	内容
第一次国际生态城市会议	1990 年	美国 · 伯克利	聚集 700 多人讨论都市问题，提出依照生态原则塑造都市目标的建言
第二次国际生态城市会议	1992 年	澳洲 · 阿特雷得	继续讨论前次结果，阐述城市所有项目应创造“最大的改变及最小的旅距”
第三次国际生态城市会议	1996 年	塞内加尔	借由生态都市概念提出引导生态城市的十项原则
第四次国际生态城市会议	2000 年	巴西 · 库里蒂巴	城市在服务市民的同时能取得与自然的协调与平衡
第五次国际生态城市会议	2002 年	中国 · 深圳	发起都市、工业、人文生态之方法论开发及资讯交流

资料来源：作者自制

3.3 《21 世纪议程》和《里约宣言》

1992 年 6 月，联合国世界环境与发展大会制定并通过了《21 世纪议程》和《里约宣言》两个纲领性文件，以及“关于森林问题的原则声明”和“气候变化和生物多样性”的两个公约，提出了全球可持续发展的战略框架。《21 世纪议程》第 7 章“促进人类住区的可持续发展”的内容，进一步推动了可持续发展思想在各国的传播。

1994 年，中国政府继世界环境与发展大会以后率先制定了《中国 21 世纪议程——中国 21 世纪人口、环境与发展白皮书》，并实施《全国生态示范区建设规划纲要》（1996—2050）。各地以此为指导制定国民经济和社会发展计划，许多城市纷纷制定了实施“可持续发展”的指标体系，开展了生态示范区的建设与试点。

3.4 《2030 年可持续发展议程》

2015 年 9 月 25 日，“可持续发展峰会”在纽约联合国总部开幕，世界各国领导人通过了《2030 年可持续发展议程》，该议程涵盖 17 个可持续发展目标，于 2016 年 1 月 1 日正式生效。其中 17 个可持续发展目标为：

目标 1：在世界各地消除一切形式的贫困；

目标 2：消除饥饿，实现粮食安全，改善营养，促进可持续农业；

目标 3：确保健康的生活方式，促进各年龄段所有人的福祉；

目标 4：确保包容性和公平的优质教育，为全民提供终身学习机会；

目标 5：实现性别平等，增强所有妇女和女童的权能；

目标 6：确保为所有人提供并以可持续方式管理水和卫生系统；

目标 7：确保人人获得负担得起、可靠和可持续的现代能源；

目标 8：促进持久、包容和可持续的经济增长，促进实现充分和生产性就业及人人享有体面的工作；

目标 9：建设有韧性的基础设施，促进包容与可持续的产业化，推动创新；

目标 10：减少国家内部和国家之间的不平等；

目标 11：建设包容、安全、有抵御灾害能力和可持续的城市和人类住区；

目标 12：确保可持续的消费和生产模式；

目标 13：采取紧急行动应对气候变化及其影响；

目标 14：保护和可持续利用海洋和海洋资源促进可持续发展；

目标 15：保护、恢复和促进可持续利用陆地生态系统，可持续管理森林，防治荒漠化，制止和扭转土地退化现象，遏制生物多样性的丧失；

目标 16：促进有利于可持续发展的和平和包容性社会，为所有人提供诉诸司法的机会，在各级建立有效、问责和包容的制度；

目标 17：加强实施手段，重振可持续发展全球伙伴关系。

3.5 “人居三”与《新城市议程》

2016 年 10 月 20 日，在基多“人居三”大会闭幕式上通过了《新城市议程》。《新城市议程》提出应该继续《人居议程》和《千年发展目标》未完成的事业，为永远消除贫穷和解决长期存在且在很多城市仍十分普遍的不平等问题提出解决策略和行动建议。

《新城市议程》需要为向更可持续的城市化发展模式的根本性转变创造条件，努力实现包容性的、以人为本和可持续的全球发展。《新城市议程》认识到生态和文化多样性是人类精神给养的来源，并为推动城市、人类住区和公民可持续发展作出重要贡献，赋予公民在发展倡议中发挥积极和独特作用的能力。在推动和实施新的可持续消费和生产模式，促进负责任地利用资源和解决气候变化的负面影响方面，同时应考虑到文化因素。

《新城市议程》共 175 个条款，分为两个部分，第一部分是“为所有人建设可持续城市和人类住区基多宣言”。宣言指出：到 2050 年，世界城市人口预计将增加近一倍，使城市化成为 21 世纪最具变革性的趋势之一。人口、经济活动、社会和文化互动，以及环境和人道主义影响越来越集中在城市，对住房、基础设施、基本服务、粮食安全、健康、教育、体面工作、安全和自然资源等方面的可持续性构成重大挑战。

参考文献

[1] ALEXANDER A. Different paths，same mountain：daoism，ecology and the new paradigm of science[J]. International Journal of Green Economics，2008，2（2）：153-175.

[2] COHEN B. Urbanization in developing countries：current trends，future projections，and key challenges for sustainability[J]. Technology in Society，2006，28（1）：63-80.

[3] GRIMM N B，FAETH S H，GOLUBIEWSKI N E，et al. Global change and the ecology of cities[J]. Science，2008，319（5864）：756-760.

[4] 理查德·瑞杰斯特.生态城市伯克利：为一个健康的未来建设城市[M].沈清基，沈贻，译.北京：中国建筑工业出版社，2005.

[5] SETO K C，SANCHEZ-RODRIGUEZ R，FRAGKIAS M. The new geography of contemporary urbanization and the environment[J]. Annual Review of Environment and Resources，2010，35（1）：167-194.

[6] WU J G. Urban ecology and sustainability：the state-of-the-science and future directions[J]. Landscape and Urban Planning，2014，125（SI）：209-221.

[7] 仇保兴.紧凑度和多样性——我国城市可持续发展的核心理念[J].城市规划，2006，30（11）：18-24.

[8] 戴亦欣.中国低碳城市发展的必要性和治理模式分析[J].中国人口·资源与环境，2009，19（3）：12-17.

[9] 黄光宇，陈勇.生态城市理论与规划设计方法[M].北京：科学出版社，2002.

[10] 李琳.紧凑城市中“紧凑”概念释义[J].城市规划学刊，2008（3）：41-45.

[11] 理查德·瑞杰斯特.生态城市：重建与自然平衡的城市（修订版）[M].王如松，于占杰，译.北京：社会科学文献出版社，2010.

[12] 沈清基，安超，刘昌寿.低碳生态城市的内涵、特征及规划建设的基本原理探讨[J].城市规划学刊，2010（5）：48-57.

[13] 宋永昌，戚仁海，由文辉，等.生态城市的指标体系与评价方法[J].城市环境与城市生态，1999，12（5）：16-19.

[14] 颜文涛，王正，韩贵锋，等.低碳生态城规划指标及实施途径[J].城市规划学刊，2011（3）：39-50.

[15] 颜文涛，萧敬豪，胡海，等.城市空间结构的环境绩效：进展与思考[J].城市规划学刊，2012（5）：50-59.

[16] 颜文涛，象伟宁，袁琳.探索传统人类聚居的生态智慧——以世界文化遗产区都江堰灌区为例[J].国际城市规划，2017，32（4）：1-9.

[17] 杨保军，董珂.生态城市规划的理念与实践——以中新天津生态城总体规划为例[J].城市规划，2008，32（8）：10-14+97.

[18] 张泉，叶兴平，陈国伟.低碳城市规划——一个新的视野[J].城市规划，2010，34（2）：13-18+41.

第二章

生态实践的逻辑

工业革命以来人类获得了空前的认识和改造自然的能力，伴随着社会经济快速发展和城市蔓延，对人类赖以生存的生态环境造成了极大的破坏（吴良镛，2001；颜文涛等，2012；颜文涛和萧敬豪，2015）。生态环境问题本质上是人类与自然相互作用后的实践产物，但人与自然的关系并没有随着技术和社会革新而得到改善（颜文涛等，2017）。特别是现代科学出现后，历史上生态实践和实践研究总是交织在一起的，两个人类活动逐渐分离，实践不再是研究的唯一起点和终点，研究也不再只是为实践服务，至少可以不是为了直接服务实践，生态实践主体逐渐分化成为专业实践者和科学研究者两类群体（Xiang，2016）。

上述情况产生了两类生态实践误区：第一类是基于科学逻辑的生态实践。科学研究者以旁观而不是直接参与的身份，按照科学的逻辑推导实践的逻辑，按照科学的逻辑精心修饰后的生态实践，往往成为展示相关知识和适用工具的最佳示范和实验场景。至于实践者能不能用这样的知识和工具？用了以后能否达到预期的效果？如果不能用或达不到预期效果应如何诊断原因并做调整？等等诸多关键问题则少有关注。或者更准确地说，在科学或应用科学范式下，从事“客观的”但却很少不是雾里看花或盲人摸象的研究，由于无法真正地解答这些问题，会选择无可奈何的回避，或者勉为其难地做些“合理的”但却往往是似是而非的解释（Xiang，2016）。第二类是工程导向下的生态实践。以若干个离散的生态工程构成的生态实践，通常由工程技术人员（规划师、设计师和工程师等）构成的实践主体，由于不太关注（或无法有效关注）实践系统的运转机制，特别是受到实践对象的同一性、实践方式的统一性、实践投入产出效率的高效性、实践原理的普适性等现代科学研究范式的影响，工程技术人员通常将单一视角的、有适用条件和假设前提的生态知识，直接地、不加转换地应用于具体生态实践场景中（颜文涛等，2016）。

由于以生态实践为研究对象的缺失，导致了上述两类生态实践误区，直接并严重地影响到生态实践的质量，使得善境的营造举步维艰，而且对以实践为主的相关专业学科（如风景园林、城乡规划和建筑学）的教育和学术研究，带来了众多困惑并造成了巨大且持续的冲击。这一具有全球普遍性的现象，在快速城市化的中国尤为明显。尽管有学者关注“实践—研究”分离的现象并对其成因做了有益的探讨，但多囿于科学或应用科学范式的成见，难以提出改变这种局面的建议和路径（Xiang，2016；Schön，2001；Marušič，2002）。在这样的背景下，将与这一现象直接相关的“生态实践研究”作为讨论议题，探讨生态实践的概念内涵、特征类型、实践逻辑和知识类型等本体论问题，为践行国家生态文明战略，是十分适时且意义重大。

1 生态实践的概念与内涵

1.1 生态实践的概念

实践是指人类能动地、有目的地探索和改造现实世界的一切物质性社会活动[①]。生态实践存在两类概念：一是广义概念，也可以称为实践活动的生态化，实践对象比较宽泛，“生态”是个形容词，内含了价值取向，类似于可持续的实践，是指“是以生态学原理为依据，以生态环境的整体性规律为内在制约，以人地协调发展为价值目标和人的适度需求为根本动力的物质性实践”（陶火生，2007），由于人类所有的社会活动（如物质生产过程、生态建设过程、科学实验过程等），均与自然环境发生关系，因此以生态学原理规定或约束各类社会活动，就构成了广义的生态实践知识范畴。二是狭义概念，“生态”是个名词，表示以社会—生态系统为实践对象，是指“人类为自身生存和发展营造安全与和谐的社会—生态环境（即‘善境’）的社会活动”（Xiang，2016），包含了生态规划与实施、设计与营造、管理与反馈等方面内容。因此，生态规划、设计、管理等过程就构成了狭义的生态实践知识范畴。

1.2 生态实践的内涵

内涵是指概念中所反映的对象的特有属性。和谐的人地关系不是实践主体对自然生态系统的被动依附，而是实践主体对自然生态系统的自觉协同，以社会—生态系统的协同共生和健康存续为目标。生态实践的内涵主要表现为：价值层面上，强调人与人、人与自然的互利共生，实现人对“善”的追求，“善”既包括“与人为善”，也包括“与自然为善”[②]；经济层面上，强调绿色经济的发展模式，提升生态系统服务水平以不断提高人类福祉（颜文涛等，2011）；文化层面上，强调对实践主体的生态意识、生态道德和环境伦理的长期培育，重视实践主体的宗教信仰和行为习俗的作用；社会层面上，社会组织方式将对生态实践产生重大影响，通过生态实践将重构地方的社会系统，而被建构的社会系统又将影响实践对象及实践过程；环境层面上，减少人类行为对自然环境的负面影响，同时强调人居环境的安全和生态环境的健康；时空层面上，强调生态实践的阶段性和空间的整体效应，时间连续性和空间整体性内在地影响生态实践全过程；技术层面上，探索经验性的地方知识和普适

---

① 转引自《路德维希·费尔巴哈和德国古典哲学的终结》的附录“马克思论费尔巴哈；费尔巴哈论纲”，恩格斯著，中共中央马克思恩格斯列宁斯大林著作编译局（编译），2014。

② 转引自生态智慧与生态实践之同济宣言（2016），提出生态实践“赋予人居环境的美学（审美）属性与美学意蕴，实际上是人—自然和谐之‘魂’与‘魅’的表征，其对协调人与自然的生态关系、促进人的全面发展具有不可替代的积极作用”，城市规划学刊，2016（5）：135。

性的科学知识，考虑实践过程中的技术、工程及材料的环境伦理，发展低能耗、低排放、高效能、高效率、高效益、低污染的生态技术。

2 生态实践的特征与类型

成功的生态实践强调实践主体和实践对象的统一性。生态实践将受到实践对象客观条件和实践主体的认知水平的制约，还受到实践主体宗教信仰、道德伦理、社会契约或行为习俗、地方默会知识（Tacit Knowledge）①、社会组织形式、生产生活方式、工程技术和制作工艺等因素的影响。基于技术理性主义的传统实践逻辑，往往通过选择局部的普适性知识，解决整体的、特殊性的实践问题，没有关注实践对象和实践主体的统一性，是导致生态实践失败的重要原因。

2.1 生态实践的特征

根据上述概念和内涵，生态实践具有有机性、地域性、社会性、动态性、复杂性等多种特征，作者总结出其中六个基本特征：①系统有机性。以社会—生态系统为实践对象，实践主客体及其组成要素相互作用，实践系统表现为有机整体，各要素有机耦合而非简单叠加；②场境依赖性。体现了生态实践的地域性特征，特定地域由于生态环境问题不同，会产生特定的生态实践方式，如河源地区强调通过生态修复或生态保护提升水源涵养功能，高密度城市地区更强调通过生态修复提升建成环境品质；③社会多样性。所有实践参与者和利益相关者形成的社会系统，构成了生态实践的主体，体现了生态实践的社会性特征，实践主体多样性产生需求多样性，将影响实践目标、实践过程、实践方式的选择；④空间匹配性。表现在实践目标和实践行动在空间上的匹配性，以及各类科学知识、工程技术与实践主客体的匹配性，空间匹配存在跨尺度特征，生态实践既要关注对象内部的行动，又要关注实践对象外部的影响；⑤时间联接性。体现了生态实践的动态性特征。生态实践的时间结构，即速度、节奏和方向，将对生态实践能否成功产生关键影响。实践在时间中展开，与持续的时间联接在一起。任何对时间结构的操纵，如节奏的简单改变，无论是加速还是减速，都会使生态实践受到影响；⑥要素协变性。由于社会—生态系统各要素存在互为因果的、复杂非线性的、非平衡的动态关系，系统表现为各个要素（或

① 近代科学革命以来，以逻辑实证主义为代表的客观主义知识观强调知识的客观性、超然性（非个体性）、完全的明确性等特征。波兰尼（Michael Polanyi）于 1958 年首先在其名著《个体知识》中提出了默会知识的概念，认为除了逻辑实证主义表述的明确知识外，还有一类是难以用语言来充分地表达的知识即默会知识，是一类来自于长期的经验而未经现代科学实证的（或无法实证的）知识，根植于主体行为本身，具有个体性、情景性、文化性等特征。转引自：郁振华 . 波兰尼的默会认识论 [J]. 自然辩证法研究 . 2001，17（8）：5，8。

子系统）之间存在协变关系，即调节或优化某一要素（或子系统）将引起其他要素（或子系统）的改变，进而改变实践系统的整体状态和性能。要素协变性导致系统状态具有不可逆、不确定和不完全预见的特性。

2.2 生态实践的类型

通过生态实践营造安全和谐的社会—生态环境，是人类社会健康生存和永续发展的基本保障。但是基于近代工业革命后的传统发展方式，“人的主体性被过于强调，忽视生态系统的整体性制约和引导，对生态环境造成了严重的破坏，已经不利于社会经济的持续发展”（相江苏，2016）。我们期望建立人类与自然和谐相处的新关系模式，需要转变传统发展方式：调整传统的建设开发模式和经济发展方式，降低人类对自然环境以及自然环境对人的负面影响；保护维育重要价值的生态空间，保障生态系统服务水平，提升人类福祉；培育根植于社会文化的生态意识，影响实践主体的行为方式，从而产生生态实践的内生动力。

按照实践对象，可以将生态实践划分为七类：①建设开发类生态实践。如低碳城区、低碳社区、绿色建筑、海绵城市、生态村、韧性城乡、低碳交通、可再生能源等生态实践，与城乡生态化建设密切相关，目的是降低人类活动与自然环境的相互影响；②保护维育类生态实践。如国家自然保护区、国家公园、国家湿地公园、国家风景名胜区、森林公园、公益林和防护林工程等生态保护与生态建设实践，以及城市绿色基础设施建设和管理实践，目的是维持和提升生态系统服务水平；③绿色经济类生态实践。如生态农业、绿色园区、循环产业、固废资源化利用等相关实践；④社会文化类生态实践。如生态政策制定、社区绿地营造、社会参与设计、社会网络构建、社区环境认知等相关实践；⑤修复更新类生态实践。如城市生态化更新、采矿废弃地修复以及其他类型棕地复兴等实践，是对已经受到人类活动影响的生态环境的修复；⑥污染治理类生态实践。水、土壤和大气环境污染控制、固体污染物处理等，通过控制污染物排放，以减少人类活动对生态环境的影响；⑦自然灾害管理实践。森林火灾管理、洪水飓风灾害管理、地震灾害管理、海啸灾害管理、海平面上升、气候变化、入侵物种生物灾害管理等，自然灾害与生态过程密切相关。有些生态实践项目可能同时具有两类以上的生态实践类型，如城市绿色空间规划与建设实践。

3 生态实践的逻辑构建

生态实践的逻辑是关于生态规划与实施、设计与营造、管理与反馈等生态实践过程的思维规则。通过寻求知识和工具，以解决实际生态问题的生态实践，需要深刻理解生态实践的逻辑。实践强调求“善”，因此涉及价值判断和权衡。现代科学强调求“真”，是探索自然之法的过程。生态实践是向“善”求“真”的社会活动过程。由于实践对象和主体的特殊性，关于实践逻辑的讨论可以识别错误以及不合理的行动。

3.1 生态实践研究与生态科学研究的逻辑差异

实践可为研究提供问题的来源（Silva et al.，2018），通过科学研究将知识反馈至实践，再通过实践检验科学知识的有效性，这是产生科学知识的传统方式。实际上，将“非理性且棘手的”（Wicked）实践问题转化为“驯良且易解的”（Tame）科学问题（Churchman，1967；Xiang，2013），意味着需要对复杂实践环境进行简化处理，而由此产生的科学知识，具有假设前提和边界条件的内在属性。因此，通常针对单一问题（或单一要素）的生态科学研究，难以直接应用这些知识解决复杂的生态实践问题（王志芳，2017）。而且，由于局限于现代科学技术发展背后的同一性、统一性、高效性和普适性原则的传统认知的影响，人们往往直接将生态科学知识，没有通过适用条件的转换而直接应用于生态实践，从而影响了生态实践的有效性（颜文涛等，2016）。有学者指出当前学术机构中高水平研究产生的知识，难以直接指导生态实践，是因为缺乏针对“沼泽式低地”的实践研究（Schön，1983）。探讨基础研究、应用研究和实践研究三者的区别，比较理论生态学、应用生态学和生态实践学三者的逻辑差异，可以帮助我们更好地理解生态实践的本质特征。

理论生态学主要涉及生态学的过程、生态关系的推理以及生态学模型，研究思维过程为科学问题—实验研究—规律认知，其逻辑起点是科学问题，逻辑终点是认识某类自然现象、揭示自然规律，获取新的认知知识，不考虑知识的直接应用，为认知现象提供普适的科学解释（Pickett，2007）（图 2-1）。应用生态学是指将理论生态学研究所得到的理论模型应用到生态实践中，研究思维过程为理论模型—实证研究—完善模型，其逻辑起点是理论或模型有效性问题，逻辑终点是验证理论知

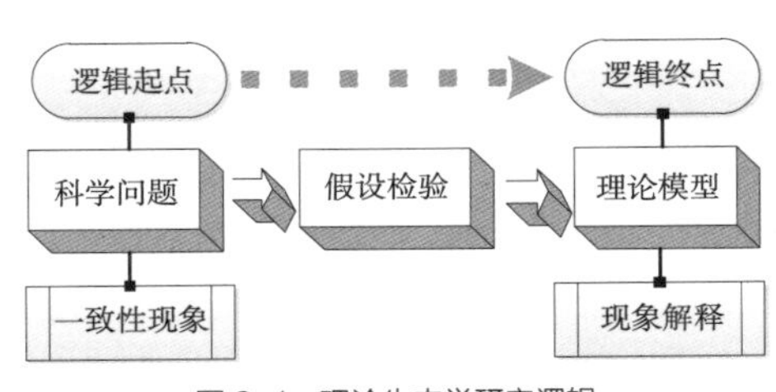

图 2-1　理论生态学研究逻辑

图片来源：作者自绘

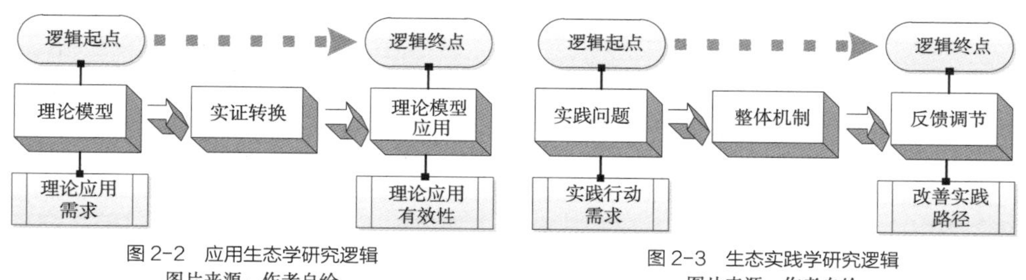

图 2-2　应用生态学研究逻辑
图片来源：作者自绘

图 2-3　生态实践学研究逻辑
图片来源：作者自绘

识应用的有效性，为解决特定生态实践问题提供普适的技术依据。为了满足特定应用目的，常常不得不采取“削足适履”的策略（象伟宁，2018），对实践问题通过简化以套用现成的理论和技术（Schön，2001；象伟宁，2018），而涉及“人类认知、社会因素以及管理方法而造成的不确定性、主观性和偏见”等问题往往难以进行简化处理（象伟宁，2018；Cook，2012）（图 2-2）。生态实践学是指在从事生态实践时，人们寻求知识和工具以解决实际生态环境问题的过程，旨在为善境的营造提供实用的知识与工具（Useful Knowledge and Tools），即与实践直接相关（适用，Pertinent）、能为实践者直接使用（好用，Actionable），并且行之有效能产生预期效果（管用，Efficacious）的知识和工具（Xiang，2016）。生态实践学研究思维过程为实践问题—整体研究—改善实践，其逻辑起点是生态问题，通过选择适宜的生态知识（包含前两类研究产生的科学知识以及地方经验知识），逻辑终点是生态问题的求解，在解决某类生态实践问题的同时，提供该类实践的整体行动路径和知识体系，形成生态实践的整体运行机制的描述性知识及程序性知识（图 2-3）。生态实践研究不只对某些个案的特性研究，更关注生态实践的规律总结。由于生态实践的整体性和特殊性等特征，对生态科学理论的研究不能代替对生态实践的研究。

3.2　生态实践的逻辑法则

生态实践的逻辑不仅关注实践的结果，而且重视实践的过程及其对整体社会—生态系统的影响，不苛求实践结果的精确和完全可控，承认生态实践过程中技术理性和社会理性的同等重要性，基于实践过程的适应性调节，形成渐进地接近求解问题的实践方式。探索生态实践的逻辑法则，可以帮助规划设计师在深入理解生态实践如何呈现以及为何如此呈现，提出提升生态实践有效性的技术和政策路径，降低规划设计师主观上积极却造成客观上消极的可能性。基于上述讨论的概念内涵、特征和类型，总结出生态实践逻辑的五个基本法则：整体律、适境律、容错律、适应律、反馈律。五个基本法则可以帮助我们识别并避免明显错误的实践行动。

逻辑法则一：整体律。整体律（Indivisibility）体现了系统（或要素）多样性以及各个系统（或各个要素）共生的特征。生态实践强调实践主体和实践对象的统一，只有将主客体置于整体的叙事性框架下才能体现。由于所有系统之间及系统与环境之间存在的普遍关联，实践主体多样性和系统有机性的特征，要求从事生态实践时须应用整体法则，强调社会—生态生态系统的整体效益，采用社会和生态的整体系统结构、区域和场地的整体空间结构、全生命周期的整体时间结构的实践方式。实践系统具有趋异（多样化）共生的性能，可以形成相互依赖的功能或结构。

逻辑法则二：适境律。适境律（Context Dependence）也可称为匹配律，体现了场（语）境依赖性、空间匹配性、时间联接性等特征，是实践过程的人（社会）—事（行动）—物（环境）—知（知识）的时空匹配性，是实践能否成功的基本法则。实践者应以具体的场域（实践主体社会网络、地域环境特征、行动计划等）特征，选择适宜的可实践生态知识，并把这些知识有机地融合到生态规划与实施、设计与营造、管理与反馈等实践全过程中。依据社会—生态系统的结构和功能特征，要求实践者具有因地制宜地将实践目标转化为适宜行动内容、速度、节奏和方向的能力，具有对实践活动的渐次把握和依次完成的能力。

逻辑法则三：容错律。容错律体现了实践系统的不确定性特征，承认实践系统的非线性和复杂性，承认实践过程不完全可控性。由于认知的局限性和系统的复杂性，提出的容错律是针对实践过程中方法或技术的不确定性。承认实践过程中技术或方法可能出错，但需留出可调节改正的空间和时间。从而要求实践系统可以容忍这种技术错误，提供技术试错（Trial and Error）或纠错（Tinkering）的机会。前者是指通过试验一种或多种方法或技术，试验过程中注意并消除错误或失败的原因，找出达到预期结果或正确解决问题的最佳方法；后者是指对已经出错的实践系统，通过局部修补的方式达到或接近预期的结果。

逻辑法则四：适应律。适应律体现了系统动态性和时间联接性等特征。由于外部环境变化是客观存在的，对实践系统难以完全控制和难以达到精确目标。实践系统须具有适应变化并具有原有功能或形成更好状态的性能。可以通过结构冗余或功能兼容的实践方法，即使（由于某种情况）局部系统偏离预期目标，但整体系统仍能维持基本功能的性能。提出组分要素、空间结构和社会网络的适应性模式，可以提升实践系统应对外部环境变化和降低系统脆弱性的能力。关联社会网络的社会学习过程，有助于各类主体更好地理解人类行为和实践对象的相互关系，有助于通过谈判达成共识目标（Carpenter，2006），逐步形成社会—自然过程相互调适的适应性管理模式（颜文涛等，2017）。

逻辑法则五：反馈律。生态实践不是创造一个全新的社会—生态系统，而是在目标引导下对系统状态的局部调节并引导至理想的状态。只有理解实践系统的自然演变过程后，即理解无明确意图或目标的实践系统的演变过程后，才能将行动有意识地引入系统，以达到通过调节状态满足系统持续生存的需求。监测并反馈系统状态是调节系统状态的前提，目标引导和反馈调节有助于维持实践系统在动态稳定域内的期望功能。基于技术和社会的状态监测和反馈，帮助实践主体理解不同时空尺度上生态过程和社会过程如何发生关联，以及理解实践对象和实践主体构成的整体系统是如何运行并维持其功能，通过评估中间状态与实践路径（有若干规划的理想状态构成）的偏离程度，确定调节系统状态的组合行动，有利于实现系统动态轨迹持续改善的目标。

4　生态实践的框架体系

生态实践是多目标引导下持续的整体行动过程，是一个不断试错并及时反馈调节的渐进过程。由生态规划与实施、设计与营造、管理与反馈等构成了生态实践全过程。成功的生态实践应该关注生态实践全过程。开展生态实践活动前，需要科学知识、经验知识、默会知识、动机知识、伦理知识等各类知识的支持，才能帮助我们认知系统的运行规律以及诊断系统的关键问题，规律认知和问题诊断均需要考虑社会—生态系统各要素跨尺度的相互作用。实践主体多样性决定了期望目标的差异性，需进行谈判和妥协才能达成共识目标，生态实践目标制定还需要考虑国家和地方宏观政策背景，以及现状关键问题和未来可能面临的主要问题，平衡生态实践目标和其他社会经济目标的相互关系,达到“中和之境”[①],将目标置于整体系统历史演变进程中进行社会和技术的合理性和可达性评估。在生态规划设计和实施管理过程中，可以通过增加系统冗余度和兼容性设计，提升实践系统功能和结构的安全性和稳定性。面对气候变化以及其他无法完全避免的环境变化，提出系统结构、空间结构和社会结构的适应性模式，可以提升实践系统应对变化和降低系统脆弱性的能力。通过对实践过程的分阶段评估，可以逐渐提高实践主体的认知水平，采用反馈调节可以帮助我们避免偏离预定的实践路径。针对生态实践过程构建的“知识类型→问题诊断→目标制定→规划控制→实施管理→反馈调节→知识更新”生态实践框架体系（图 2-4），所有环节均为了通过某类（系统的、空间的、社会的、技术的）形式的创造，提升整体感知和共生体验水平，重塑社会系统，更好地促进作为生命共同体的社会—生态系统的和谐繁荣和永续生存。

---

① 转引自《中庸》的第一章“喜怒哀乐之未发，谓之中；发而皆中节，谓之和；中也者，天下之大本也；和也者，天下之达道也。致中和，天地位焉，万物育焉”。

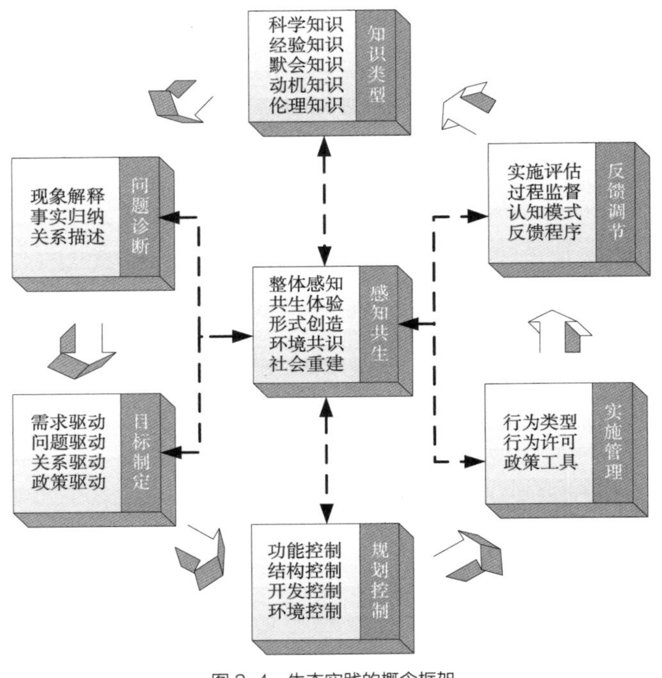

图 2-4 生态实践的概念框架
图片来源：作者自绘

4.1 认知、感知和激励对生态实践的影响

生态伦理是研究人与自然之间道德规范，包括人与自然的道德关系及受人与自然关系影响的人与人之间的道德关系，决定了生态实践的方向和路径（Worster，1994）。人类应该让共生现象最大化（是指普遍共生）是生态实践的环境伦理（Naess，1973），它可以引导我们选择科学知识以指导实践行动，并提高理解集体行动逻辑的技巧。实践主体的生态伦理和道德情感，将直接影响实践主体的情景感知和权衡选择的能力（图 2-5）。当生态实践符合集体行动逻辑，且与实践主体的道德准则相一致，外在动机才会被个体内在化，将会产生持续不断的内生动力。实践主体需要理解妥协比不惜任何代价遵循纯粹的科学原理更重要，妥协实际上是权衡的技巧。构建面向生态实践主体的叙事性框架时，应体现实践主体的生态伦理。如，作为一名规划师，需要获取并感知实践主体的具体需求，需要选择提供给哪些主体、哪些信息以及多少信息，需要基于专业技能理解谁真正代表了受到影响的实践主体，进而提出平衡各主体利益诉求的实践方式。

将社会—生态系统视为生命共同体的生态实践，是本质上解决生态环境问题的唯一途径。建立与实践对象的同感（Empathy）是培养环境情感的必要条件，是建构实践整体性认知模式的基础。从不同生物的视角，观察和体验所有生命过程之间的关联，通过感知相互依赖的生命网络，将会重新发现每个个体生命的内在价值（奥

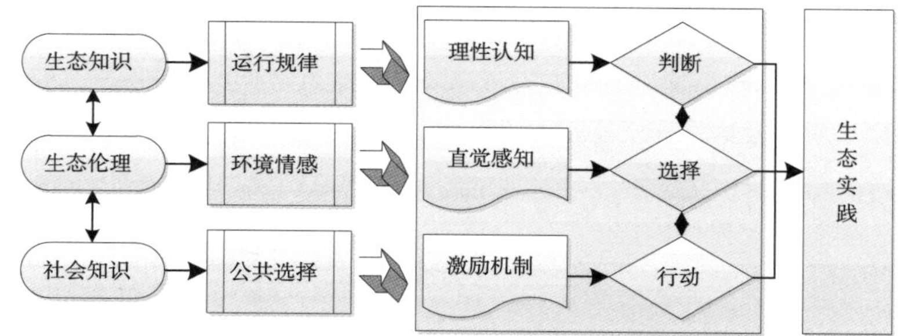

图 2-5　生态知识、生态伦理和社会激励对生态实践的影响
图片来源：作者自绘

尔多 · 利奥波德，2015）。从自然角度观察自然（以物观物），将获得实践整体相互依存的经验和感知（梭罗，2007）。对生命价值的重新定义，将影响甚至改变对实践场境的认知维度，培养个人和社会与实践场境的情感关系，形成触发生态实践行动的内在动机。“普遍共生”伦理观的建立，有利于建立实践主体与实践对象的深刻情感，而环境情感又进一步帮助我们打开了整体感知大门，影响我们选择哪些科学知识和采取哪些行动的能力。

保护生命共同体的和谐、稳定和美丽，是生态实践的终极目标。生态实践的审美属性和美学意蕴，“形成了人—自然关系的‘魂’与‘魅’的表征，对协调人与自然、人与人的关系具有不可替代的积极作用”[①]。可通过个体及集体经验、知识、记忆和反馈建立认知模式，社会学习过程对形成实践主体环境共识发挥重要作用。基于实践主体需求（如物质需求、精神需求、环境情感、个体或群体的兴趣爱好等）和社会伦理的内在动机，以及基于激励机制或既有规则的外在动机，都将影响并促发生态实践行动。内在动机形成持续地趋近生态实践的终极目标（为目标而行动）的内生动力，而外在动机（如激励规则等）容易偏离终极目标，将行动视为目标（为激励而行动）。通常在生态实践过程中外在激励容易导致内在动机被削弱（动机偏移）。但是，当外在激励与内在动机相一致时，外在激励才会被个体内在化，更容易实现生态实践目标。

4.2　生态实践的知识体系

依据知识来源，可以将生态实践知识分为四类：①生态科学知识：关于实践对象的认知知识；②地方默会知识：关于实践主体的经验感知、宗教信仰和社会习俗等；③实践动机知识：关于集体行动内在动机和外在动机的知识；④程序性知识：

① 转引自《生态智慧与生态实践之同济宣言》（2016），提出生态实践“赋予人居环境的美学（审美）属性与美学意蕴，实际上是人—自然和谐之‘魂’与‘魅’的表征，其对协调人与自然的生态关系、促进人的全面发展具有不可替代的积极作用”，详见城市规划学刊，2016（5）：135。

关于实践步骤、实践规范和实践路径设置等知识。其中，生态科学知识属于现代科学知识，是对现实世界简化后，基于可重复的实证研究得到的，强调同一性、统一性、高效性、普适性等四大原则（颜文涛等，2016）。由于实践对象是未经简化的、复杂和多样的真实世界，生态规划与管理的普适性理论转换为具体实践的生态知识时，需要合适的转换工具和转换模式，须关注普适性理论的适用范围和边界条件。规划师（或相关实践主体）如果没有正确地建立和使用转换模式，将局部的、基于假设条件的普遍性生态科学知识直接地、完全地应用于具体场景的整体实践中，通常会出现问题（Oster，1981）。

生态实践知识不确定性还源于实践的概率性和多因果关系，社会—生态系统的非线性关系具有时变特征，因此不能将概率性命题和条件命题当作严格的决定性命题。生态实践通常需要关注确定性因果关系的控制和概率性因果关系的引导，分析生态实践知识和实践对象的匹配程度，评估实践主体的行动需求、实施可能性以及实践行动相对目标的贡献度。将抽象概念转换为具体实践时，需要转换工具和转换模式（Levins，1966）。深入解读理论知识的产生场景（及社会背景），关注实践对象和实践主体的统一性，是选择生态实践知识的关键。另外，通过将实践主体的边缘性参与（Peripheral Participation）引导至充分参与（Full Participation）（Lave and Wenger，1991），可以提升实践主体对知识和实践之间关系的理解，为生态公平与正义提供条件（叶林等，2018）。

4.3 生态实践的反馈调节

反馈调节是生态系统（有机体）维持动态稳态的一个重要方式。生态实践过程都存在反馈，如社会反馈、知识反馈、问题反馈等属于认知类型的反馈，目标决策反馈、规划实施反馈、维护管理反馈等属于行动类型的反馈（图 2-6）。既存在不同阶段的小反馈，也存在全过程的大反馈。小反馈响应时间短，可以快速调节该阶段实践过程。而大反馈响应时间长，但可以从全过程提出优化调节行动。生态实践反馈环节包括监测—评估—调节三个过程。生态实践状态监测和评估是调节的前提，主要分为对若干关键指标的技术监测和社会感知，两者综合后再与该阶段目标进行比较，评估生态实践各阶段和全过程的有效性。由于生态实践过程将会改变生态系统结构，以及生态系统状态具有不可逆的特征，因此只能对新状态（相对于实践前的初始状态）进行调节，以回应总目标（如生物多样性指数、绿色交通出行比例、能源利用绩效、环境污染指数等）或过程目标（如规划实施用地一致性、生态工程建设的指示性物种等）的需求。生态实践的问题既可能存在于目标制定阶段或规划设计阶段，也可能存在于营造或管理阶段。因此需要从实践全过程视角，基于“最大自然功效”（让自然做功）原理，

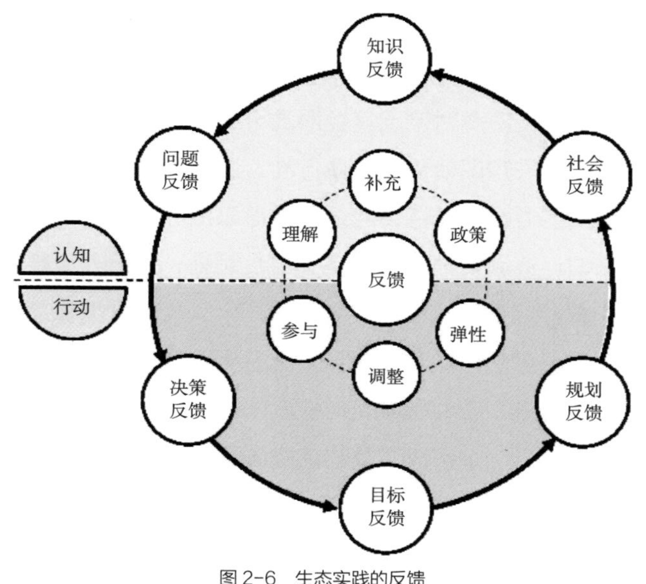

图 2-6　生态实践的反馈
图片来源：作者自绘

各个阶段均需回应目标的需求，通过综合权衡后提出优化调节的策略和措施。社会网络建构对形成环境共识的意义重大，是反馈调节和适应性管理的社会基础（颜文涛等，2017）。针对实践主体公开关键指标的监测信息，通过会谈、工作坊、网络平台等公众参与形式强化实践主体之间的信息交流，完成生态实践的社会反馈过程。关联社会网络的社会学习过程，影响着个体认知模式和社会行为方式，给实践主体提供了不断积累经验的机会，将有利于产生反馈调节的内生动力（颜文涛和卢江林，2017）。

4.4　生态实践的理想图景：感知共生

实践主体需要基于生态知识，认知和理解实践系统的自然秩序（即无明确目标干预下的社会—生态系统演变过程）。没有任何生物能够自给自足，每个生物个体都是另外生物的生存条件，并对其他生物负有某种义务。趋异共生是进化的终极图景，多样性可以有效提升系统活力，避免争夺有限资源进行残酷竞争的方式（Worster，1994）。成功的生态实践需要深刻理解人与自然的互惠共生关系（颜文涛等，2017；颜文涛等，2016），基于实践主体的生态伦理和环境情感，巧妙地选择生态知识和激励机制，寻求科学理性和实践主体价值的平衡，展开实践行动以实现永续生存的决策能力和技巧。需要培育生态实践主体特别是决策主体的五类能力：①理解力：深刻理解终极目标和行动关系的能力；②适应力：理解规则并依据变化进行调节适应的能力；③感知力：对具体情境的问题—结果的感知能力；④选择力：权衡竞争或冲突目标并作出选择的能力；⑤平衡力：平衡科学理性决策与道德情感选择的能力。

社会组织形式和生产生活方式等将对生态实践产生重要的影响，实践主体特别是决策者须具备社会组织技巧（Action-Inherent Skill），重视构建支持社会学习和环境感知的社会网络，在不同时空尺度上形成可感知的共生结构体系，构成了生态实践的理想图景。将生态知识转化为具体行动，通过实践主体体验和共同体的情景学习，累积情境感知能力和判断能力的经验，可以滋养和提升生态实践智慧。在实践过程中将科学知识、道德规则和实践经验结合起来，是培养道德感受性、灵活性和洞察力的良好方法。

提出适合于具体场景的生态科学知识，结合历史维度的地方知识和实践主体的行为习俗，考虑实践动机和激励机制，构建具体情境下可实践生态知识和行动，再确定实践系统反馈调节机制，构成了基本的生态实践架构。以生态科学知识和程序性知识为核心的理性轴（Rational Axis），以环境伦理和实践动机为核心的情感轴（Emotional Axis），可以形成生态实践智慧的认知框架（图 2-7）。以生态科学知识和程序性知识为核心的知识体系，及其针对具体场景的转换模式，总结成功生态实践的生命共同体形式，构建生态知识库和程序路径库。针对具体场景的精神空间体系，总结成功的生态实践的社会组织网络和动态反馈管理模式，构建以伦理学知识和实践动机知识为核心的情感体系。生态实践中理性和情感的关系，类似于双人舞蹈的美妙配合，随着时空节奏变化展现出的动态平衡。

从生态实践的本体论层面，探讨了城乡生态实践的内涵、特征和逻辑法则。通过总结历史维度的经验知识，构建具体情境下现代可实践生态知识，结合实践的动

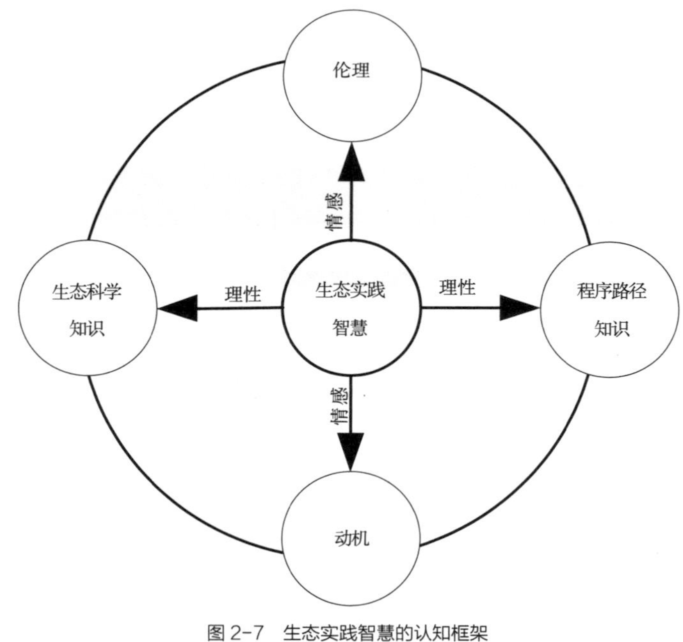

图 2-7　生态实践智慧的认知框架
图片来源：作者自绘

机，以及确定适宜的社会—生态系统反馈机制，提出了“知识类型→问题诊断→目标制定→规划控制→实施管理→反馈调节”的生态实践框架体系。感知共生是生态实践的核心目标，可以培育和获取生态实践智慧，为下一轮生态实践提供内生动力。生态实践需要理性的科学认知，但选择何种知识确定什么行动，又和实践主体的社会组织形式和地方习俗等密切相关，生态实践本质上是科学理性和主体需求的动态平衡。实践主体通过基于可实践生态知识的不断尝试和反馈调节，可以获取以及提升生态实践智慧。

没有科学认知和可实践知识的实践行动是盲目活动，而没有环境情感的实践只是僵化的机械活动，完全依赖于情感的实践将产生危险的行动。实践行动的主观意愿需要结合客观的生态知识。生态实践是一个在终极目标引导下持续的行动过程，也是一个容错并及时反馈调节的渐进过程。由于生态科学知识的局限性和不完整性，以及实践对象的复杂性，系统容错性和可调节性非常重要。随着实践主体更新、社会需求和认知水平的提高，每阶段生态实践目标和内容均有差异，生态实践是一个永无止境的螺旋式上升的过程。基于主客体分离的科学知识引导下的实践行动，影响着目标的制定和基于目标的实践动机和行动框架。没有道德规范引导下综合平衡内在需求和外在激励，难以将生态目标内化为具体的实践行动，无法帮助我们有效解决整体生态与环境问题。以实践为研究对象的研究探索，可以帮助规划设计师理解成功的实践应该遵循的基本法则，深刻理解社会组织形式和适宜的知识对实践的作用和意义，将对以实践为主的相关学科（风景园林、城乡规划和建筑学等）的教育和学术研究带来全新的视角。

参考文献

[1] CARPENTER S R，BENNETT E M，PETERSON G D. Scenarios for Ecosystem Services：An Overview[J]. Ecology and Society，2006，11（1）：29-42.

[2] CHURCHMAN C W. Wicked problems[J]. Manag Sci，1967，14（4）：141-142.

[3] COOK B R，SPRAY C J. Ecosystem services and integrated water resource management：Different paths to the same end?[J]. Journal of Environmental Management，2012，109：93-100.

[4] LAVE J，WENGER E. Situated learning：Legitimate peripheral participation[M]. Cambridge：Cambridge University Press，1991.

[5] LEVINS R. The strategy of model building in population biology[J]. America Scientist，1966（54）：421-431.

[6] Marušič，I. Some observations regarding the education of landscape architects for the 21st century[J]. Landscape and Urban Planning，2002（60）：95-103.

[7] NAESS A. The Shallow and the Deep，Long-Range Ecology Movement：A Summary[J]. Inquiry，1973（16）：95-100.

[8] OSTER G. Predicting populations[J]. American Zoologist，1981（21）：831-844.

[9] PICKETT S T A，KOLASA J，JONES C G. Ecological understanding. The nature of theory and the theory of nature（2nd edition）[M]. London：Academic Press，2007.

[10] SCHÖN D. The crisis of professional knowledge and the pursuit of an epistemology of practice. In: RAVEN J, STEPHENSON J（Eds）, Competence in the Learning Society（Chapter 13）（pp. 185-207）. Reproduced on the HE Academy website by kind permission of Peter Lang Publishing，Inc，2001.

[11] Schön D. The reflective practitioner[M]. New York：Basic Books，1983.

[12] 伊丽莎贝特·A·席尔瓦，帕齐·希利，尼尔·哈理斯，等．论规划研究的技巧[J]. 国际城市规划，2018，33（1）：101-110+142.

[13] WORSTER D. Nature's economy：A history of ecological ideas（2nd edition）[M]. Cambridge：Cambridge University Press，1994.

[14] XIANG W N. Ecophronesis：The ecolog-

ical practical wisdom for and from ecological practice[J]. Landscape and Urban Planning，2016（155）：53-60.

[15] XIANG W N. Working with wicked problems in socio-ecological systems：Awareness，acceptance，and adaptation[J]. Landscape and Urban Planning，2013，110（1）：1-4.

[16] 奥尔多·利奥波德．沙乡年鉴 [M]. 侯文惠，译．北京：商务印书馆，2016.

[17] 梭罗．瓦尔登湖 [M]. 王家湘，译．北京：北京出版社出版集团，北京十月文艺出版社，2009.

[18] 陶火生．论生态实践及其基本特征 [J]. 广西社会科学，2007（4）：40-44.

[19] 王志芳．生态实践智慧与可实践生态知识 [J]. 国际城市规划，2017，32（4）：16-21.

[20] 吴良镛．人居环境科学导论 [M]. 北京：中国建筑工业出版社，2001.

[21] 相江苏．生态文明的实践逻辑 [J]. 改革与开放，2016（12）：38-40.

[22] 象伟宁，王涛，汪辉．魅力的巴斯德范式 vs. 盛行的玻尔范式——谁是生态系统服务研究中更具生态实践智慧的研究范式 ?[J]. 现代城市研究，2018（7）：2-6+19.

[23] 颜文涛，王正，韩贵锋，等．低碳生态城规划指标及实施途径 [J]. 城市规划学刊，2011（3）：39-50.

[24] 颜文涛，萧敬豪，胡海，等．城市空间结构的环境绩效：进展与思考 [J]. 城市规划学刊，2012（5）：50-59.

[25] 颜文涛，萧敬豪．城乡规划法规与环境绩效——环境绩效视角下城乡规划法规体系的若干思考 [J]. 城市规划，2015，39（11）：39-47.

[26] 颜文涛，王云才，象伟宁．城市雨洪管理实践需要生态实践智慧的引导 [J]. 生态学报，2016，36（16）：4926-4928.

[27] 颜文涛，黄欣，邹锦．融合生态系统服务的城乡土地利用规划：概念框架与实施途径 [J]. 风景园林，2017（1）：45-51.

[28] 颜文涛，卢江林．乡村社区复兴的两种模式：韧性视角下的启示与思考 [J]. 国际城市规划，2017，32（4）：22-28.

[29] 颜文涛，象伟宁，袁琳．探索传统人类聚居的生态智慧——以世界文化遗产区都江堰灌区为例 [J]. 国际城市规划，2017，32（4）：1-9.

[30] 叶林，邢忠，颜文涛，等．趋近正义的城市绿色空间规划途径探讨 [J]. 城市规划学刊，2018（3）：57-64.

第三章

生态城市指标与实施途径

城市为社会经济的发展带来巨大的机遇，同时也伴随着巨大的挑战。由于城市发展消耗全球 85% 的资源和能源，排出 85% 的废物和 CO_2，导致和加剧了气候变化与环境恶化①，全球正面临着气候变化和资源环境的巨大压力。基于传统工业文明的城市发展模式正日益受到挑战，主张人与自然和谐共生的生态文明逐步成为新时代的潮流和主题。如何应对气候变化和环境挑战，有学者提出了"解铃还需系铃人"，一种新的城市发展模式——生态城市（仇保兴，2009）。

由于城市用地布局、产业空间布局、城市交通结构、基础设施建设均存在显著的生态效应，决定了城市规划在生态城市建设中应该而且可以发挥重要作用。在规划设计过程中引入生态理念，关键在于不同层面生态城市指标的确定。国外对生态城市研究主要包括土地利用与碳排放的关系、低碳城市管理、低碳社区、生态城市（Register，2010）、生态社区（Calthorpe，2009）等；国内研究主要包括低碳城市理论内涵（陈飞和诸大建，2009）、低碳城市评价指标（付允等，2010）、低碳城市发展模式（顾朝林，2009）、低碳城市空间结构（潘海啸，2008）、低碳城市规划管理体制（叶祖达，2009）、生态城市理论与规划方法（黄光宇和陈勇，2002）、生态城市规划实践②等，只有少数学者对生态城市规划指标进行了研究（沈清基和吴斐琼，2008）。构建体现基本特征的生态城市指标体系，明确不同规划阶段的关键要素及其实施途径，有利于通过规划途径引导和保障生态城市的建设（谢鹏飞等，2010；李迅等，2010）。

1 指标体系研究动态

1.1 生态城市指标分类

指标体系作为规划实施的主要控制手段，是将生态城市由理论研究到实际操作的关键所在。目前国内外对生态城市指标体系的相关研究已经取得了一定成果，主要是从生态城市建设评价的角度提出的（吴琼等，2005；莫霞和王伟强，2010；谢鹏飞等，2010；付允等，2010）。欧盟资助的生态城市研究项目，从区域与城市文脉、城市结构、交通、物资与能源、社会经济等五个方面提出了生态城市指标体系，核心思想是构建人类和环境友好关系的可持续居住模式（薄力之，2008）。美国重要港口城市克里夫兰的生态城市议程，包含了空气质量、气候改良、能源、绿色建筑、

① 转引自：中国城市科学研究会．中国低碳生态城市发展报告 [M]. 北京：中国建筑工业出版社，2010.
② 目前已经在全球范围内掀起了生态城市规划与建设的热潮。印度的班加洛尔（Bangalore）、巴西的柯里蒂巴（Curitiba）和桑托斯（Santos）、澳大利亚的怀亚拉（Whyallla）、新西兰的韦特克勒（Waitakere）、美国的克利夫兰（Cleveland）和波特兰·梅特波利坦（Portland Metropolitan）、德国的厄兰根（Erlangen）都在从事生态城市的规划建设实践。国内有上海崇明岛东滩生态城、天津中新生态城、曹妃甸国际生态城、深圳光明生态城、北京长兴生态城、万庄生态城、门头沟生态城、西安浐灞生态区、无锡中瑞低碳生态城、重庆悦来生态城等在进行生态城市的规划建设实践。

绿色空间、基础设施、政府领导、邻里特色构建、公共卫生、精明增长、区域主义、交通选择、水质保持以及滨水区建设等多个层面的标准要求[①]。加拿大温哥华的生态城市建设指标体系包括固体废弃物、交通运输、能源、空气排放、土壤与水、绿色空间、建筑等。

针对生态城市指标体系的研究，大致可以分为六类：①第Ⅰ类：基于可持续发展理论构建的生态城市指标体系。将指标体系分解为社会、经济、环境等多个子系统，联合国可持续发展委员会、环保部、中国科学院可持续发展战略研究组、中新天津生态城市项目组、付允等（2010）提出的生态城市指标体系属于该类型。②第Ⅱ类：基于城市复合生态系统理论构建的生态城市指标体系。吴琼和王如松（2005）、杨志峰等（2005）、颜文涛等（2007）提出的生态城市指标体系属于该类型。③第Ⅲ类：基于生态系统理论构建的生态城市指标体系。宋永昌等（1999）提出的生态城市指标体系属于该类型。④第Ⅳ类：基于生态城市规划理论构建的生态城市指标体系，将可持续发展理论、生态系统理论和城市规划理论结合，将各种生态规划指标融入传统城市规划内容中去，黄光宇等（2002）和沈清基等（2008）构建的生态城市指标体系属于该类型。⑤第Ⅴ类：根据生态城市建设内容构建的生态城市指标体系。在传统城市建设内容的基础上，直接融入生态指标，欧盟的生态城市评价指标体系、美国克里夫兰生态城市建设标准、加拿大温哥华的生态城市建设指标体系、无锡中瑞低碳生态城市指标体系属于此类型。⑥第Ⅵ类：基于人居环境理论构建的生态城市评价指标体系。城市科学研究会提出的宜居城市科学评价指标体系以及国家园林生态城市标准属于此类。

上述生态城市指标体系具有以下特点：更多强调了生态指标，较少涉及减碳指标；提出了生态城市建设评价指标，较少探讨生态城市的规划控制指标，规划可控性（即对规划编制过程和规划管理的可操作性）不是很强；有些指标体系结构和目标清晰，但指标综合性太强，很难在规划过程中有效控制，而有些指标体系强调过程控制，但结构层次不清晰。

1.2　若干生态城市指标解析

宜居城市主要从社会文明度、经济富裕度、环境优美度、资源承载度、生活便利度、公共安全度等六个方面，构建了 28 个中类指标及 73 个小类指标，形成了宜居城市科学评价指标体系，其中 46 个为管理型指标，27 个为规划型指标。该指标体系体现了五项原则：正视生态的困境，提高生态意识原则；人居环境建设与经济

---

① 转引自：唐燕，杨宇 . 案例集萃 [J]. 国际城市规划，2007，22（2）：119.

发展良性互动的原则；发展科学技术，推动经济发展，社会繁荣与人居环境建设方式多样化，技术多层次的原则；关怀广大人民群众，重视社会发展整体利益的原则；科学追求与艺术创造相结合的原则。上述五项原则中，生态环境和服务设施配置作为首要原则提出，分别占 30% 权重。

国家园林城市标准是从城市园林绿地系统和景观生态系统建设角度提出的，从组织管理、规划设计、景观保护、绿化建设、园林建设、生态建设、市政建设 7 个方面，形成了 51 个评价指标，主要体现了公园绿地和生态绿地的建设内容。

黄光宇先生将生态城市定义为“社会和谐、经济高效、生态良性循环”的人类住区形式，从社会、经济、自然三个方面提出了生态城市综合指标体系，基于社会文明度、经济高效度、自然和谐度三个分目标，提出了人类及其精神发展健康，社会服务保障体系、社会管理机制健全，经济发展效率、经济发展水平、经济持续发展能力、自然环境良好，人工环境协调等八项准则，构建了 64 个生态城市综合指标（黄光宇和陈勇，2002）。

生态城市规划建设实践中有两个典型案例项目。其中，中新天津生态城为国内首批的生态城区示范项目，基于生态环境健康、社会和谐进步、经济蓬勃高效等三个分目标，提出了自然环境良好、人工环境协调、生活模式健康、基础设施完善、管理机制健全、经济持续发展、科技创新活跃、就业综合平衡等八项准则，构建了 22 个控制性指标和 4 个引导性指标。另一个示范项目为唐山曹妃甸国际生态城建设项目，尽管该项目后续由于诸多原因建设目标发生偏移，但是，在建设初始阶段由瑞典 SWECO 公司提出了涵盖管理和规划两个层次，形成一套有较强可实施性的、较完整的生态指标体系。包含了 7 个子系统 141 项指标，由 34 项管理类指标与 107 项规划类指标构成。其中，34 项管理类指标通过规划部门与其他部门协作管理共同落实，而 107 项规划类指标通过规划编制阶段结合法定规划体系落实。

2 生态城市指标体系

将生态城市指标体系、可持续发展指标体系、宜居城市指标体系、园林城市指标体系与生态城市建设内容进行关联耦合，构建生态城市建设指标体系，涉及空间支持系统、环境支持系统、资源支持系统、经济支持系统、社会支持系统等五大系统。该指标体系主要特点在于强调了指标类型（管理型指标、规划型指标、评价型指标）、实施主体（政府、企业、公众）、实施时序（近期、中期、远期）、实施尺度（城市、社区），可操作性强，可以指导规划编制、规划实施和建设管理全过程。

2.1 生态城市建设指标体系

生态城市建设指标涉及空间支持系统、环境支持系统、资源支持系统、经济支持系统、社会支持系统等五大系统，构成生态城市建设综合指标体系（表 3-1）。

生态城市建设综合指标体系　　表 3-1

系统	要素	指标	序号	单位	指标属性			实施主体	建设时限
					控制类型	建设类型	尺度类型		
空间支持系统	公共空间	城市毛容积率	1	%	控制性	规划型	城市	城市政府	规划阶段
		人均城市建设用地面积	2	m^2/人	控制性	规划型	城市	城市政府	规划阶段
		人均绿地面积	3	m^2/人	控制性	规划型	城市	城市政府	规划阶段
		人均广场面积	4	m^2/人	控制性	规划型	城市	城市政府	规划阶段
		空间结构与自然协调	5	—	引导性	规划型	城市 / 社区	城市政府 / 开发企业	规划阶段 / 设计阶段
		公共空间可达性	6	—	引导性	规划型	城市 / 社区	城市政府	规划阶段
		空间宜人性	7	—	引导性	规划型	城市 / 社区	城市政府 / 开发企业	规划阶段 / 设计阶段
		市民对城市标志性景观的认可度	8	—	反馈性	评价型	城市 / 社区	公众	实施阶段
		市民对城市公共空间建设的满意度	9	—	反馈性	评价型	城市 / 社区	公众	实施阶段
		人均疏散用地面积	10	m^2/人	控制性	规划型	城市 / 社区	城市政府 / 开发企业	规划阶段 / 设计阶段
	景观特征	景观破碎化	11	—	控制性	规划型	城市	城市政府	规划阶段
		景观异质性	12	—	控制性	规划型	城市	城市政府	规划阶段
		视觉景观和地方感知	13	—	引导性	规划型	城市 / 社区	城市政府 / 开发企业	规划阶段 / 设计阶段
		空间多样性	14	—	引导性	规划型	城市 / 社区	城市政府 / 开发企业	规划阶段 / 设计阶段
	交通系统	低碳化交通结构	15	—	引导性	规划型	城市 / 社区	城市政府 / 开发企业	规划阶段 / 设计阶段
		步行系统	16	—	引导性	规划型	城市 / 社区	城市政府 / 开发企业	规划阶段 / 设计阶段
		轨道交通服务区覆盖率	17	%	控制性	规划型	城市	城市政府	规划阶段 / 设计阶段
		公交车平均车速	18	—	引导性	管理型	城市	城市政府	规划阶段 / 实施阶段
		公交专用车道长度比重	19	%	控制性	管理型	城市	城市政府	规划阶段 / 实施阶段

系统	要素	指标	序号	单位	指标属性			实施主体	建设时限
					控制类型	建设类型	尺度类型		
空间支持系统	交通系统	人均拥有道路面积	20	m^2/人	控制性	规划型	城市	城市政府	规划阶段/设计阶段
		道路设施的生态化	21	—	控制性	规划型	城市/社区	城市政府/开发企业	规划阶段/设计阶段
环境支持系统	生态状况	森林覆盖率	22	%	控制性	规划型	城市/社区	城市政府/开发企业	规划阶段/设计阶段
		生物多样性保护	23	—	引导性	规划型	城市/社区	城市政府/开发企业	规划阶段/设计阶段
		野生动植物栖息地	24	m^2	控制性	规划型	城市/社区	城市政府	规划阶段/设计阶段
		自然湿地净损失	25	%	控制性	规划型	城市/社区	城市政府	规划阶段/设计阶段
		建成区绿地率	26	%	控制性	规划型	城市/社区	城市政府/开发企业	规划阶段/设计阶段
		绿化覆盖率	27	%	控制性	规划型	城市/社区	城市政府/开发企业	规划阶段/设计阶段
		人均公共绿地面积	28	m^2/人	控制性	规划型	城市/社区	城市政府	规划阶段/设计阶段
		人均生态用地	29	m^2/人	控制性	规划型	城市/社区	城市政府/开发企业	规划阶段/设计阶段
		建成区内本地植物指数	30	—	引导性	管理型	城市/社区	城市政府/开发企业	规划阶段/设计阶段
		生态网络的连通度	31	—	引导性	规划型	城市/社区	城市政府/开发企业	规划阶段/设计阶段
	环境状况	固废无害化处理率	32	%	控制性	管理型	城市/社区	城市政府/开发企业	规划阶段/设计阶段
		垃圾资源化利用率	33	%	引导性	规划型/管理型	城市/社区	城市政府/开发企业	实施阶段
		危险物处理率	34	%	控制性	规划型	城市/社区	城市政府/开发企业	规划阶段/设计阶段
		污水处理率	35	%	控制性	规划型	城市/社区	城市政府/开发企业	规划阶段/设计阶段
		建成区透水面积率	36	%	控制性	规划型	城市/社区	城市政府/开发企业	规划阶段/设计阶段
		大气环境质量	37	天	控制性	规划型/管理型	城市/社区	城市政府/开发企业	规划阶段/设计阶段
		地表水环境质量	38	—	控制性	规划型/管理型	城市/社区	城市政府/开发企业	规划阶段/设计阶段
		工业用水重复率	39	%	控制性	管理型	城市	城市政府/开发企业	规划阶段/设计阶段

续表

系统	要素	指标	序号	单位	指标属性			实施主体	建设时限
					控制类型	建设类型	尺度类型		
环境支持系统	环境状况	山地沟谷占用率	40	%	控制性	规划型 / 管理型	城市 / 社区	城市政府 / 开发企业	规划阶段 / 设计阶段
		地表径流增加率	41	%	控制性	规划型 / 管理型	城市 / 社区	城市政府 / 开发企业	规划阶段 / 设计阶段
		区域气候条件利用	42	—	引导性	规划型	城市 / 社区	城市政府 / 开发企业	规划阶段 / 设计阶段
		噪声达标率	43	%	控制性	规划型 / 管理型	城市 / 社区	城市政府 / 开发企业	规划阶段 / 设计阶段
		城市人均生活垃圾	44	kg/ 人	控制性	管理型	城市 / 社区	城市政府 / 开发企业	实施阶段
		绿色建筑比例	45	%	控制性	规划型 / 管理型	社区 / 建筑	开发企业 / 城市政府	规划阶段 / 设计阶段
		屋顶绿化面积比重	46	%	控制性	管理型	城市 / 社区	开发企业 / 城市政府	规划阶段 / 设计阶段
资源支持系统	资源状况	生态保护空间面积比例	47	%	控制性	规划型	城市 / 社区	城市政府	规划阶段 / 设计阶段
		基本农田保护率	48	%	控制性	规划型	城市 / 社区	城市政府	规划阶段 / 设计阶段
		人均可利用水资源量	49	m^3/ 人	引导性	规划型	城市	城市政府	规划阶段 / 设计阶段
		人均建设用地面积	50	m^2/ 人	引导性	规划型	城市	城市政府	规划阶段 / 设计阶段
		清洁能源比重	51	%	引导性	规划型	城市	城市政府	规划阶段 / 设计阶段
		可再生能源比重	52	%	控制性	规划型	城市 / 社区	城市政府	规划阶段 / 设计阶段
	资源效率	非传统水源利用率	53	%	控制性	规划型	城市 / 社区	城市政府 / 开发企业	规划阶段 / 设计阶段
		单位土地的 GDP 产出率	54	万元 /km^2	控制性	管理型	城市	城市政府 / 开发企业	实施阶段
经济支持系统	经济水平	GDP 总量	55	万元	引导性	管理型	城市	城市政府	实施阶段
		人均 GDP	56	万元 / 人	引导性	管理型	城市	城市政府	实施阶段
	经济结构	第三产业占 GDP 比重	57	%	引导性	管理型	城市	城市政府	实施阶段
		高新技术产业增加值占工业比重	58	%	引导性	管理型	城市	城市政府	实施阶段
		循环经济产业增加值比重	59	%	引导性	管理型	城市	城市政府	实施阶段
		高新技术园区面积	60	km^2	控制性	规划型	城市	城市政府 / 开发企业	规划阶段 / 设计阶段
		第三产业用地比重	61	%	控制性	规划型	城市	城市政府 / 开发企业	规划阶段 / 设计阶段

续表

系统	要素	指标	序号	单位	指标属性			实施主体	建设时限
					控制类型	建设类型	尺度类型		
经济支持系统	经济效率	万元GDP的生态足迹	62	ha/万元	引导性	管理型	城市	城市政府/开发企业	规划阶段/设计阶段
		单位GDP碳排放量	63	吨C/百万美元	控制性	管理型	城市	城市政府/开发企业	规划阶段/设计阶段
		万元GDP能耗	64	吨标煤/万元GDP	控制性	管理型	城市	城市政府/开发企业	规划阶段/设计阶段
		万元GDP水耗	65	m^3/万元	控制性	管理型	城市	城市政府/开发企业	规划阶段/设计阶段
		万元工业增加值垃圾产量	66	kg/万元	引导性	管理型	城市	城市政府/开发企业	实施阶段
社会支持系统	人口保障	人口密度	67	人/km^2	引导性	管理型	城市	城市政府	规划阶段/设计阶段
		人口自然增长率	68	%	引导性	管理型	城市	城市政府	实施阶段
	政治文明	公众参与	69	—	引导性	管理型	城市	城市政府	实施阶段
		民主决策	70	—	引导性	管理型	城市	城市政府	实施阶段
	住房保障	人均住房建筑面积	71	m^2/人	控制性	规划型	城市/社区	城市政府/开发企业	规划阶段/设计阶段
		保障性住房占住房总面积的比例	72	%	控制性	规划型	城市/社区	城市政府	规划阶段/设计阶段
	社会公平	基尼系数	73	—	引导性	管理型	城市	城市政府	实施阶段
		绿色出行比例	74	%	引导性	规划型/管理型	城市/社区	城市政府/开发企业	规划阶段/设计阶段
	社会效率	人均出行时间	75	分	引导性	规划型/管理型	城市/社区	城市政府	实施阶段
	社会结构	万人拥有大学学历人数	76	人/万人	引导性	管理型	城市	城市政府	实施阶段
	社会服务保障	步行500m有免费的文体设施比例	77	%	控制性	规划型	城市/社区	城市政府/开发企业	规划阶段/设计阶段
		人均高等教育科研用地面积	78	m^2/人	控制性	规划型	城市/社区	城市政府/开发企业	规划阶段/设计阶段
		万人医院床位数	79	床位/万人	控制性	规划型	城市/社区	城市政府/开发企业	规划阶段/设计阶段
		人均商业设施面积	80	m^2/人	控制性	规划型	城市/社区	城市政府/开发企业	规划阶段/设计阶段
		市政设施普及率	81	%	控制性	规划型	城市/社区	城市政府/开发企业	规划阶段/设计阶段
		万人拥有公交车辆数	82	—	引导性	管理型	城市	城市政府	实施阶段
		城市公共厕所密度	83	个/km^2	控制性	规划型	城市/社区	城市政府/开发企业	规划阶段/设计阶段

续表

系统	要素	指标	序号	单位	指标属性			实施主体	建设时限
					控制类型	建设类型	尺度类型		
社会支持系统	社会服务保障	人均人防建筑面积	84	m^2/人	控制性	规划型	城市/社区	城市政府/开发企业	规划阶段/设计阶段
		人均生活用水	85	m^3/人	引导性	规划型	城市/社区	城市政府/开发企业	规划阶段/设计阶段
		人均生活用电	86	m^3/人	引导性	规划型	城市/社区	城市政府/开发企业	规划阶段/设计阶段
	人文延续	物质文化遗产保护	87	—	控制性	规划型	城市/社区	城市政府/开发企业	规划阶段/设计阶段
		非物质文化遗产保护	88	—	引导性	规划型	城市/社区	城市政府/开发企业	规划阶段/设计阶段

资料来源：作者自制

空间支持系统：包括公共空间、景观特征和交通系统三大要素，由城市毛容积率、人均城市建设用地面积、人均绿地面积、人均广场面积、空间结构与自然协调、公共空间可达性和空间宜人性等 21 个指标构成，该 21 个指标实施主体是城市政府、开发企业和公众，在规划阶段完成，实际上是进行空间结构“生态化”布局的工作，也是在规划层面体现“生态城市”规划阶段的核心内容。空间结构与自然协调、空间宜人性、人均疏散用地面积、视觉景观和地方感知、空间多样性等指标在设计阶段完成，实施主体为城市政府或开发企业。

环境支持系统：包括生态状况和环境状况两大要素，由森林覆盖率、生物多样性保护、野生动植物栖息地、自然湿地净损失、建成区绿地率、绿化覆盖率、人均公共绿地面积、人均生态用地、建成区内本地植物指数、固废无害化处理率、垃圾资源化利用率、危险物处理率、污水处理率、建成区透水面积率、大气环境质量等 25 个指标构成。该 25 个指标中野生动植物栖息地、自然湿地净损失、人均公共绿地面积实施主体是城市政府，其余各项指标需要城市政府和开发企业共同实施。建成区内本地植物指数、固废无害化处理率、工业用水重复率、城市人均生活垃圾、屋顶绿化面积比重在生态城市管理阶段完成，其余指标均应在规划阶段完成。绿色建筑比例指标在设计阶段和建造阶段完成，实施主体为城市政府和开发企业。

资源支持系统：包括资源状况和资源效率两大要素，由生态保护空间面积比例、基本农田保护率、人均可利用水资源量、人均建设用地面积、清洁能源比重、可再生能源比重、非传统水源利用率、单位土地的 GDP 产出率 8 个指标构成。其中，生态保护空间面积比例、基本农田保护率、人均可利用水资源量、人均建设用地面积、清洁能源比重、可再生能源比重 6 个指标由城市政府完成实施，并全部在规划阶段完成。

非传统水源利用率、单位土地 GDP 产出率等 2 个指标由城市政府和开发企业共同完成，前 1 个指标在设计阶段完成，后 1 个指标在实施阶段完成。

经济支持系统：包括经济水平、经济结构和经济效率三大要素，由 GDP 总量、人均 GDP、第三产业占 GDP 比重、高新技术产业增加值占工业比重、循环经济产业增加值比重、高新技术园区面积、第三产业用地比重、万元 GDP 的生态足迹、单位 GDP 碳排放量、万元 GDP 能耗、万元 GDP 水耗、万元工业增加值垃圾产量共 12 个指标构成。其中，第三产业占 GDP 比重、高新技术产业增加值占工业比重、循环经济产业增加值比重 3 个指标实施主体为城市政府，其余指标实施主体为城市政府和开发企业共同完成，主要在规划阶段需要考虑各类产业用地，在管理阶段完成指标建设。

社会支持系统：社会支持系统包括人口保障、政治文明、住房保障、社会公平、社会效率、社会结构、社会服务保障、人文延续等要素，由人口密度、人口自然增长率、公众参与、民主决策、人均住房建筑面积、保障性住房占住房总面积的比例、基尼系数、绿色出行比例、人均出行时间、万人拥有大学学历人数、步行 500m 有免费的文体设施比例、人均高等教育科研用地面积、万人医院床位数、人均商业设施面积、市政设施普及率、万人拥有公交车辆数、城市公共厕所密度、人均人防建筑面积、人均生活用水、人均生活用电、物质文化遗产保护、非物质文化遗产保护 22 个指标构成。其中，人口密度、人口自然增长率、公众参与、民主决策、保障性住房占住房总面积的比例、基尼系数、人均出行时间、万人拥有大学学历人数、万人拥有公交车辆数共 8 个指标实施主体为城市政府，其他指标由城市政府和开发企业共同完成，绿色出行比例、人均出行时间、步行 500m 有免费的文体设施比例、物质文化遗产保护、非物质文化遗产保护等指标在规划阶段完成，而人口密度、人口自然增长率、公众参与、民主决策、基尼系数、万人拥有大学学历人数、万人拥有公交车辆数共 7 个指标在管理阶段完成。

2.2 生态城市规划指标体系

目前研究较多的生态城市指标体系都是关于社会、经济和环境的整体目标，较少提出指导物质空间规划和管理的生态城市规划指标。当前国内一些城市开展的生态城市指标体系研究，主要是社会、经济、环境等方面的指标与空间规划体系缺乏融合的问题，形成两个或几个相互平行的体系。也有学者在总规层面较好地将生态理念融入城市规划中，提出了生态城规划标准（沈清基等，2008）。研究试图将社会、经济、环境和文化等内容有效融入我国规划体系中各个层次，提出相对综合的、能够体现基本特征的生态城市规划指标体系。

城市是一个复杂巨系统，系统的各个要素在质量和数量上表现为一个或数个指标。由于可持续发展理论确定的指标体系具有清晰的结构和层次，而生态系统理论确定的指标体系具有清晰的功能，城市规划理论确定的指标体系具有较强的操作性，将国内外提出的生态城市指标体系综合后，从五个子系统解析生态城市，结合七项建设内容和五个规划内容，分析相关指标显现的基本特征，并与城乡规划技术体系进行对接。

研究提出的规划指标体系设计方法为：首先，确定指标体系的系统结构，将其分解为社会子系统、经济子系统、资源子系统、环境子系统和空间子系统等五个子系统，由五个子系统构成的指标综合后形成了指标集合；然后，考虑人居功能、能源利用、绿色交通、景观与生态、可持续建筑、水资源管理、固废处理等生态城市的建设内容，形成生态城市建设指标体系；再进一步与土地使用、城市设计与建筑控制、自然与历史保护、基础设施、环卫与防灾五个城市规划内容耦合，最终构建成生态城市规划指标体系，每个指标体现或反映生态城市一个或多个基本特征；最后，提出生态城市规划指标的实施途径（图 3-1）。

对于指标体系框架的建构，需要研究如何把宏观的框架结构向微观的量化指标过渡，指标体系不能停留在政府层面，必须把这个指标体系从城市的总体目标分解到各类基本单元，包括空间单元（规划管理单元）、环境单元（小流域管理单元）、行业单元（企业），以及社会单元（家庭），这样得到的指标体系具有可控性和可操作性，才能促使各种社会活动者和全体市民都参与到生态城发展中来，这样的指标体系才具有约束作用，生态城市的目标才能达成（仇保兴，2009）。我们将一般城市规划标准的基本内容与生态城五个子系统进行有机关联，结合生态城市基本特征，提出具有可操作性的生态城市规划指标体系（表 3-2），然后考虑五个规划内容显现

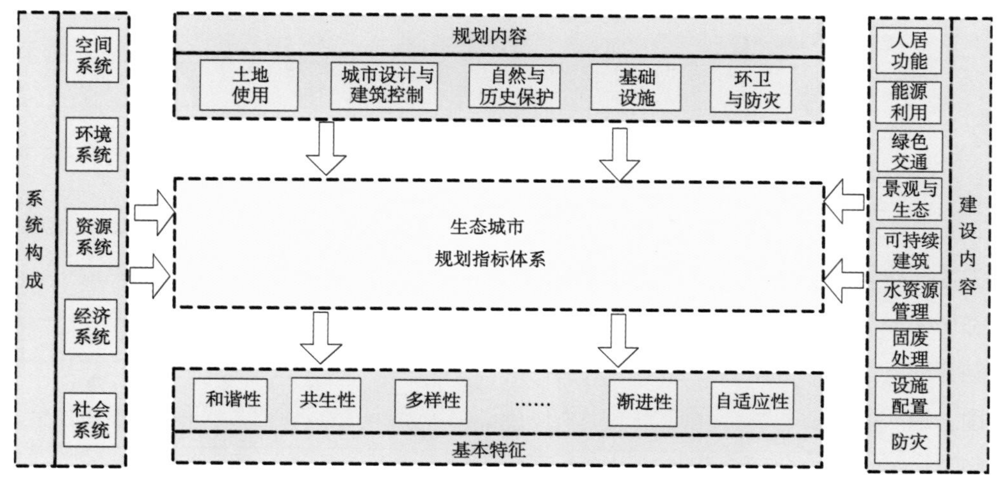

图 3-1　生态城市规划指标体系设计方法
图片来源：作者自绘

生态城市规划指标体系 表 3-2

城市规划内容	指标	序号	指标属性	关键指标			
				区域规划	总体规划	控制性详细规划	修建性详细规划与建筑设计
土地使用	城市开发密度	1	控制性	●	●	●	●
	土地使用强度	2	控制性		●	●	●
	人口密度	3	控制性	●	●	●	
	人均建设用地面积	4	控制性		●	●	
	人均公共绿地面积	5	控制性		●	●	●
	人均广场面积	6	控制性				●
	公共空间可达性	7	引导性		●	●	●
	景观破碎化指数	8	引导性		●	●	
	景观异质性指数	9	引导性		●	●	●
	建成区绿地率	10	控制性		●	●	●
	绿化覆盖率	11	控制性		●	●	●
	人均生态用地	12	引导性		●	○	
	生态网络的连通度	13	引导性	●	●	○	○
	绿色开敞空间连通度	14	引导性	○	●	●	●
	建成区透水面积率	15	控制性			●	●
	山地沟谷占用率	16	控制性		●	●	●
	地表径流增加率	17	控制性			●	●
	单位径流 COD 排放量	18	引导性			●	●
	退化土地恢复率	19	引导性		●	●	●
	基本农田保护率	20	引导性	●	●	○	
	单位土地的 GDP 产出率	21	引导性		○		
	高新技术园区面积比重	22	引导性		○		
	第三产业用地比重	23	引导性		○		
	人口密度	24	控制性		○	○	
	人口自然增长率	25	引导性		●		
	人均高等教育科研用地面积	26	控制性		○		
	万人医院床位数	27	引导性		○		
	人均商业设施面积	28	控制性			○	●
	产业的环境承载力指数	29	引导性	●	●	○	
城市设计与建筑控制	空间宜人性	30	引导性		●	●	●
	空间多样性	31	引导性		●	●	●
	建筑高度	32	控制性		○	○	○
	建筑体量、体型和色彩	33	引导性				○
	市民对标志性景观的认可度	34	引导性				○

续表

城市规划内容	指标	序号	指标属性	关键指标			
				区域规划	总体规划	控制性详细规划	修建性详细规划与建筑设计
城市设计与建筑控制	市民对公共空间的满意度	35	引导性				○
	保障性住房的比例	36	控制性		●	●	●
	人均住房建筑面积	37	控制性		○	●	○
	绿色建筑比例	38	控制性			●	●
	绿化屋顶面积比重	39	控制性			●	●
	有效利用区域气候条件	40	控制性		●	●	●
基础设施与公共设施	可再生能源使用率	41	引导性		○	●	●
	人均碳排放量	42	控制性		●	●	●
	生态化交通结构	43	引导性	●	●	●	●
	步行系统	44	引导性	●	●	●	●
	轨道交通系统覆盖率	45	控制性	●	●	●	
	公交专用车道长度比重	46	控制性		●	○	
	人均拥有道路面积	47	控制性		○	●	
	污水收集率	48	控制性		○		
	大气环境质量	49	控制性	●	●	○	
	区内地表水环境质量	50	控制性	●	●	●	●
	区内地下水环境质量	51	控制性		○	●	●
	人均可利用水资源量	52	引导性		○	○	
	非传统水源利用率	53	控制性		●	●	●
	清洁能源比重	54	控制性		○	○	●
	绿色出行比例	55	引导性		●	●	●
	城市气化率	56	控制性		○	○	○
	人均生活用水	57	控制性		●	●	●
	人年均能源消耗量	58	引导性		○	○	●
	能源消耗弹性系数	59	引导性		○		
	万元 GDP 能耗	60	控制性		○		
	万元 GDP 水耗	61	控制性		○		
	公共设施的可达性	62	引导性		●	●	●
自然与历史保护	温室气体捕获与封存比例	63	引导性				●
	视觉景观和地方感知	64	引导性		●	●	●
	空间结构生态化	65	引导性		●	●	●
	森林覆盖率	66	控制性	●	●	●	
	自然保护地面积比重	67	控制性	●	●	●	○

续表

城市规划内容	指标	序号	指标属性	关键指标			
				区域规划	总体规划	控制性详细规划	修建性详细规划与建筑设计
自然与历史保护	自然湿地净损失	68	控制性	●	●	●	●
	建成区内本地植物指数	69	控制性		○	●	●
	人文保护地区面积比重	70	引导性	●	●	●	○
环境卫生与城市防灾	万元 GDP 的生态足迹	71	引导性		○	●	●
	防灾设施可达性	72	控制性		●	●	●
	人均疏散用地面积	73	控制性		●	●	○
	固废无害化处理率	74	控制性		●	●	●
	垃圾资源化利用率	75	控制性		●	●	●
	噪声达标率	76	引导性		●	●	●
	城市人均生活垃圾	77	引导性		●		
	万元工业增加值垃圾产量	78	引导性		○		
	万人拥有公共厕所数量	79	控制性		○		

注：●为不同规划层次的关键性指标，○为不同规划层次的相关性指标。

资料来源：作者自制

生态城市基本特征强弱的不同，再进一步确定不同阶段的关键指标。体现了生态城市基本特征的规划指标体系，有利于直接引导生态城市规划编制和管理工作，为实现城市低碳生态化发展目标提供重要手段。

3 系统构成与规划建设内容的相关性

生态城市基本特征是内涵的外在表现。假若一个城市具有生态城市的各类特征，那么这个城市实际上就是生态城市。在国内外相关学者研究的基础上，作者将生态城市的系统结构分为空间子系统、经济子系统、社会子系统、环境子系统和资源子系统等五个子系统，涵盖人居功能、景观与生态、能源利用、固废处理、水资源管理、绿色交通、可持续建筑共七项建设内容，规划标准内容包括土地使用、自然与历史保护、基础设施、城市设计与建筑控制、环卫与防灾等五类内容。分析系统构成、建设内容、规划内容与基本特征的相关性，有助于理解并掌握生态城市规划的关键要素。

3.1 基本特征自相关分析

通过分析生态城市基本特征之间的相关性，研究发现：和谐性、共生性和自适应性是生态城市的关键特征，其中：共生性、多样性、健康性、整体性、紧凑性、复合性、安全性、自适应性八个生态城市基本特征的体现有助于实现价值层面的目标——和谐性；而和谐性、多样性、整体性、紧凑性、复合性五个生态城市特征的体现有助于实现另一个价值层面的目标——共生性；共生性、多样性、循环性、紧凑性、复合性、渐进性六个生态城市特征的体现有助于实现系统的自适应性（表 3-3）。

低碳生态城基本特征相关性分析　　表 3-3

基本特征	和谐性	共生性	多样性	健康性	循环性	高效性	低耗性	整体性	紧凑性	复合性	安全性	渐进性	自适应性	统计
和谐性	●	●	●	●	○	○	○	●	●	●	●	○	●	8
共生性	●	●	●	○	○	○	○	●	●	●	○	○	○	5
多样性	○	○	●	○	○	○	○	○	●	●	○	○	○	2
健康性	○	○	●	●	○	○	●	○	○	○	●	○	○	3
循环性	○	○	○	○	●	○	○	○	○	●	○	○	○	1
高效性	○	○	○	○	○	●	●	○	●	○	○	○	○	2
低耗性	○	○	●	○	○	○	●	○	●	●	○	○	○	3
整体性	○	○	○	○	○	○	○	●	●	●	○	○	○	2
紧凑性	○	○	●	○	○	○	○	○	●	●	○	○	○	3
复合性	○	●	●	○	○	○	○	●	●	●	○	○	○	4
安全性	●	○	○	●	○	○	○	○	○	○	●	○	●	3
渐进性	○	○	○	○	○	○	○	○	○	○	○	●	●	1
自适应性	○	●	●	○	●	○	○	○	●	●	○	●	●	6

注：●表示强相关性，○表示弱相关性。统计栏中数字表示从横向看除自相关的基本特征外，与该项基本特征强相关的其他基本特征数量。

资料来源：作者自制

3.2　子系统与基本特征的相关性分析

通过分析生态城市子系统与基本特征之间的相关性，研究发现：生态城市每个子系统均显现出多个不同的基本特征，依次是通过空间子系统、经济子系统、社会子系统、环境子系统和资源子系统建设来显现的（表 3-4）。因此为了实现生态城市的总体目标，空间子系统建设非常关键，为建设其他子系统提供必要的前提条件，从侧面验证了城市规划专业介入生态城市建设的重要意义。

低碳生态城子系统与基本特征的相关性分析　　表 3-4

基本特征	系统构成				
	空间子系统	环境子系统	资源子系统	经济子系统	社会子系统
和谐性	●	○	○	○	●
共生性	●	○	○	●	●
多样性	●	○	○	●	●
健康性	●	●	○	○	○
循环性	○	○	○	●	○
高效性	●	●	●	●	○
低耗性	●	○	●	○	○
整体性	●	●	○	●	●
紧凑性	●	○	○	○	○
复合性	●	○	○	○	○
安全性	●	●	○	●	●
渐进性	○	○	○	●	○
自适应性	●	●	○	●	○
统计	11	5	2	8	5

注：●表示强相关性，○表示弱相关性。
资料来源：作者自制

3.3 建设内容与基本特征的相关性分析

通过分析生态城市建设内容与基本特征之间的相关性，研究发现：生态城市每类建设内容均体现多个不同的基本特征，即每类建设内容可以不同程度地实现生态城市的某些基本特征（表 3-5）。生态城市基本特征与建设内容之间的相关性可分为三个等级，景观与生态、可持续建筑和十多个基本特征强相关，人居功能和绿色交通分别与八个和七个生态城市基本特征强相关，其他建设内容也与某些基本特征相关性较高。

低碳生态城建设内容与基本特征的相关性分析　　表 3-5

基本特征	建设内容						
	人居功能	景观与生态	能源利用	固废处理	水资源管理	绿色交通	可持续建筑
和谐性	●	●	○	○	○	●	●
共生性	●	●	○	○	○	○	○
多样性	●	●	○	○	○	○	●
健康性	○	●	○	○	●	●	●
循环性	○	●	○	●	●		●

续表

基本特征	建设内容						
	人居功能	景观与生态	能源利用	固废处理	水资源管理	绿色交通	可持续建筑
高效性	○	○	●	○	●	●	●
低耗性	○	○	●	○	●	●	●
整体性	●	●	○	○	○	○	○
紧凑性	●	○	●	○	○	●	●
复合性	●	●	○	○	○	●	●
安全性	●	●	●	●	●	●	●
渐进性	○	●	○	○	○	○	●
自适应性	●	●	○	○	○	○	●
统计	8	10	4	2	5	7	11

注：●表示强相关性，○表示弱相关性。
资料来源：作者自制

3.4 规划内容与基本特征的相关性分析

通过分析生态城市规划内容与基本特征之间的相关性，研究发现：土地使用与十个基本特征强相关，自然与历史保护与八个基本特征强相关，其他规划内容均与多数基本特征相关性较高。生态城市的基本特征依次是通过土地使用、自然与历史保护、基础设施、城市设计与建筑控制、环卫与防灾五个规划内容来显现的（表 3-6）。

低碳生态城规划内容与基本特征的相关性分析　　表 3-6

基本特征	规划内容				
	土地使用	城市设计与建筑控制	交通与市政基础设施	自然与历史保护	环卫与防灾
和谐性	●	●	○	●	○
共生性	●	●	○	●	○
多样性	●	●	○	●	○
健康性	●	●	●	●	●
循环性	○	○	○	○	●
高效性	○	○	●	○	○
低耗性	○	○	●	○	○
整体性	●	○	●	●	○
紧凑性	●	●	●	○	○
复合性	●	●	○	●	○
安全性	●	○	●	○	●

续表

基本特征	规划内容				
	土地使用	城市设计与建筑控制	交通与市政基础设施	自然与历史保护	环卫与防灾
渐进性	●	●	○	●	○
自适应性	●	○	●	●	○
统计	10	7	7	8	3

注：●表示强相关性，○表示弱相关性。
资料来源：作者自制

4 生态城市规划指标实施途径

4.1 政策法规途径

政策法规是为了实现某种思想或理念的行动路线，城市的生态化发展不仅关系城镇居民的生存环境，而且还影响整个区域或国家的可持续发展进程。因此需制定合理的经济、社会及城市生态环境建设政策，依托和整合现有政策体系及手段，确定生态城市长期、连续和稳定的发展目标，基于生态目标和理念修改完善规划技术标准体系，从城乡规划关键要素土地、设施、建筑等方面对规划技术标准体系的基础标准、通用标准和专用标准进行修编，提出生态城市规划设计导则，并尽可能上升到通用标准层次，从政策法规层面对规划行业提出明确的控制和引导方向，依据社会、经济、环境特征的差异提出不同的阶段性目标，有助于整个行业及全社会对生态城市目标的共识。目前有《城市用地分类与规划建设用地标准》《城市居住区规划设计标准》《历史文化名城保护规划标准》《镇规划标准》及其他工程规划专业标准《城市综合交通体系规划标准》等十多项标准（石楠和刘剑，2009），其中多数技术标准与生态目标密切相关，均需作基于生态目标的条文修编。

4.2 规划编制途径

主要通过生态规划理论指导规划编制，从土地、设施、建筑等规划关键要素入手，强调与不同层次的规划对接，即与区域规划、城市总体规划、分区规划、控制性详细规划、修建性详细规划与城市设计 / 建筑设计等不同规划阶段对接，实现生态城市的总体目标，作者提出了不同规划阶段涉及的生态规划内容（图 3-2）。

区域规划的生态化途径重点解决空间发展方向问题，关键要素为产业和区域性设施，关键指标有 14 个，其中控制性指标有 8 个，引导性指标有 6 个（表 3-2），

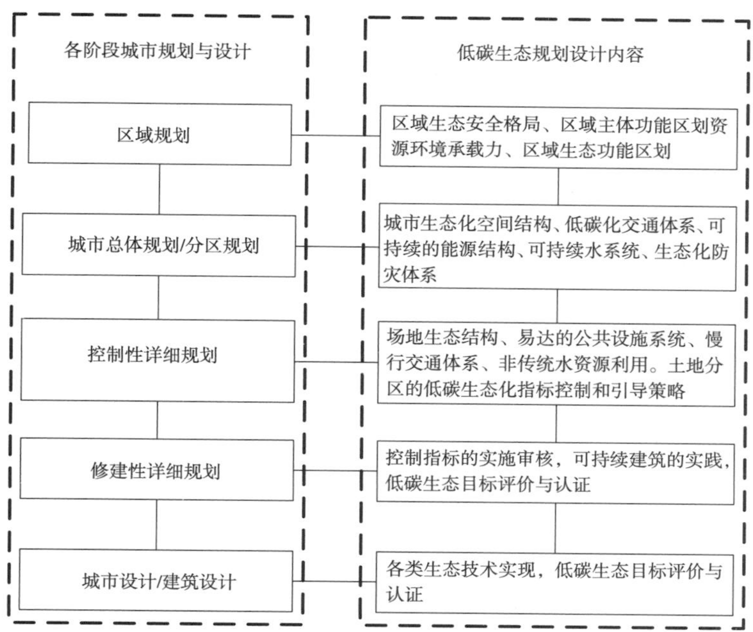

图 3-2 低碳生态理念与传统规划体系的融合
图片来源：作者自绘

区域生态规划主要体现共生性、高效性、低耗性、整体性等基本特征。区域生态规划须构建区域生态安全格局，结合主体功能区划和生态功能区划，从区域的资源环境基本特征、发展需求和限制因素，基于资源环境承载能力，合理定位城市发展方向，基于资源与环境空间特征约束或引导区域重点产业发展战略方向；区域空间布局结构须结合区域性基础设施和公共服务设施（如与区域公共交通体系结合，建立区域发展走廊），确定区域生态化空间结构模式，采用不同的发展策略分类分区引导城市依据生态理念发展，推进区域有序城镇化发展战略（潘海啸等，2008；李迅等，2010）。

总体规划的生态化途径重点解决规模和总体布局问题，关键要素为土地和设施，关键指标 45 个，其中控制性指标有 24 个，引导性指标有 21 个（表 3-2），主要确定城市生态化空间结构、历史文化保护和延续、生态化交通体系、可持续的能源结构、可持续水系统、生态化防灾体系等规划问题。城市生态化空间结构主要体现和谐的状态、高效的过程和共生的关系等基本特征。城市空间结构和谐状态主要体现在空间结构应与生物物理环境要素和人文社会要素紧密结合，需要考虑土地资源承载力、能源资源承载力、水资源承载力、水环境容量及基础设施承载力对城市人口规模、用地规模和产业规模的约束效应，土地利用正向高效的生态与环境效应，避免产生城市自然生态系统和历史文化的破碎化和片段化（沈清基，2004）。城市空间结构高效过程主要体现在城市物质、能量、信息在空间中的有效流通，具体表现在自然系统的连通性和社会系统的易达性，鼓励城市空间结构集约紧凑模式；城市空间结构共生关系主要体现在人类和自然在时间和空间上的共生，现状空间结构需要考虑环境演变的历史和过程，土地利用应考虑保护和提高区域的生物多样性水平，强化异质边缘区的正向边缘效应作用（邢忠和颜文涛，2005；邢忠等，2006）。生态化交通体系鼓励采用以绿楔间隔的公共交通走廊型的城市空间结构模式，将新的开发集中于公共交通枢纽，主要考虑土地混合使用、合理的街区尺度、鼓励大型公共设施与公交枢纽的结合等（潘海啸等，2008）。能源消耗是控制碳减排的关键，可持续的能源结构主要从能源的生产和消费两个途径入手，除考虑降低交通能耗外，还需要考虑调整产业结构，降低能耗和提高能源效率等问题，并结合区域环境特征优先发展可再生能源；城市水系统是水的自然循环和社会循环的耦合系统，可持续水系统就是基于健康循环的城市水系统，在规划中应减少社会水循环系统对自然水循环系统的干扰（如采用再生水回用系统），明确用地布局的水环境效应及水环境的空间约束，提出基于健康水文循环过程的空间结构优化方法和用地布局模式，土地使用规划应有利于维护和恢复水生生态系统和洪泛区生态系统的健康和稳定（Daniel，1999）；生态化防灾体系体现了城市安全性的基本特征，将城市防灾避险与绿地生态系统有机结合，考虑绿色基础设施在雨洪管理中的应用（March，2006），在城市规划中鼓励非工程化的防灾避险生态设施。

控制性详细规划的生态化途径重点解决各类生态指标的规划控制，将低碳、减排等生态指标与传统控规指标有机融合，提出强制性指标的控制标准及引导性指标的引导策略，关键要素为土地、设施和建筑控制，关键指标 48 个，其中控制性指标有 29 个，引导性指标有 19 个（表 3-2），主要确定场地生态结构、易达的公共设施系统、慢行交通体系、非传统水资源利用等规划问题。基于生物物理环境要素和人文社会要素，通过生态适宜性分析（Steiner，2004），确定场地生态结构，形成基本的环境支撑骨架，并考虑与区域生态系统的连通性和完整性，考虑各种建设用地和非建设用地的生态兼容性，鼓励选择对环境冲击较小的组团式发展模式；通过保留自然排水区、河谷（沟谷）的生物多样性，考虑自然地形以及与总规尺度开放空间系统的联系，提高场地的自然生态特色。规划中考虑公共服务设施的易达性，以短出行为目标的土地混合利用模式，适合行人和自行车使用的合理地块尺度，以及公共交通高可达性区域的高强度开发等措施，可减少小汽车使用量，达到节能与碳减排的目标，还为共享开敞空间等公共资源提供条件。从节水和非传统水源利用等方面达到水资源保护与利用目标，主要考虑污水生态化处理、优质灰水回用、雨水利用、地下水补给、使用节水设施等，优质灰水和雨水等非传统水源的回用均为保护城市水环境提供基础，通过雨水滞留渗透系统补充地下水主要为了保护地下水环境。从可再循环材料回收和再利用等方面达到垃圾处理与回用的目标，较高的土地利用集约度能够减少建筑垃圾人均产量，有利于实现垃圾的资源化利用。基于区域历史文脉、社会结构、土地使用历史演变、土地使用者状况、视觉景观和地方感知等深层机理，较高的土地利用集约度可以促进人文交流及社会多元化，开敞的步行系统为居民之间的交流以及与环境的交流提供条件，土地使用上强调减少异域环境，从而获得更大的熟悉感。

修建性详细规划与建筑设计阶段的生态化途径主要解决建筑空间布局问题，将上一层次的控规指标落实在具体设计中，关键要素为建筑与空间，关键指标有 43 个，其中控制性指标有 25 个，引导性指标有 18 个（表 3-2），主要确定建筑空间布局、绿色交通体系、能源和资源低耗和高效、水环境保护和可持续生态系统、空间舒适性等问题，即可持续建筑的具体实践。建筑布局应适应并利用场地自然环境特征，通过场地生态规划优化建筑形态与平面布局，建筑布局应考虑对生态环境的影响及其合理的补偿措施，通过外部景观设计，减小“热岛效应”，改善场地的微气候，提高外部环境的舒适性；提出紧凑开发、交通导向、混合功能等建设模式，空间布局应考虑步行和自行车系统优先的原则；鼓励被动节能技术策略，优先采用被动式设计方法，充分利用场地现有条件，减少建筑能耗，提高室内舒适度，鼓励可再生能源的利用；改善水环境和非传统水源的利用，基于低冲击开发模式的雨洪利用与防治，核心思想是对地表径流的“减量”和“减速”，主要采用下渗 / 过滤和滞留 / 溢流系统，可以实现开发后的城市水文循环接近开发前的自然水文循环，实现场地与自然的共生和谐相处，建立互惠共生的关系（仇保兴，2009）；保护动植物栖息地和湿地，恢复被破坏地域，提高生物多样化；需要考虑公共空间和设施的易达性，公共空间人均指标和可达性指标体现了公共空间的“量”和“质”的关系。注意延续场地的历史文脉，强调社区多元融合，可再生材料的使用以及重视改善建筑室内环境质量等规划问题。

4.3 生态技术途径

生态技术是生态城市的基础技术支撑。按能源、水、声、气、垃圾、土壤、文化等环境要素可将生态技术分为低碳能源技术、可持续水资源利用技术、噪声污染控制技术、空气污染控制技术、废弃物生态化处理及回收利用技术、土壤污染修复技术、视觉景观评价技术七大类生态技术。

能源技术主要包括能源的生产和利用环节。提高能源利用效率，包括工业工艺改造节能技术、建筑隔热保温节能技术、交通节能技术等。鼓励可再生能源的生产，包括太阳能、风能、生物质能、地热能、潮汐能、梯级能源利用技术等，规划应根据可再生能源利用设施容量、现有建筑情况划分可再生能源利用设施的服务区域，并考虑与常规能源设施系统规划的整合。

可持续水资源利用技术主要为节水减排技术，包括节水设施、再生水回用技术、水资源梯级利用技术、低冲击开发技术、河流和湿地生态修复技术、水系统减碳技术等。再生水利用技术需要预测再生水回用量，提出再生水回用率的指标控制及再生水设施的用地指标控制。低冲击开发技术主要针对雨水的资源化利用及径流污染的控制，包括透水地面、绿色屋面、植被浅沟、下凹式绿地、雨水花园、过滤护道、渗透沟渠、植被缓冲带等十多种单元技术，对景观水体的生态化保障及维护修复区域的健康水文循环非常重要，需要与场地的景观规划和建设有机结合。根据用地性质不同制定不同的透水地面比例和非传统水源利用率指标，引导地块开发时建设相应的雨水下渗 / 过滤和滞留 / 溢流设施布局与规模等。

噪声污染控制技术包括室外环境降噪技术、工业及交通的设备运行降噪技术、建筑构件隔噪技术等。由于不同土地利用的噪声级别不同，同一噪声源通过不同的传输通道（由土地利用类型确定）时噪声削减总量差异较大，噪声模拟技术可帮助规划师和设计师确定不同用地间缓冲带的位置、宽度和类型（Fabos，2007）。

空气污染控制技术包括有害气体减排技术、空气净化技术等，分为“控源”和“增汇”技术，即降低排放、增加吸收和固定技术。空气污染“控源”技术主要包括工业废气控制技术、汽车废气减排技术等；通过保护和恢复植被，实现对 CO_2 的吸收和固定，达到“增汇”的目标，与城市自然要素紧密结合可以更好地提升城市碳汇功能。在总体规划层面，需要考虑城市格局和形态对城市气候影响，有效利用区域气候条件可为创造舒适的城市环境提供条件，在规划布局中结合城市开放空间设计城市通风廊道，优化城市结构和土地利用，有效利用夏季主导风向和避免冬季主导风向不适影响，增加城市的大气环境容量，提高空气自净能力。在详细规划层面，通过模拟每个方案的通风廊道效果进而对城市设计方案进行反馈，通过调整城市建筑朝向、建筑形体、建筑密度、建筑高度等城市设计的形态控制要素，确定开敞空间，改善微气候作用，缓解热岛效应。

垃圾填埋场排放的温室气体为城市温室气体重要的排放源，垃圾生态化处理及资源化利用技术主要包括填埋甲烷回收技术、垃圾焚烧发电技术、有机垃圾堆肥技术等。在总体规划阶段应根据不同的垃圾处理处置方法考虑生态化处理设施及资源化利用设施的选址布局与规模等。

土壤污染修复技术主要包括原位修复技术和异位修复技术，常用的原位修复技术包括物理、化学和生物方法等，异位修复技术可分为挖掘和异位处理处置技术。土壤污染原位或异位生态修复技术通常在规划阶段需要考虑设施的选址布局、规模以及与场地的景观规划和建设有机结合等。

生态过程往往通过一些视觉和景观格局来表达，视觉景观评价技术使规划能够反映文化价值的视觉格局，通过将可视度和视觉偏好进行矩阵组合，确定了最有视觉保护价值的土地。景观视觉特征评价将人与景观联系起来，对景观的普遍感知进行研究，最后确定保护、保留、部分保留、改变和最大改变的区域（Steiner，2004）。

5 两个实践案例

5.1 低碳生态城规划示范：重庆悦来低碳社区实践

（1）案例背景

国务院《关于印发“十二五”控制温室气体排放工作方案的通知》（国发〔2011〕41号）要求各地要结合保障性住房建设和城市房地产开展，按照绿色、边界、节能、低碳的要求，开展低碳社区建设，倡导绿色低碳的生活方式和消费模式。目前，国家发展改革委员会正在着手推进相关研究和筹备工作。重庆作为全国首批低碳试点城市，根据国家发展改革委员会《关于同意重庆市低碳城市试点工作实施方案的通知》（发改气候〔2012〕366号）要求，要强化体制机制创新，开展低碳社区建设。2011年初，根据住房和城乡建设部关于重庆悦来生态城规划建设的指示，悦来生态城规划深入推进，其规划范围分为三个层次：一是在27km^{2}范围内确定悦来低碳生态试点城规划建设的总体框架、整合交通体系；二是在10km^{2}范围内，确定土地利用规划和完善道路交通规划；三是在3.43km^{2}范围内进行重点地区城市设计。悦来生态城基地具有以下特征：特殊山地小气候；建设用地坡度较大，日照间距与平原住区显著不同；空间隔离度大，导致住区服务设施的可达性差，容易产生较高的机动车出行比例；存在竖向交通系统，有条件形成三维立体路网结构（图3-3、图3-4）。

（2）核心战略与发展目标

将社区内所有活动所产生的碳排放降到最低，不仅要求社区内日常排碳环节将碳排放降到最低，例如建筑能耗、社区内部交通及短距离出行等产生的碳排放量，同时也希望通过构建社区健康的微生态系统，改善社区的微气候等措施，达到低碳社区的目标。采用的核心战略为：①全方位生态战略：尊重自然本底，构建生态基础设施体系；②土地利用战略：提高用地混合度和紧凑度；③低碳交通战略：构建公交主导、慢行优先的绿色交通体系；④节能和新能源战略：推广建筑节能技术，使用可再生能源；⑤运行管理战略：在环境单元内实行碳排放管理（图3-5）。悦来生态城发展目标为：依托特殊的地理环境条件，打造良好生态环境，构建完善的绿色基础设施体系；职住平衡、功能混合、用地紧凑、地下空间得到充分而合理利用的土地利用方式；整合汽车、公交、慢行三种出行方式，形成公交主导、慢行优先、

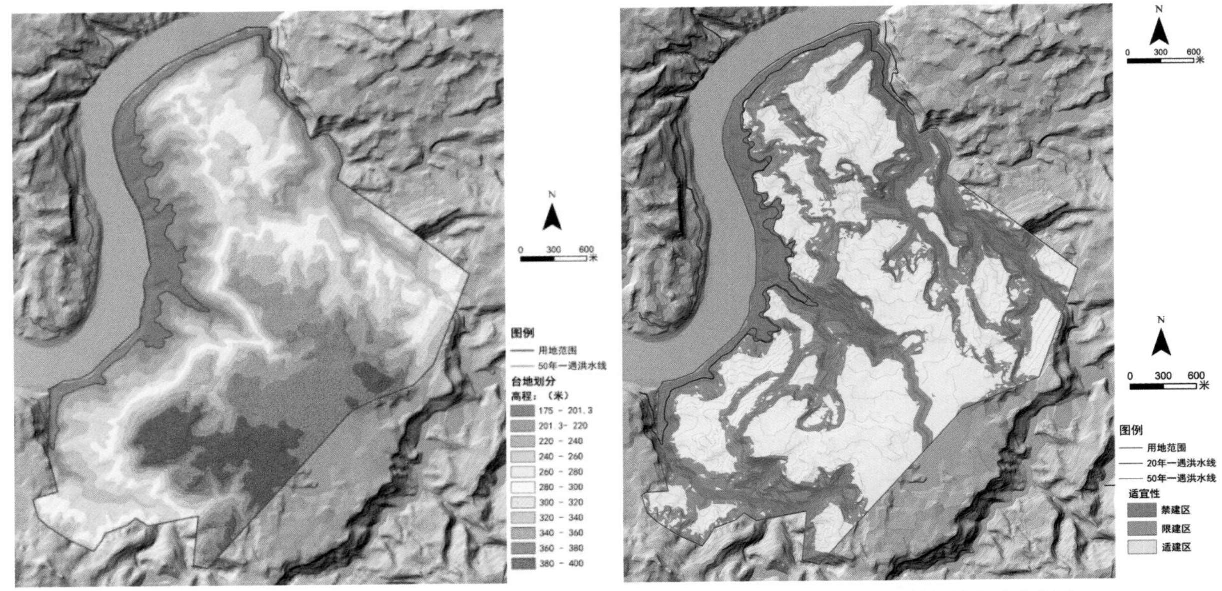

图 3-3　悦来生态城基地高程分析
图片来源：作者自绘

图 3-4　悦来生态城建设适宜性分析
图片来源：作者自绘

开放空间
绿地
水系
生态基础设施体系
排放标准
强度
社区低碳规划
管理机制
激励政策
土地利用
低碳化模式
类型
核心问题
低碳综合交通
系统
能源系统配置
公交
车行
慢行
运行模式
调控策略

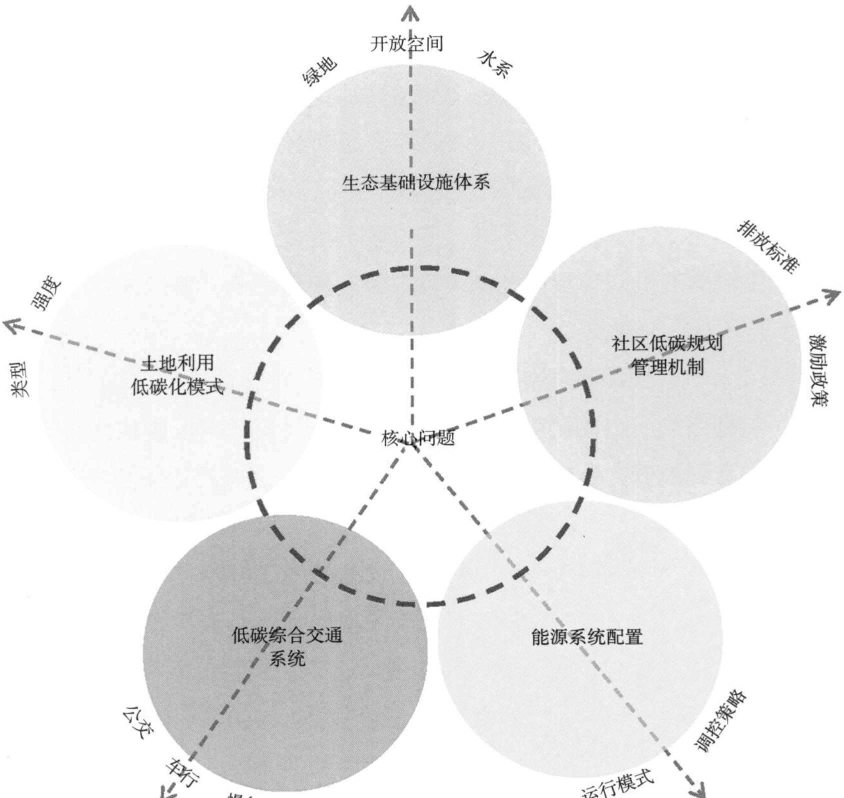

图 3-5　悦来生态城核心议题
图片来源：作者自绘

车行畅通的绿色交通出行系统；兼具便捷可达、服务周到、绿色建筑、智能高效的公共服务设施系统。

（3）实践要点

TOD 发展模式：依托轨道交通与公共交通站点，实现片区层次的 TOD（Transit Oriented Development）发展模式，实施规划地块与周边区域的高效连接。基地内两个轨道交通站点片区综合交通枢纽其周围用地是高混合度、高密度和高开发强度的，以此来增强交通枢纽的作用和吸引力。将地铁站点及周边作为片区交通枢纽，建立基本 TOD 单元模式。站点辐射范围内优化功能配置，实现与步行、自行车的换乘衔接。站点周围最近一圈用地应包含该 TOD 单元内所有重要的服务设施用地，如办公用地、商业用地、公园广场绿地以及可兼容的医疗设施、体育设施和文化设施用地。TOD 单元内居住用地应根据其与站点的距离从近到远逐渐降低开放强度，使大多数居民都能够便捷地到达片区功能中心（图 3-6）。

密路网小街区开发模式：基于土地集约原则，采用“小街区模式”的土地利用模式，强调高效、功能混合、适宜步行的开放性街区空间。主张将人的活动从尺度巨大的综合体或者封闭式管理的社区中溢出到城市街道上去，重建街道的活力。同时充分发挥街区的社会、文化与生态价值，形成一个人性化尺度的、多样性的城市

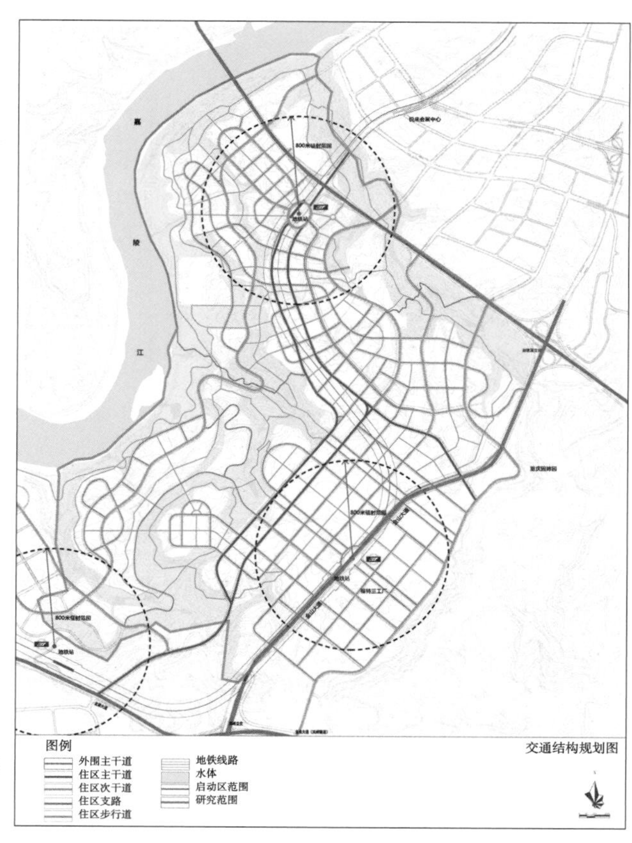

图 3-6　TOD 开发模式的悦来生态城道路交通规划
图片来源：作者自绘

环境（图 3-7）。提出了街区尺度的界定因子如下：①城市功能的容纳：借鉴欧洲城市的相关研究，70m×70m 的街区作为一个合理的底线，可以容纳多数的功能需求。即街区规模需要大于 0.5hm²。②城市空间的可渗透性：街区越小，能看到道路交叉形成的街道拐角就越多，实体与视觉的渗透性也就更好。研究表明最理想的是 70—90m 的街区，即街区规模为 0.5—0.8hm²。③城市交通的要求：非主要道路上支路间距大于 70m，主要道路上支路大于 90m，综合之后采用 80—160m，估算出街区规模为 0.8—3.2hm²。④土地效益的经济性：增加土地效益的关键是临街面的多寡和地块大小的比例。西方发达国家的城市经验以 60—180m 的临街面，最能发挥基础设施的效率和最容易“裁剪”以配合不同的项目需要。由此估算出大致规模为 0.5—4.8hm²。⑤街区的活力：澳洲和美国 12 个典型城市 150—250 年城市形态演变的研究发现，80m×110m 的地块街区稳定性最好，即 1.0hm² 左右。⑥新城市主义的设计建议：街区的尺度控制在长 600 英尺（183m）、周长 1800 英尺（549m）范围以内，可以估算出约小于 2.0hm²。

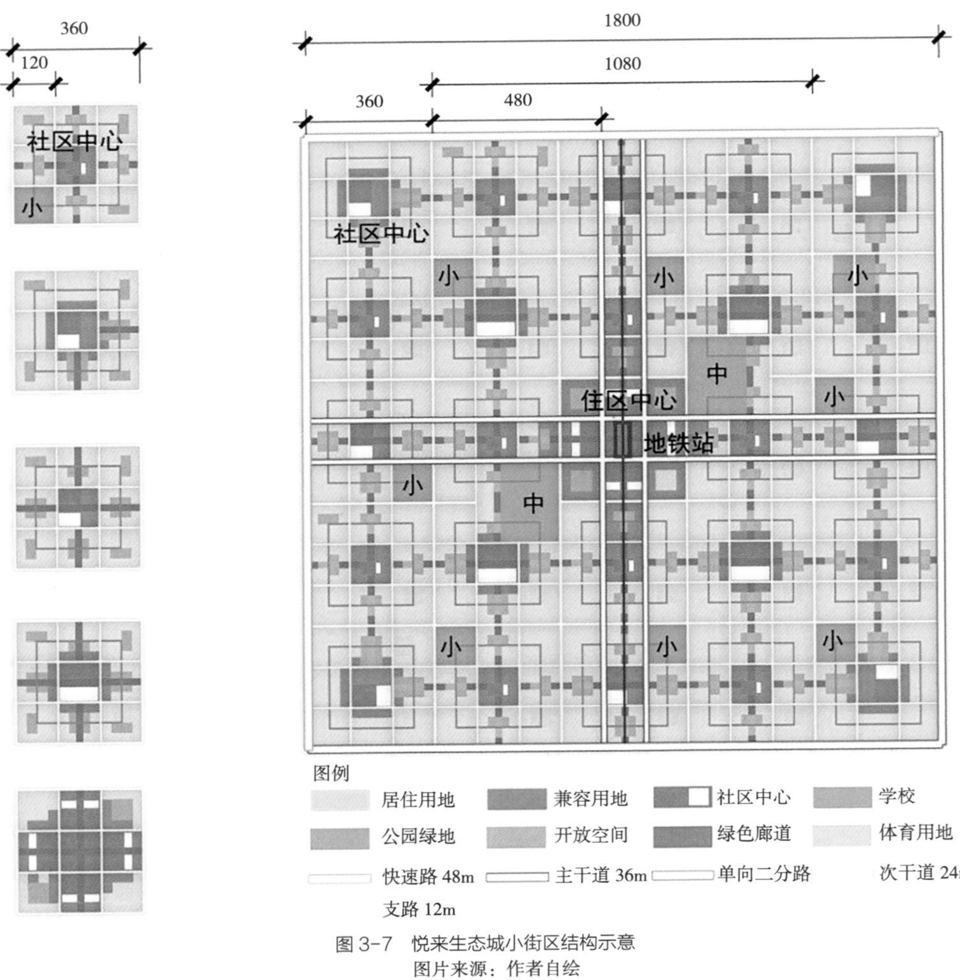

图 3-7 悦来生态城小街区结构示意
图片来源：作者自绘

山地路网串联模式：悦来生态城地形复杂，建设用地只能附着于一块高差较大的坡地，道路网络结构可采用以下原则：在江河与山形恰当处设置核心功能串联系统，往往也是山水交融形胜之处；以斜向步道为脊骨，穿过水平向车行路，从滨水到山顶串联核心功能；由滨江公园顺山城步道（及其公共扶梯、电梯、缆车、天桥、步行隧道等）而上，最终抵达山顶核心观景公园，带状公园伴随山城步道贯通始终；沿着步道和带形公园，至于山顶环绕观景公园；山城步道的不同标高节点处，都设置步行和车行转换站点（图 3-8、图 3-9）。慢行道网络在特殊地形中扮演重要角色，场地中最为陡峭的地区（坡度大于 25%）可以参考香港中环半山的纵向扶梯交通模式。部分坡度较大，但是交通需求较小的地方，可以采用布置山地特色梯坎步道，步道周围可以布置单层商业或直接开敞布置。各种交通模式应该相互衔接，建立多种绿色联系（例如水系步道、坡地电梯以及线形公园等）。

土地混合利用模式：一类用地对应一种主导土地用途，兼容多种其他用途，从而赋予地块混合用途开发的可能，如居住用地兼容商业用地，商业用地兼容办公用地和娱乐用地等。这种用地分类模式可以显著增强城市活力和提高土地的市场价值，提出了平面功能复合到立体功能复合的措施。许多占地不大的功能用地可以往垂直

图 3-8　悦来生态城步行系统规划图
图片来源：作者自绘

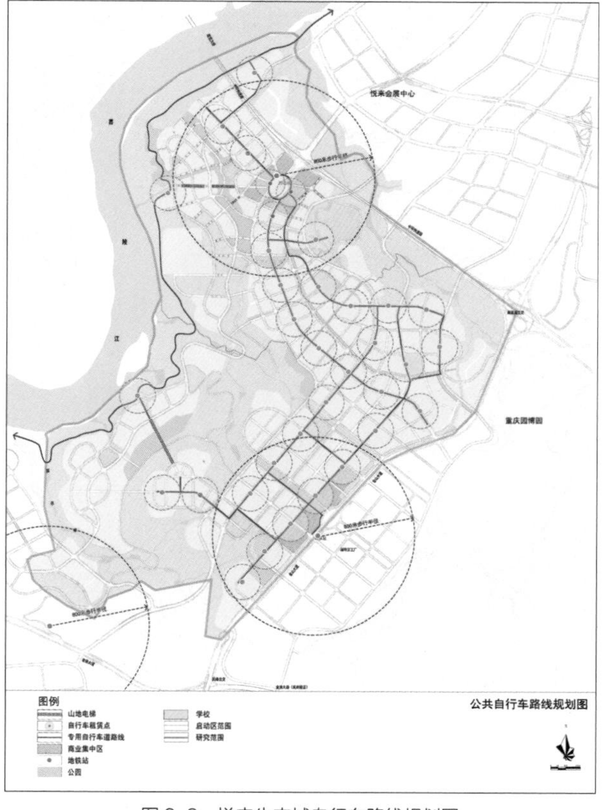

图 3-9　悦来生态城自行车路线规划图
图片来源：作者自绘

空间布局方向考虑，例如科研用地可以与行政办公用地结合，将科研用地设置在建筑较高层段；娱乐康体用地可以结合商业用地设置，将居民购物与娱乐休闲相结合（图 3-10）。

绿色基础设施策略：分类管理绿地空间。①遵循水文过程的雨洪管理绿地：水绿是不可分割的整体，对城市的环境健康和可持续发展起着重要的支撑作用。水绿复合生态体系的构建在于注重规划区现状水文要素以及水文结构的保护，遵循规划区现状水文空间特征，以规划区自然河流、湖泊水域、径流通道、原生植被等自然水文要素为空间载体构建绿地系统网络骨架，使水域空间与绿地系统空间成为紧密相连、相互沟通的场地生态网络结构，让城市绿地“依水而生”并在此基础上结合其他系统规划进行深化完善，增强水绿网络的雨洪调节功能。②提供游憩服务的休闲绿地：游憩绿地主要功能是满足社区居民的户外休闲游憩活动，空间布局主要考虑居民户外休闲活动的安全性与便捷性，所以游憩绿地应该基于以人为本的原则进行空间规划布局。游憩绿地在社区内应该是一个完整的网络体系，通过游憩绿地的合理布置形成一个整体的游憩网络。③基于安全保护的防护绿地：防护设施绿地在维护城市环境以及城市安全方面起着重要的作用，合理的防护绿地能够有效地降低

图 3-10　悦来生态城土地利用规划图
图片来源：作者自绘

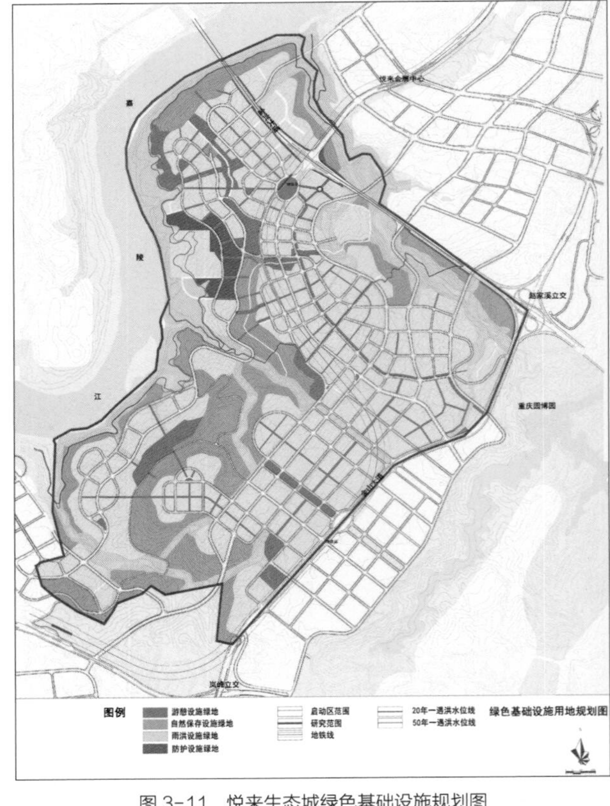

图 3-11　悦来生态城绿色基础设施规划图
图片来源：作者自绘

城市噪声、遮挡夏季烈日照射、阻挡冬季寒风等。防护绿地一是布置在社区外围的主要道路两侧，起到防止汽车噪声以及净化汽车尾气等作用；二是布置在城市以及社区冬季冷空气来源的上风向上起到阻挡冬季寒流的作用。④自然保存绿地：自然保存绿地主要受到现状植被以及地形的较大影响，在山地城市中高地、陡崖以及沟谷是其重要的场地特征，且一般在这些特色场地空间中具有较好的植被覆盖，自然保存绿地主要以这些植被作为基础，所以自然保存绿地的规划布局受到场地特征的影响较大，应依据场地具体特点进行布局（图 3-11）。

规划指标体系：悦来生态城生态规划指标体系以目标—路径—要素—指标为整体框架，总体目标为降低住区碳排放量，包括六个分目标：降低住区用电量、降低住区用水量、降低住区用气量、增加居民绿色出行比例、增加碳汇量同时提高环境质量以及增加固体废弃物的回收和无害化处理（表 3-7）。

悦来生态城规划控制与评估指标体系　　表 3-7

<table>
<tr><th>目标层</th><th>路径层</th><th colspan="2">指标层</th><th>指标值</th><th>指标属性</th></tr>
<tr><td rowspan="5">土地利用</td><td rowspan="5">降低资源消耗</td><td colspan="2">容积率</td><td>一类：1—1.2
二类：1.5—3.5</td><td>控制性</td></tr>
<tr><td colspan="2">建筑密度</td><td>≤ 40%</td><td>控制性</td></tr>
<tr><td colspan="2">人口密度</td><td>≥ 1 万人 /km^2</td><td>控制性</td></tr>
<tr><td rowspan="2">用地混合度</td><td>与商业用地混合时，商业建筑面积比例</td><td>≥ 30%</td><td>控制性</td></tr>
<tr><td>与公共服务设施用地混合时</td><td>公共服务设施应设施在近地面层</td><td>引导性</td></tr>
<tr><td rowspan="4">空间形态</td><td rowspan="2">有效利用场地气候条件</td><td colspan="2">布局形态</td><td>建筑布局达到通风规范要求</td><td>引导性</td></tr>
<tr><td>建筑朝向</td><td>南北朝向建筑占比例</td><td>≥ 80%</td><td>控制性</td></tr>
<tr><td rowspan="2">提升空间环境质量</td><td colspan="2">建筑间距 D/H 比值</td><td>1 ： 1.1</td><td>控制性</td></tr>
<tr><td colspan="2">临街建筑贴线率</td><td>65%—85%</td><td>控制性</td></tr>
<tr><td rowspan="4">建筑要素</td><td rowspan="6">减少化石能源消耗</td><td colspan="2">绿色建筑比例与等级</td><td>100%（二星和三星≥ 30%）</td><td>控制性</td></tr>
<tr><td colspan="2">户均建筑面积</td><td>≤ 90m^2</td><td>控制性</td></tr>
<tr><td rowspan="2">建筑节材</td><td>绿色建材比例</td><td>≥ 20%</td><td>控制性</td></tr>
<tr><td>本地建材比例</td><td>≥ 70%</td><td>控制性</td></tr>
<tr><td rowspan="2">交通组织</td><td>短距离绿色出行方式比例</td><td>步行及自行车 + 轨道交通 + 普通公交</td><td>≥（35+15+30）%</td><td>控制性</td></tr>
<tr><td>步行系统连通度</td><td>连通的步行道长度占总步行道长度比例</td><td>≥ 90%</td><td>控制性</td></tr>
<tr><td rowspan="7">设施配套</td><td rowspan="7">提高公共设施步行可达性</td><td rowspan="3">公共服务设施配套</td><td>社区级公共服务设施</td><td>满足《重庆市居住区公共服务配套设施指标》要求</td><td>控制性</td></tr>
<tr><td>片区级公共服务设施</td><td>800m</td><td>控制性</td></tr>
<tr><td>无障碍设施率</td><td>100%</td><td>控制性</td></tr>
<tr><td rowspan="4">公共空间可达性</td><td>停车场</td><td>100m</td><td>控制性</td></tr>
<tr><td>小区绿地</td><td>50m</td><td>控制性</td></tr>
<tr><td>邻里绿地</td><td>200m</td><td>控制性</td></tr>
<tr><td>城区绿地</td><td>500m</td><td>控制性</td></tr>
</table>

续表

目标层	路径层	指标层	指标值	指标属性
能源配置	提高可再生能源利用率	可再生能源使用率	≥ 5%	控制性
环境要素	提升空间环境质量	绿化率	≥ 30%	控制性
		步行道绿化覆盖率	≥ 80%	控制性
		绿色开敞空间连通度	≥ 80%	控制性
环境要素	减少环境维护成本	乡土植物使用率	≥ 80%	控制性
		屋顶绿化率	≥ 80%	控制性
		硬质地面透水铺装率	≥ 85%	控制性
		环境噪声达标率	100%	控制性
		空气质量达标率	100%	控制性
		生活污水集中处理率	100%	控制性
	提高资源回用率	非传统水源利用率	≥ 20%	控制性
		垃圾分类：生活垃圾分类收集率	100%	控制性
		垃圾分类：建筑物距垃圾分类处理设施的距离	50m 以内	控制性
		垃圾资源化利用率	≥ 50%	控制性
		生活垃圾无害化处理率	100%	控制性
		场地综合径流系数	各类型地面综合径流系数符合《室外排水设计规范》	控制性
技能要素	提升居民碳排放认知	居民低碳教育普及率	≥ 70%	引导性
组织要素		住区组织低碳活动频率	≥ 1 次 / 月	引导性
制度要素		低碳运营管理机制	鼓励使用	引导性
文化要素		住区低碳文化建设普及率	≥ 100%	引导性

资料来源：作者自制

5.2 生态城市建设回顾：四川乐山生态城市实践

（1）案例背景

乐山位于中国四川盆地的中南部，是著名的山水城市和历史文化名城。它是蜀王开明的故都（2700 多年前的春秋时期），唐代巨型石刻大佛的故乡，也是现代世界文化名人郭沫若的家乡，著名的佛教圣地。乐山中心城区，地处三江汇流处，是全市行政、经济、文化中心，1987 年该区面积 325.2km^2，人口 50 余万，其中非农业人口 15 万人。乐山市总体规划（1987—2000）（以下简称 1987 版总体规划）是由四川省常委下达任务并结合中德合作“居住与城市发展”研究项目完成的规划任务，针对乐山市 1987 年社会经济发展和生态环境状态存在的问题，开展生态城市的建设实践（图 3-12—图 3-14）。该项目获得业内高度评价，获联合国“发明创造科技之星”奖。规划编制时间从 1987 年 3 月—12 月，由重庆大学教授黄光宇先生主持编制。面临乐山市发展和环境保护的双重目标，规划需解决如下问题：怎

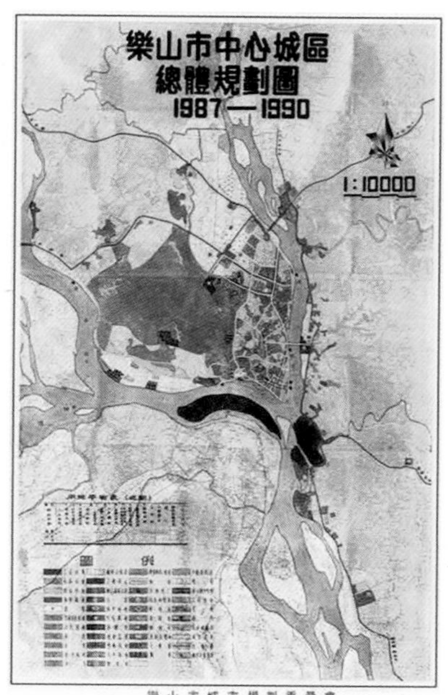

图 3-12　1987 年乐山市用地现状
图片来源：乐山市总体规划（1987—2000）

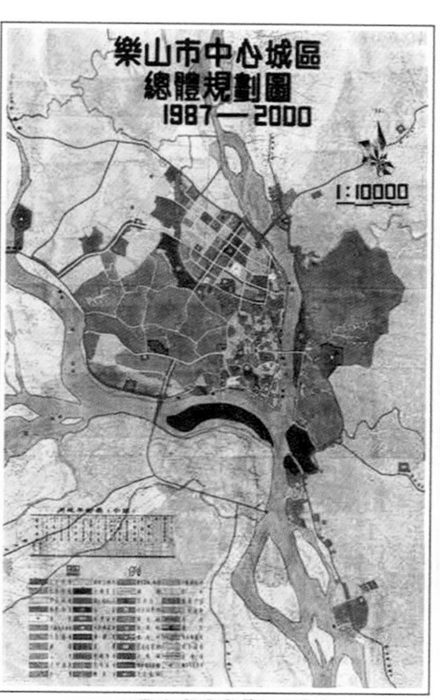

图 3-13　2000 年用地布局规划
图片来源：乐山市总体规划（1987—2000）

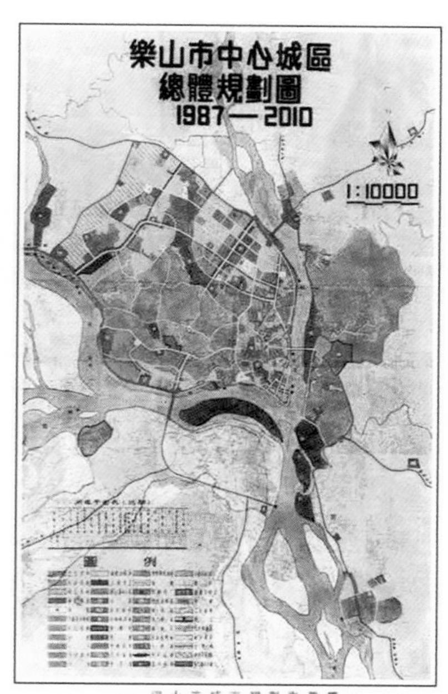

图 3-14　2010 年远期发展规划
图片来源：乐山市总体规划（1987—2000）

样避免工业化发展导致的城市无序蔓延？城市空间结构如何保留并融入乐山独特的三江汇合自然山水格局？如何合理安排产业用地与城市功能用地？城市规划建设如何保护乐山悠久的历史文化渊源？怎样发挥延续并挖掘历史文化价值？怎样控制建设用地蔓延导致的环境污染？怎样通过城市规划提升空气质量和水环境质量？

（2）目标导向下的行动策略

规划提出了改善城市布局结构目标的五大行动策略。①构建“绿心环形生态城市结构新模式”（图 3-15）。构建同心圆圈层城市结构模式，城市几何中心开辟为永久生态绿地；从绿心向外围开辟楔形绿地，并以环形绿地联通；城市用地向北发展包围绿心，形成“山水中有城市，城市中有森林”；楔形绿地内布置片区公共中心并形成网络。②围绕绿心构建环形方格网交通系统。老城区采用现状与地形结合梳理道路等级；绿心公园中以慢行体系为主构建环形公园路网；道路系统功能分明，包括等级分明的车行道路系统，以及特殊功能的风景旅游道路、林荫道路、步行商业街和自行车道。③保护疏导老城，积极发展新区。根据乐山市历史文化要素、社会经济发展需求、建设现状条件等综合协调城市功能，保留老城城市中心区的功能与地位，城市环串联新城生活、工业与文教功能区；绿心将工业区与其他城市功能区隔离；保护大佛景区及南部山水田园风光，划为生态旅游区。④构建结合自然环境的公共服务设施系统。连接社会系统与自然生态系统，合理安排公建网点，并依尺度安排城市级、片区级和社区级公建设施；生活服务业的发展与城市发展相协调，

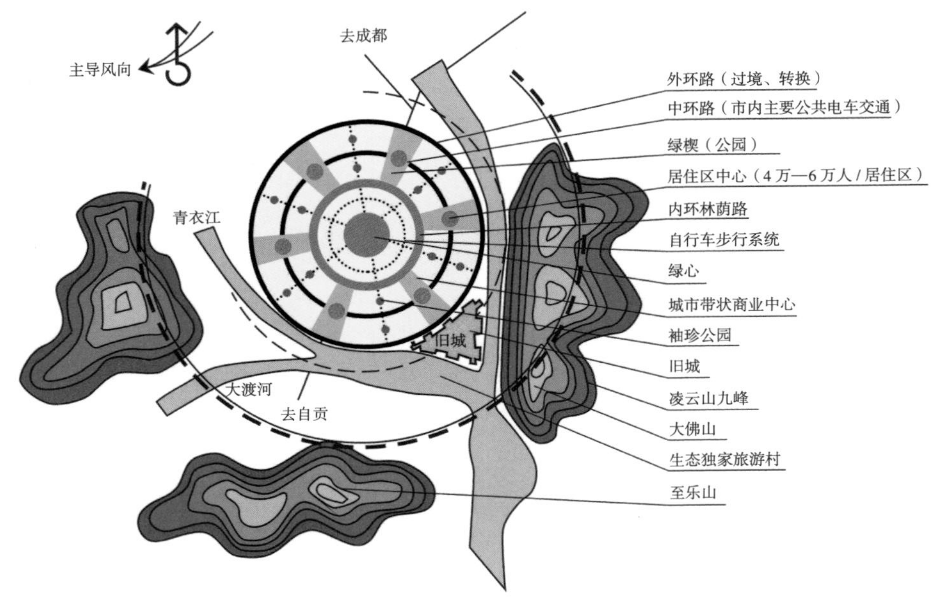

图 3-15　同心圆绿心城市发展理论模式
图片来源：乐山市总体规划（1987—2000）

提高生活服务设施建设的比例；公共服务设施进行分级划片，分布均匀，成群配套，集中与分散相结合、综合性与专业性相结合，大中小型相结合。⑤构建城市视域廊道，分级控制城区建筑高度。对连接绿心与外围山水景观的几条重要视线廊道进行视域保护；对视域保护廊道、城市主要形象展示廊道，以及老城区历史文化片区进行严格的高度控制；形成从老城区向新城区方向的高度分级控制。

规划提出了保存历史文化遗产目标的两大行动策略。①保护城市自然山水与古城空间格局。通过形态控制保护老城区空间格局，将青衣三岛与大渡河凤洲作为“三岛一洲”重点历史文化名城进行保护，城市空间发展顺应乐山三江汇合、群山环绕的自然山水格局。②保护古城遗迹与历史文物。通过文物古迹保护图与保护清单对嘉州古城墙、传统街坊、庙宇等重点保护对象进行保护。

规划提出了改善城市生态环境目标的两大行动策略。①城市中心区开辟永久绿地，作为城市重要的自然遗产。8.7km^2 绿心作为永久绿地，开辟楔形绿地向城市外围延伸。构建城市绿地系统网络，人均公园绿地指标达 11.2m^2。绿地系统规划充分展现乐山文化荟萃。绿地规划尽可能为城市居民提供休息、娱乐活动场所。分别以形态结构、规模结构和功能结构等内容进行完整而系统的规划。②环境控制策略。实行风景旅游区、中心城区各功能片区分级目标控制。实施地表水水环境功能控制和引导开发策略。建立以乐山大佛景区与城市绿心公园为主的城市游憩系统，提高市民精神生活质量。发展城市生态旅游产业，提高城市生态经济综合效益。

乐山生态城市实践的目标—行动策略的详细清单见表 3-8。

目标—行动策略清单　表 3-8

行动目录	目标							
	改善城市生态结构				保护历史文化遗存		改善城市生态环境	
	空间结构	交通结构	用地布局	形态控制	历史文物古迹	空间格局保护	自然生态环境	人工生态环境
1. 保护疏导老城，积极开发展新区	√				√	√		
2. 构建同心圆圈层城市结构模式	√	√						
3. 城市中心开辟 8.7km^2 绿心	√						√	√
4. 从绿心向外围开辟楔形绿地	√							√
5. 城市用地向北沿西发展包围绿心，形成“山水中有城市，城市中有森林”	√						√	√
6. 楔形绿地内布置片区公共中心并形成网络			√					√
7. 新区围绕绿心构建环形方格网交通系统		√						
8. 老城区采用现状与地形结合梳理道路等级		√				√		
9. 绿心公园中以慢行体系为主构建环形公园路网		√						
10. 道路系统除车行系统，还规划了特殊功能的风景旅游道路、林荫道路、步行商业街和自行车道		√						
11. 保留老城城市中心区的功能与地位			√			√		
12. 城市环串联新城生活、工业与文教功能区			√					
13. 保护大佛景区及南部山水田园风光，划为生态旅游区					√	√	√	√
14. 合理安排公建网点，分布均匀，并依尺度分级			√					
15. 公建设施布局连接社会网络与自然生态网络			√					√
16. 提高生活服务设施建设的比例，成群配套			√					
17. 对连接绿心与外围山水景观的几条重要视线廊道进行视域保护				√		√		√
18. 对视域保护廊道、城市主要形象展示廊道，以及老城区历史文化片区进行严格的高度控制				√		√		√
19. 通过文物古迹保护图与保护清单对嘉州古城墙、传统街坊、庙宇等重点保护对象进行保护					√			
20. 将青衣三岛与大渡河凤洲作为“三岛一洲”重点历史文化名城进行保护	√					√		√
21. 城市空间发展顺应乐山三江汇合、群山环绕的自然山水格局	√					√		
22. 大气环境质量：风景旅游区、中心城区各功能片区实行分级目标控制							√	√
23. 水环境质量：生活饮用水源、生活用水、地表河流水实行分类目标控制							√	√
24. 建立以乐山大佛景区与城市绿心公园为主的城市游憩系统，提高市民精神生活质量					√	√		√
25. 发展城市生态旅游产业，提高城市生态经济综合效益								√
26. 绿地系统规划充分展现乐山文化荟萃、古迹，绿地规划尽可能为城市居民提供休息、娱乐活动场所								√
27. 分别以形态结构、规模结构和功能结构等内容进行完整而系统的绿地系统规划								√

资料来源：作者参考 1987 版总体规划成果制作

（3）实践启示

1987 版总体规划实施初期乐山市拥有充足的建设用地，初期开发避开以浅丘地貌为主的绿心用地；实施中期绿心结构已较为完整；实施末期绿心结构主导城市发展结构。1987 版总体规划后，乐山市政府于 1993 年、2003 年、2010 年分别编制了三版后续的乐山市总体规划。针对生态环境保护目标，2013 年编制了乐山市生物多样性保护规划。从 1987 年规划编制至 2017 年三十年间，乐山市总体规划实施的决策意识可分为三个阶段，即发展与保护平行期、发展与保护权衡期、发展与保护协同期。

发展与保护平行期：1987 年至 2003 年左右，包含了规划编制阶段、规划实施初期和规划实施中期以及部分后续规划编制，此阶段历经的三位决策领导人为乐山本地人，对乐山市的本土情感、乐山市发展的政绩激励之间的矛盾较少，两者相结合使保护绿心和构建城市生态化空间结构逐渐成为政府决策的内生行动，乐山市城市开发与绿心生态空间结构的维护处于平行的发展模式，绿心保护除了体现在总体成果中，政府没有发布相关政策文件，绿心内保留传统农村生产和生活方式。

发展与保护权衡期：2003 年至 2009 年，该阶段为我国城市化快速发展时期，面临强烈的发展需求和趋势，决策继承者在政绩激励、公共利益和专业认知之间产生了矛盾。绿心的保护是权衡的结果，绿心整体结构基本保留，但边缘少量用地被侵占用于开发房地产项目。绿心周围部分用地划给某些部门，该阶段绿心面临着被侵占的可能。此外，为了加强环形城市结构的南北交通联系，开辟了南北向主干道贯穿绿心，虽然没有破坏绿心的整体结构，但对绿心内生态环境仍然造成了一定的影响。

发展与保护协同期：2010 年至今，包含了新版规划实施以及绿心保护进入立法阶段。此阶段的公共利益和专业认知逐渐强化，决策者和公众越来越认识到绿心对改善乐山市生态环境的有效作用。并且，政绩激励机制相对之前有所改变，快速发展和高密度城市开发，已不再是衡量城市发达程度的唯一标准。生态城市、园林城市等的城市荣誉越来越受到决策者的重视。该阶段绿心维护实际上是改善人居环境、提升生态环境品质、保护生物多样性多目标的协同决策结果，绿心重新受到全力保护，划出的用地指标被收回，规划并建设了绿心公园。2016 年 7 月，乐山市开始行使地方立法权后，制定首部实体性法规《乐山中心城区绿心保护条例》。该条例的主要目标为：采用土地流转政策搬迁绿心内所有居民，将其复原为纯自然生态绿地；建设公共服务设施、基础工程设施及防灾避难设施；发展生态旅游产业，将绿心打造为“春有花、夏有荫、秋有果、冬有绿”的生态旅游区。

乐山城市居民的公众意识同样历经了三个阶段：1987 年至 1992 年为共同默

契阶段，绿心内合作社、集体组织等拥有不占绿心用地的默契；1992 年至 2010 年为感知体验阶段，长期对绿心环境的感知与切身体验，其中绿心公园的建成强化了该过程；2010 年至今为环境共识阶段，意识到绿心是乐山居民的共同财产，不允许绿心轻易受到破坏。通过 2016 年对乐山市常住居民的调查问卷结果显示，大多数居民认为绿心的主要功能是创造良好的休憩、交往空间和创造宜人的环境，因此进入绿心的主要活动为休闲游憩和体验自然。生态认知活动可以穿插在学习体验（如标本采集、农事体验等）、休闲游憩（如垂钓、骑游、散步、郊游、放风筝等）和健身运动（如长跑、骑行、登山徒步、晨练等）中，获得切身的感官体验，逐步培育生态公民意识。在宣传普及和感知体验过程中逐渐建立起乐山绿心保护共识，乐山人民对绿心的依赖性和保护意识已经逐渐深化。

参考文献

[1] DANIEL P. LOUCKS，JOHN S. Gladwell. Sustainability Criteria for Water Resource Systems[M].Cambridge：Cambridge University Press，1999.

[2] 薄力之 . 欧盟“生态城市（ECOCITY）”研究项目评析与启示 [J]. 城市发展研究，2008（S1）：101-104.

[3] 彼得 · 卡尔索普 . 未来美国大都市：生态 · 社区 · 美国梦 [M]. 郭亮，译 . 北京：中国建筑工业出版社，2009.

[4] 陈飞，诸大建 . 低碳城市研究的内涵、模型与目标策略确定 [J]. 城市规划学刊，2009（4）：7-13.

[5] 仇保兴 . 我国城市发展模式转型趋势——低碳生态城市 [J]. 城市发展研究，2009，16（8）：1-6.

[6] 仇保兴 . 复杂科学与城市规划变革 [J]. 城市规划，2009，33（4）：11-26.

[7] 仇保兴 . 紧凑度和多样性——我国城市可持续发展的核心理念 [J]. 城市规划，2006，30（11）：18-24.

[8] 戴亦欣 . 中国低碳城市发展的必要性和治理模式分析 [J]. 中国人口 · 资源与环境，2009，19（3）：12-17.

[9] 方创琳，祁巍锋 . 紧凑城市理念与测度研究进展及思考 [J]. 城市规划学刊，2007（4）：65-73.

[10] 弗雷德里克 · 斯坦纳 . 生命的景观——景观规划的生态学途径 [M]. 周年兴，李小凌，俞孔坚，等译 . 2 版 . 北京：中国建筑工业出版社，2004.

[11] 付允，刘怡君，汪云林 . 低碳城市的评价方法与支撑体系研究 [J]. 中国人口 · 资源与环境，2010，20（8）：44-47.

[12] 耿宏兵 . 紧凑但不拥挤——对紧凑城市理论在我国应用的思考 [J]. 城市规划，2008，32（6）：48-54.

[13] 顾朝林，谭纵波，刘宛，等 . 气候变化、碳排放与低碳城市规划研究进展 [J]. 城市规划学刊，2009（3）：38-45.

[14] 黄光宇，陈勇 . 生态城市理论与规划设计方法 [M]. 北京：科学出版社，2002.

[15] 李琳 . 紧凑城市中“紧凑”概念释义 [J]. 城市规划学刊，2008（3）：41-45.

[16] 李迅，曹广忠，徐文珍，等 . 中国低碳生态城市发展战略 [J]. 城市发展研究，2010，17（1）：32-39+45.

[17] 理查德 · 瑞杰斯特 . 生态城市伯克利：为一个健康的未来建设城市 [M]. 沈清基，沈贻，译 . 北京：中国建筑工业出版社，2005.

[18] 理查德 · 瑞杰斯特 . 生态城市：重建与自然平衡的城市（修订版）[M]. 王如松，于占杰，译 . 北京：社会科学文献出版社，2010.

[19] 沈清基，安超，刘昌寿 . 低碳生态城市的内涵、特征及规划建设的基本原理探讨 [J]. 城市规划学刊，2010（5）：48-57.

[20] 吕斌，祁磊 . 紧凑城市理论对我国城市化的启示 [J]. 城市规划学刊，2008（4）：61-63.

[21] 莫霞，王伟强．适宜技术视野下的生态城指标体系建构——以河北廊坊万庄可持续生态城为例 [J]. 现代城市研究，2010，25（5）：58-64.

[22] 潘海啸，汤諹，吴锦瑜，等．中国“低碳城市”的空间规划策略 [J]. 城市规划学刊，2008（6）：57-64.

[23] 沈清基，吴斐琼．生态型城市规划标准研究 [J]. 城市规划，2008，32（4）：60-70.

[24] 沈清基．城市空间结构生态化基本原理研究 [J]. 中国人口·资源与环境，2004，14（6）：6-11.

[25] 石楠，刘剑．建立基于要素与程序控制的规划技术标准体系 [J]. 城市规划学刊，2009（2）：1-9.

[26] 宋永昌，戚仁海，由文辉，等．生态城市的指标体系与评价方法 [J]. 城市环境与城市生态，1999，12（5）：16-19.

[27] J. 唐纳德 · 休斯．什么是环境史 [M]. 梅雪芹，译．北京：北京大学出版社，2008.

[28] 王如松．高效 · 和谐：城市生态调控原则与方法 [M]. 长沙：湖南教育出版社，1988.

[29] 威廉 · M · 马什．景观规划的环境学途径 [M]. 朱强，黄丽玲，俞孔坚，等译．北京：中国建筑工业出版社，2006.

[30] 吴琼，王如松，李宏卿，等．生态城市指标体系与评价方法 [J]. 生态学报，2005，25（8）：2090-2095.

[31] 谢鹏飞，周兰兰，刘琰，等．生态城市指标体系构建与生态城市示范评价 [J]. 城市发展研究，2010，17（7）：12-18.

[32] 邢忠，黄光宇，颜文涛．将强制性保护引向自觉维护——城镇非建设性用地的规划与控制 [J]. 城市规划学刊，2006（1）：39-44.

[33] 邢忠，颜文涛，肖丁．城市规划对合理利用土地与环境资源的引导 [J]. 城市发展研究，2005（3）：46-50.

[34] 颜文涛，袁兴中，邢忠．基于属性理论的城市生态系统健康评价——以重庆市北部新区为例 [J]. 生态学杂志，2007，26（10）：1679-1684.

[35] 杨保军，董珂．生态城市规划的理念与实践——以中新天津生态城总体规划为例 [J]. 城市规划，2008，32（8）：10-14+97.

[36] 杨志峰，何孟常，毛显强，等．城市生态可持续发展规划 [M]. 北京：科学出版社，2004.

[37] 叶祖达．城市规划管理体制如何应对全球气候变化？[J]. 城市规划，2009，33（9）：31-37+51.

[38] 张泉，叶兴平，陈国伟．低碳城市规划——一个新的视野 [J]. 城市规划，2010，34（2）：13-18+41.

[39] 朱利斯 Gy. 法布士．土地利用规划——从全球到地方的挑战 [M]. 刘晓明，赵彩君，傅凡，译．北京：中国建筑工业出版社，2007.

第四章

生物多样性保护的城市实践

生物多样性维护了人类与自然系统生态平衡，是人类健康生存的基石，保护生物多样性就是保护人类赖以生存的生态环境，实质上就是保护人类自己，本质上是维护生命共同体的健康。生物多样性与城市生态系统的联系通常涉及城市化对生物多样性的影响（Savard et al.，2000）。随着城市化水平的进一步提高，较短时间内的高强度开发活动，对城市及区域生态系统产生了强烈的影响，城市对于生物多样性保护的重要性也日益凸显（Kowarik，2011）。改善提升城市生态系统中的生物多样性，可以促进城市复合生态系统的稳定性，对营造健康安全的人居环境具有重要意义。生物多样性提升以及显现的生物过程，可以显著增强城市居民的自然体验，形成连接人与自然的重要纽带，塑造人们在生态保护方面积极的情感、态度和行为，提升人类自身的健康和福祉。

1 城市生态系统的认知

1.1 城市生态系统的特点

城市生态系统是生物物理要素和人文社会要素的相互作用而形成的统一整体，通过非线性动态、自组织机制、反馈调节而形成的动态复杂系统（Nicolis and Prigogine，1977），由自然系统、经济系统和社会系统构成的复合生态系统。人类与自然的相互作用创造了复杂的生态过程，并产生了独特的生态格局和功能（McDonnel et al.，1993）。理解人类与生态过程的连接机制，可以帮助我们更好地认知城市运行规律，以及城市各种环境问题为何以及如何呈现。加深这些理解有助于我们寻找合适的规划工具，通过调节城市生态系统组分或格局，增强城市生态系统的韧性水平（Alberti，2008）。

生物物理系统限制或塑造人类的活动，人类也在连续地重塑着生物物理系统。人类对城市化地区发展模式的选择，将对区域乃至全球生态系统产生直接或间接的影响，很大程度上决定我们甚至地球的未来（Sukopp，1990）。由于我们没有很好地掌握城市开发模式对生态过程的整体影响机制，也没有掌握人类与自然的相互作用如何影响城市生态系统演化进程，以及不了解哪些关键因素影响了这些动态演化进程，导致我们选择城市开发模式时存在一定的盲目性，只能更多地依赖于社会经济目标作出我们的选择。

复杂系统理论为研究城市生态系统和解释城市现象提供了理论基础和方法论。了解复杂系统具有的本质特征，如非线性相互作用、系统涌现性、自组织和适应性行为，可以帮助我们理解城市生态系统是如何运行的，以及为何会产生特定的城市问题（Alberti，2008）。城市各个子系统以及各要素之间的非线性相互作用，导致多种可能结果（Levin，1998），城市生态系统可能存在多种稳定状态。但是城市生态系统的稳定状态也是相对而言，将城市生态系统视为非平衡态的研究范式认为城市生态系统是由过程驱动的，不存在终极平衡状态。因此，一个健康的城市生态系统，需要通过分阶段进行动态调节，逐渐接近我们的预期目标。城市生态系统具有“资源—活动—残留物”单向线性过程，能量密度远高于自然生态系统，驱动因素可以通过人工选择，开放性、动态性和难以预测性等固有特性。

城市生态系统韧性指系统受到扰动并经历变化后，通过吸收、适应扰动并存续的能力（Holling，1973；Gunderson and Holling，2002）。其中，“存续”表现为系统经历变化后基本维持原有的状态和功能（Walker and Salt，2006）。“韧性”定义了系统可以承受的最大扰动，而不会导致转换为其他稳定状态。城市化地区人类和自然生态系统之间复杂的相互作用在多个尺度上都会影响韧性。由于城市发展模式会影响土地覆盖的数量和格局，以及影响甚至决定了人类对生态系统服务的使用方式，因此不同的城市格局（即城市形态、土地利用布局和连通性）对城市生态系统韧性的影响也有很大差异。

城市蔓延导致自然状态从紧密联系的自然地表覆被转变为不透水地表，即自然土地覆被大大减少和高度分散。一定时间尺度下的城市生态系统稳定状态的确切形式，取决于人文社会要素与生物物理要素的相互作用机制，城市蔓延开发模式将产生人为强干预下的强制性平衡，将产生较高的生态成本。因为基于蔓延开发模式的城市生态系统，本地的生态系统服务无法满足城市居民的需求，需要依赖于从其他区域导入生态系统服务，或直接被人类服务取代。这类系统面对扰动时容易进入不稳定状态。不合理的城市开发模式，将产生自然生态服务支持人类活动的能力大大降低，可能退化到无法支持人类活动程度的后果，外部扰动将驱动城市生态系统组分和结构的重组，系统进入到一个新的平衡状态，而这种新的状态可能偏离居民的期望（Alberti，2004）。

1.2 城市生态系统概念框架

将城市置于区域生态系统的整体框架，帕特里克·盖迪斯（Patrick Geddes）运用生物学和进化论的观点进行了城市演化研究，刘易斯·芒福德（Lewis Mumford）进一步扩展了生态区域主义观念，对城市起源和城市功能进行了类型划分。伯吉斯（Burgess E W）是运用人类生态学理论建立城市空间结构和组织模式的学者，认为区位竞争的结果必然会反映物种在区位商的关系，以芝加哥市为研究对象，于 1923 年提出了“同心圆理论”（Concentric Zone Theory），以区位竞争的生态学理论解释了居住、商业和工业等用地布局空间结构模式（Park et al.，

1987）。其他古典人类生态学家也试图从空间关系揭示人与人、人与环境的相互关系，期望发展处一种空间模型，其中霍伊特（Hoyt H）于 1939 年提出的“扇形理论”（Sector Theory）、哈里斯（Harris C D）和厄尔曼（Ullman E L）于 1945 年提出的“多核心理论”（Mutiple Nuclei Theory）是最具代表性的。

将具有文化、社会、人工环境、自然环境属性的城市，理解为整体的城市生态系统，许多不同学科的学者展开了实证研究，包括城市科学、生物学、水文学、大气科学等学科。许多先锋生态学家和城市设计师也致力于将城市生态系统相关知识转化为城市认知与设计策略（McHarg，1969；Hough，1984；Spirn，1984；Lyle，1985；Pickett et al.，2013）。

冈德森和霍林（Gunderson and Holling，2002）通过研究城市生态系统各组分运行的时空关系，界定了人类—自然的耦合系统概念，人类社会系统与生物物理环境的耦合关系具有分层次、自适应循环的嵌套体系特征。随着复杂系统理论逐渐被应用于研究城市生态系统，美国的菲尼克斯、巴尔的摩、西雅图的相关学者已开始清晰地对概念模型进行表达，有助于更好地理解人类—生态耦合系统中各组分的相互作用（Alberti，2008）。

城市学家和生态学家已经在理解城市生态系统是如何运行，以及城市生态系统与自然生态系统之间的差异等方面取得了较多成果，采用生态学原理解读城市发展与环境变化之间的相互作用关系。皮克特等（Pickett et al.，2001）在美国巴尔的摩开展了一项长期的城市生态研究（Long Term Ecological Research，LTER）项目，认为城市生态系统连接了大都市地区的陆地生态、物理环境和社会经济的组成部分，提出了整合生物物理和社会结构与过程的人类生态系统框架（图 4-1），该概念框架表征了城市生态系统中的社会系统、资源系统、生物物理过程和格局之间

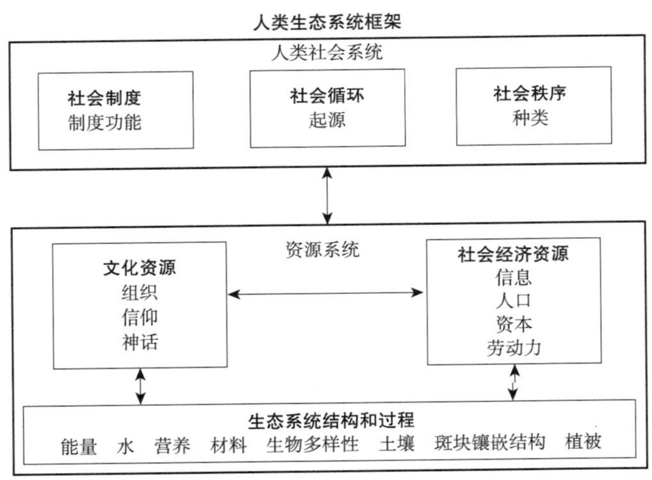

图 4-1　整合生物物理和社会过程的人类生态系统概念框架
图片来源：Pickett et al.，2001.

的相互作用和耦合关系。社会制度包括提供政府管理、司法服务、卫生服务、食物供应等职能的社会机构。社会秩序由个人和群体身份、正式和非正式的行为规范、决定资源分配的等级制度等因素决定。建立在生物生态结构和过程基础上的资源系统，包括文化和社会经济资源，它们与生物生态资源相互作用，决定着社会系统的动态演进过程。

理解城市生态系统的组分要素对这个概念框架的成功应用至关重要。首先，必须认识到城市生态系统主要驱动力既有生物物理要素，也有人文社会要素。第二，城市生态系统没有单一的决定因素。第三，驱动因子的相对重要性可能随时间而变化，即不同时间维度上影响系统演变的关键驱动因子也可能变化。第四，同时检查概念框架中人类社会系统与生物物理环境的各个组成部分的相互作用关系，对应用这个框架也极为重要（Pickett et al.，2001）。

格林姆等（Grimm et al.，2000）在美国菲尼克斯也开展了 LTER 研究项目。人类的感知、选择和行动通常是驱动政治、经济或文化决策的现象，这些决策将引起城市生态系统的状态变化。LTER 项目的主要目标之一是了解生态系统的长期动态，将影响城市生态系统的变量分为两类：第一类变量涉及生态系统的格局和过程，这些过程受到“自然”因素的限制，例如地质环境、气候及其变化、物种库、水文过程及其他生物物理要素。这一类变量的基础是生态系统的基本驱动力：能量流、信息流以及物质流。了解这些基本驱动因素如何与生态格局和过程相互作用以产生长期动力。第二类变量是与人类活动直接相关的变量，例如土地用途的变化、物种的引进或驯化、资源的消耗以及废物的产生（Grimm et al.，2000）。强调人类和自然系统（包括生态过程和生态格局）之间相互作用和反馈的重要性，构建了生物物理和社会经济驱动力与生态系统演进的作用机制（图 4-2）。

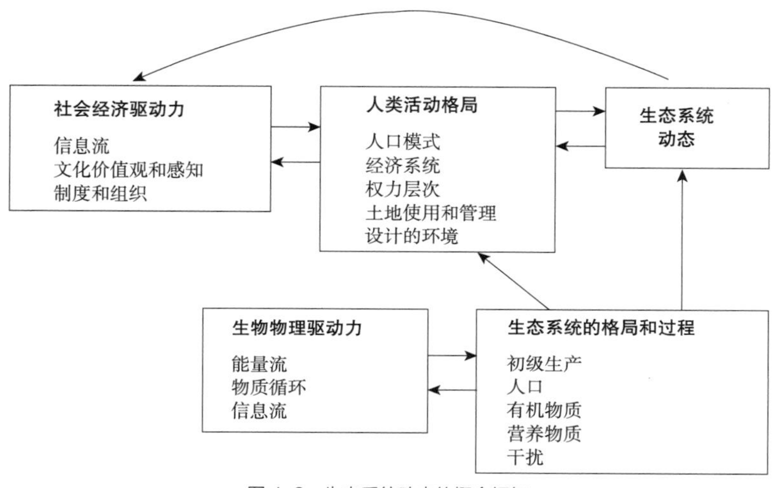

图 4-2　生态系统动态的概念框架
图片来源：Grimm et al.，2000.

艾伯特等（Alberti et al.，2003）为了将人类完全整合到生态系统科学中，提出了一个新的概念模型，该模型将人文社会和生物物理的驱动模式、过程和效应联系在一起。驱动因素是人类和生物物理因素，它们会导致格局与过程发生变化。格局是人类或生物物理变量的时空分布。过程是人类和生物物理变量相互作用并影响生态系统状态。效应是由这种相互作用导致人类和自然的耦合系统状态的变化。例如，某个地区的人口增长（驱动因素）将引发人行道和建筑物（格局）的增加，产生径流和侵蚀（过程）的增加，导致水质下降和鱼类栖息地的减少（效应），这可能促使城市决策者制定新的土地政策应对生态退化问题（反馈）（图 4-3）。

生物物理和人为社会要素都驱动城市生态系统格局及过程的演变。该概念框架可以帮助检验关于人类和生态过程如何随时间和空间相互作用的形式假设，还可以帮助确定：①什么因素驱动城市发展模式；②自然和已开发土地的格局是什么；③这些格局如何影响生态系统功能和人类行为；④生态系统和人类过程如何形成反馈机制。依据该概念框架，可以在不同的人为和生态干扰情景下预测城市生态系统变化趋势。

城市管理者和政策制定者要控制并最大程度地减少人类活动对生态系统的影响，需要理解人口变迁、经济兴衰、土地政策、基础设施建设等人文社会要素，以及地形、气候、动植物等生物物理要素，上述两大要素变化及其产生的微观相互作用，都将对城市生态系统宏观格局和过程产生潜在的影响，并最终影响生物多样性或人类行为，导致城市生态系统的功能演进。城市是人类与自然的耦合系统，对人类自身和其他物种的进化与生存产生影响。人为因素无法与其他生物或非生物因

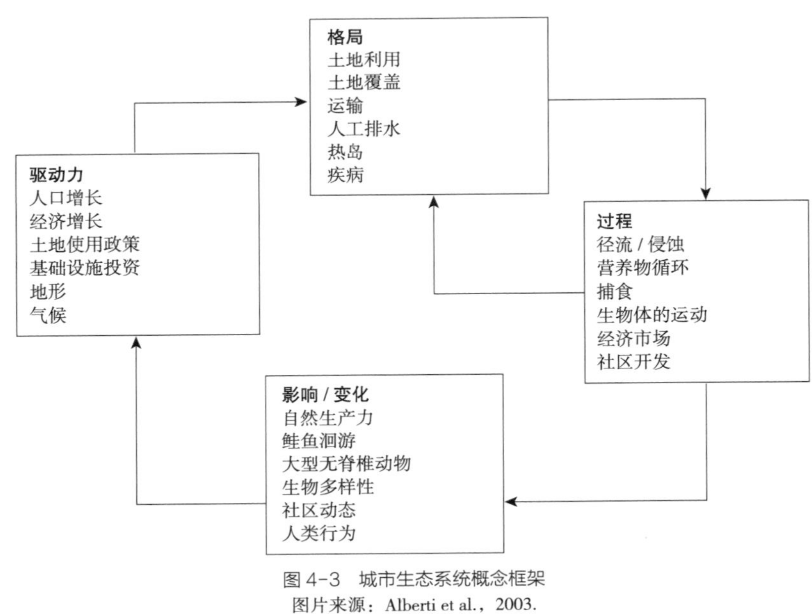

图 4-3　城市生态系统概念框架
图片来源：Alberti et al.，2003.

素隔离开来，它们共同驱动格局和过程的演进，并同时受到格局与过程的约束。因此，建设更具韧性水平的城市取决于对这些互动机制的深刻理解（Marzluff et al.，2008）。

1.3 城市生态系统的驱动力

城市生态系统演进取决于自然演替和人类选择的结果，是人类主体行为以及生物物理因素之间相互作用的结果。人类主体的行为选择将产生不同的城市开发模式，并对生态过程产生不同的影响，这些影响相应决定了人类福祉水平（Alberti and Waddell，2000）。城市生态系统演进的驱动因素可以分为四类，第一类主要包括人口变迁、经济兴衰、文化价值观、主体感知、制度政策等人文社会因素；第二类包括地质、地貌、水文、气候、动植物等生物物理因素；第三类为城市景观格局，景观格局通过影响生态过程，进而对城市生态系统结构和状态产生重要的影响；第四类为城市生态系统作为一类复杂系统，各要素的复杂非线性相互作用产生的涌现行为，也对城市生态系统变化产生重大的影响。

人类变迁是城市生态系统格局与过程的主要驱动力，通过人口特征、经济体制、社会组织、政治结构等因素起作用。人类行动极大地改变了人类所参与的生态系统功能，人类实际上已成为生态系统的一部分。人类活动将改变生物地球化学循环，因栖息地破碎和外来物种入侵将导致生物多样性退化，城市可以发挥着减缓变化的核心作用（Marzluff et al.，2008）。一些学者认为城市是由市场力所驱动的生产系统（Sternlieb and Hughes，1975），另一些学者将城市看成是一个消费系统（Hallsworth，1978）。本质上，城市生态系统是由生产系统、消费系统和分解系统构成的。其中，人类决策是城市生态系统状态变化的主要驱动力，人类行为直接影响了资源消耗和废弃物排放（Turner，1989），并对生产系统、消费系统和分解系统产生影响。社会、经济和政治制度控制或管理人类活动，最终直接或间接影响城市生态系统状态变化（Kates et al.，1990）。

生物物理因素也是城市生态系统格局与过程的重要驱动力，城市开发和基础设施建设很大程度上受到气候、地形、水文、动植物等生物物理因素的影响，进而影响了自然过程、生物过程和社会过程。区域气候可以通过对岩石风化和降雨侵蚀，影响地方自然环境和地理形态的形成与变化。区域气候和地质特征共同作用，可以形成独特的土壤质地以及自然水系，而土壤和水系又决定了该地区的动植物群落动态分布特征。另外，区域气候决定了人类的生产方式和生活方式，地质过程可能影响人类的健康与安全，从而对城市开发选址和城市格局产生影响。例如坡度对农业生产和城市开发模式具有重要的影响，坡向对植物群落分布和城市布局形态也会产生重要的影响。水文过程是塑造地理形态的重要因素，也在控制和塑造城市空间形态方面一直扮演关键的角色，历史上区域水系变迁对城市空间拓展和开发模式发挥重要作用（颜文涛等，2018）。植被群落及周边物理环境可为野生动物提供栖息地，也决定了生态系统的自然生产力和生物多样性程度。

城市景观格局对城市生态系统结构与过程具有重要的影响。由于生态过程与景观格局紧密相关，不同的城市景观格局会对生态系统动态产生不同的影响，因此其生态适应力也不同。因为城市开发模式影响了人工和自然土地覆盖的数量和分布，并影响生态系统服务的需求（Marzluff et al.，2008）。由城市开发导致的景观格局变化，将改变了动植物群落的组成和分布，增加了边缘种，减少了内部种。景观格局通过影响生物过程、自然过程以及人文过程，从而影响城市生态系统动态变化（Alberti，2003）。

城市生态系统要素之间的相互作用产生的涌现行为，也是城市生态系统的驱动因素。涌现行为可以被视为是微观要素的相互作用产生了新的宏观功能，表现为生态系统的非加和性特征。例如，随着城市要素组成规模以及要素连接方式的变化，达到一定程度后将产生新的城市功能。作为一类动态复杂系统，城市生态系统的自组织性驱使其向有序（或无序）方向发展（Patten，1995）。涌现行为也是系统微观的自组织行为达到阈值（Criticality）后，导致系统性质突变的一种系统行为特征，这是一种从量变到质变的动态复杂系统的基本特征，多种要素按照某种规则聚合，达到临界之后，可能产生、激发（或引爆）某种新的城市功能或性质。研究城市生态系统动态适应性时，临界性概念具有特别重大的意义（Kauffman，1993）。

2 城市生物多样性的演化特征

2.1 城市生态系统与生物多样性

城市生态系统具有高度动态性与高度异质性的特征，可以为管理其他生态系统中生物多样性提供有用的见解。与城市生态系统有关的生物多样性议题可分为三大类：①城市对邻近生态系统的影响议题；②城市生物多样性与文化多样性、自然体验和环境教育相关联的议题；③城市生态系统内不良物种的管理议题（Savard et al.，2000）。

城市生态系统中栖息地破碎化影响所有生物，连接他们之间和/或与农村生境之间的城市绿地走廊，对于维持和增强城市生物多样性很重要，这些概念与生物多样性保护密切相关（Savard et al.，2000）。生物多样性以多种空间尺度表达，因此必须采取多尺度方法解决生物多样性问题。物种的大小、形状、丰度、分布、营养位置、生态功能、摄食习惯、可取性各不相同，一些物种可能在城市或社区中扮演重要角色，因此它们的缺失会严重影响其他几个物种。伞护种的栖息地涵盖了其他物种的栖息范围，因此可以通过保护这些伞护种的栖息地，同时也为其他物种提供了保护伞。旗舰物种是具有超凡魅力的物种，引起人们的关注，可以用来激发公众对生物多样性保护工作的支持，因此旗舰物种可以跟地方文化关联，成为连接人与自然的重要纽带。

城市增长改变了城市以及城市与乡村交界面的景观格局和生态系统结构，甚至影响到区域乃至全球范围。城市生物多样性的保护方式，不应该仅关注城市中的自然生态系统，应转变为关注人类—自然耦合的整体城市生态系统。现有生态保护策略主要通过遏制城市蔓延式增长或无序增长造成的栖息地丧失，从而保护城市内自然栖息地及恢复本土物种。但是，优先考虑本地生态系统或本地物种，往往忽略了与其相关的其他城市系统。首先，必须考虑已经深刻变化的生态系统是否具有价值。其次，新型城市生态系统还包含许多外来物种，经过深层栖息地改造后，出现的外来物种和本土物种的新型混合物，在某些情况下可能比以前的本土物种具有更好的适应能力。因此，应该将保护（半）自然残留和增强城市地区本地物种的公认策略，与新型城市生态系统及相关物种组合的方法相结合。面对显著的城市环境变迁，由于新型城市生态系统具有更强的适应性，在全球环境变化时代可能确保提供稳定的生态系统服务（Kowarik，2011）。

2.2　城市生物多样性的演变规律

一般来说，城市地区由于外来物种的输入，有些城市的植物物种丰富度（Richness）会增加，而动物物种丰富度则下降。但对鸟类和节肢动物等某些种群而言，城市化通常会导致丰富度和多样性减少，往往其丰度会增加（Abundances），尤其是鸟类（Faeth et al.，2011）。大多数研究表明，温带城市的物种丰富度普遍下降，但丰度下降却较少；热带城市的丰富度和丰度均下降；在气候干旱的城市中，大多数的研究显示丰度增加，而丰富度有增有减（Faeth et al.，2011）。有学者对美国 7 个大城市的研究表明，庭院栽植植物和庭院自生植物的物种丰富度高于自然群落，各城市庭院植物多样性指数的差异性比自然群落大。因此，各城市之间植物物种多样性并未发生物种同质化现象。然而，相比于自然群落，即各城市之间庭院植物物种组成更加相似。另外，相比于自然群落，各城市之间庭院栽培植物的乔木高度和乔木密度彼此更加相似。因此，各城市之间植物物种组成发生了同质化现象，植物结构（从部分植物结构指标观察）也发生了同质化现象（Pearse et al.，2018）。

人类建立和维持城市植物群落，并在丰富度和均匀度方面决定其多样性。通常情况下城市地区人类只直接控制城市生物群落中的植物多样性和丰富度，但对无脊椎动物、脊椎动物物种、微生物物种等其他城市生物群落几乎没有直接控制（Faeth et al.，2011）（图 4-4）。许多城市地区曾经富含本地植物的自然物种，但由于城市化进程中人类活动完全解构（通过分级、燃烧和除草剂）了本地自然植物群落，并在土地开发过程中重建了人工化的植物群落，主要是引入非本地植物，以创造草坪、休闲区、禁林、花园等人工化景观，导致城市地区本地植物丰富度和丰度逐渐下降。因此，城市地区植物物种的多样性和丰富度，受到土地保护、土地使用和转换的影响。针对菲尼克斯等美国城市的研究表明，富裕社区的植物群落更为多样化，被称为对植物多样性的"奢侈效应"（Hope et al.，2003）。

自然景观高度分散的城市地区，由各种大小和用途类型的斑块组成，破碎化改变了栖息地的数量、质量和格局。城市植物生境的质量、数量和格局通常也受到人类的直接影响，反过来又影响了社区的消费者组成结构。城市栖息地的碎片化和变更通常也会从根本上改变物种的组成和均匀度。不仅城市地区物种丰富度会下降，而且亲人类物种或跟人类有关联的物种（Synanthropic Species）也经常取代城市生物群落中的自然物种。随着亲人类物种丰度的增加并主导社区，至少鸟类和节肢动物的均匀度下降。碎片化和栖息地的改变，导致生物与环境相互作用以及生态过程的变化，从而决定了物种的存在与否以及相对丰富度。从长远来看，这些生态过程和相互作用可能会改变物种的进化，例如孤立城市种群的遗

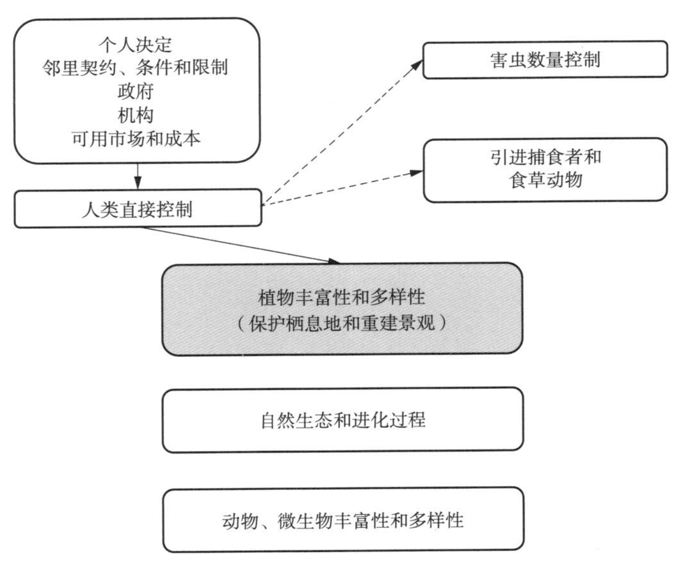

图 4-4　植物丰富度和多样性是如何由个人、机构和经济直接控制的概念模型，而其他生物成分只是由人类间接控制的。较弱的控制用虚线箭头表示；较强的控制用实心箭头表示（Faeth et al.，2011）。

传变化和某些物种对城市环境的适应，导致城市灰色鸟类数量增加。碎片形成了隔离种群和阻碍斑块间运动的斑块。因此，岛屿生物地理学理论被用来解释城市内生物多样性的变化，将城市生境视为具有不同隔离度、大小和复杂性的孤立斑块。岛屿生物地理学理论预测，孤立片段中的物种丰富度取决于岛屿的面积及其与源种群的距离。在较小的城市碎片中，鸟类和节肢动物物种丰富度较低（Faeth et al.，2011）。

不同种群的物种多样性随着城乡梯度的变化而变化，物种丰富度通常在城市核心区（梯度的高度城市化末端）下降。然而，有时物种丰富度，特别是鸟类丰富度，在城郊或郊区达到城市化的中等水平。除了上述基于岛屿生物地理学理论，另一种是基于康奈尔的中间扰动假设。城市化可以被看作是一个干扰梯度（在最初的主要干扰之后，然后是频繁的小规模干扰，如乱扔垃圾、割草、清除枯树），我们可以期望在干扰的中间水平找到最高的多样性（Marzluff，2005）。除了干扰之外，影响物种存在或不存在的其他特征也会沿着城乡梯度变化，例如净初级生产力（Faeth et al.，2011）。

由于强调物种间的相互作用是影响城市生物多样性的机制，使得生态食物网理论在城市地区得到了扩展和检验。所有物种都通过竞争、预适应、寄生或互惠与其他物种相互作用。决定生物群落的结构和多样性是由自下而上（资源和竞争）还是自上而下（捕食、疾病、寄生）的力量所决定，一直是生态学家的目标。了解城市化如何改变食物网和营养动态是揭示城市化如何改变生物多样性的关键。然而，很少有研究涉及这一重要问题。

影响城市生物多样性的模式和潜在机制都不是一成不变的。城市生态系统和其他生态系统一样经历了演替阶段，因此监测长期格局和了解变化机制非常重要。例如，在新开发的城市中基本上不存在的捕食性鸟类，随着猎物数量的稳定，可能会在城市中繁殖，从而提供更可预测的食物来源。使情况复杂化的是，城市内部的碎片化和城市化差异，导致了一个由不同年龄和演替阶段的广泛异质生境。这种异质性可能导致城市总体多样性的变化（Faeth et al.，2011）。

3　城市生物多样性保护的关键影响因素

3.1　城市人口密度与生物多样性的关系

城市规模和密度都将对生物多样性产生重大影响。针对中欧国家波兰的小城市实证研究表明，城市规模对小型地面哺乳动物有非常强烈的负面影响。以人口密度定义城市规模，人口密度超过 1000 人 /km^2 的城市地区，地面居住的动物发生了明显的转化和枯竭。为了保护城市本地野生生物的物种多样性，应在城市发展的早期阶段采取适当的措施。随着城市人口密度的增加，多户住宅（公寓楼）和相关基础设施（铺路、停车场）建设更加普遍，阻碍了陆地动物的迁移活动；此外，动物在单个绿色斑块上找不到足够的食物，被迫在多个绿色区域之间移动，将会增加死亡率（Opucki et al.，2020）。

如果城市人口密度增加 2.6 倍，则物种丰富度下降一种。如果城市人口密度增加 1.5 倍，则物种多样性指数下降 0.1。这种关系表明，人口密度约 12000 人 / km^2 的城市地区，物种多样性理论上达到零（即仅存在最适应城市的物种生存）。大城市中心地带甚至可能没有野生小型哺乳动物物种（物种丰富度达到零），这些地区的小型哺乳动物种群，可能仅由人类这样的物种组成。鼩鼱和田鼠等对城市化最敏感的小型哺乳动物物种，在人口密度约为 1000 人 /km^2 的地区，出现的概率下降到较低的值，而在较大城市的中心城区出现的概率下降到零。其他小型哺乳动物物种甚至在中等城市的中心城区也分布很少。这表明，城市中心的野生动物贫困岛屿将是显而易见的。但城市中心附近若存在自然生态廊道（如河流廊道或其他线性生物廊道），将会显著改变结果，并导致意想不到的生物多样性价值（Opucki et al.，2020）。

人类社区定居点规模也对植物物种多样性产生较大的影响。由于人类活动引起的外来物种输入，以及城市地区半自然植被残余片段中的本地物种数量，显著地反映了人类社区定居规模的增加。尽管有证据表明由于城市热岛效应导致植物物候在城市区域比郊区有提前的现象，但没有数据证实城市热岛对物种多样性存在影响，表明物种组成更大程度上受到当地其他生境条件的影响。因此，我们应该更加关注城市人口密度作为城市地区植物物种多样性的重要影响因素，以及生态斑块和网络对于维持城市植物物种丰富度的重要作用。此外，人类多种活动形成了许多不同的生境，如花园、公园和废弃地区等，这种生境异质性导致了外来物种和本地物种的高度植物物种丰富度（Čeplová et al.，2017）。动物物种丰富度依赖于异质性生境以及植物物种丰富度，针对南半球阿根廷沿海小城市的研究发现，鸟类物种丰富度与植物物种丰富度有关，而食虫鸟类丰富度与灌木盖度和叶高多样性有关（Gorosito et al.，2019）。

3.2 城市景观格局对生物多样性的影响

天然斑块的破碎是人类活动对植被多样性结构和布局最为显著的影响。生态学家已经将其相反的性质——连通性——描述为城市景观格局的关键特性，它可以促进或限制各自然地块之间的物质流动和生物迁移。城市发展通过改变景观格局直接影响连通性，而通过改变生物物理结构间接影响连通性。将自然或乡村景观转换为城市化景观会降低城市化区域中本地植物物种的多样性。植被的清除以及随之而来的自然和人为干扰，对植物群落的结构和组成具有重要影响。鸟类是城市化对生态系统影响的指示性指标，因为它们对景观结构、组成和功能的变化反应迅速。城市化通过生态系统过程、栖息地和食物供应的变化直接影响鸟类，通过捕食、种间竞争和疾病的变化间接影响鸟类（Marzluff et al.，1998）。植被覆盖率实际上是鸟类数量的一个很好的预测因子。城市化通过增加引进物种的数量和大幅度减少本地物种的数量，改变了城市鸟类群落的组成（Marzluff，2001）。由于自然栖息地减少和无法忍受人类干扰，本地物种数量减少（Alberti，2005）。

景观结构（组成和构型）和局部尺度的栖息地结构变量，对爬行动物和哺乳动物会产生重要影响，尽管特定变量的相对重要性在爬行动物和哺乳动物的组合之间有所不同。森林生境的数量及其在景观空间构型，对爬行动物有重要影响，森林生境平均斑块大小的相对重要性高于森林生境总量。相对而言，哺乳动物物种的丰富度受栖息地数量的影响更大。环境变量的相对重要性可能有所不同，但针对确定性的物种保护目标，可以提出优先保护行动策略。除了考虑本地栖息地外，还必须考虑景观组成和构型的重要性；必须考虑整个景观的结构和基质（Matrix），同时考虑保护或恢复结构复杂的森林生境（Garden et al.，2010）。

栖息地的破碎和丧失是导致当前生物多样性下降的两个最重要因素。但是，生物多样性与景观格局之间的关系似乎比一般预期的要复杂。地中海沿岸植物物种多样性与景观格局之间的关系较弱，植物多样性对栖息地丧失和破碎化的反应较弱，说明这些植物群落能适应沿海环境不断变化的性质，从而适应景观格局的变化（Malavasi et al.，2018）。

与城市化有关的景观变化对水生生态系统构成了重大挑战。不透水表面、森林斑块的数量和形态与河流生态条件之间存在显著的统计关系。不透水表面百分比对城市化小流域底栖生物完整性指数变化的解释度较大，其增加和聚集都对河流无脊椎动物产生了直接的负面影响。流域内完整和成熟的森林，对河流生态条件有积极影响（Alberti et al.，2007）。生物多样性与土地利用之间的关系往往是双向的，很难确定简单的因果关系。需要更密切地结合实地监测，以加强决策者可利用的证据基础（Haines-Young，2009）。

3.3　城市公园绿地对生物多样性的影响

城市公园绿地还可以将城市与更广阔的环境连接起来，形成对物种迁移至关重要的连接走廊和地带。所有绿色区域都可用于增强邻里的生物多样性。大型公园原则上是比小型公园更好的解决方案，因为它们提供了更多的栖息地。然而，在城市环境中往往没有足够的空间容纳大型公园。小型“袖珍公园”本身由于干扰大、杂草入侵、野生动物难以接近等原因，通常缺乏生物多样性价值。然而，一些物种可以利用小型斑块，特别是作为昆虫和鸟类的垫脚石。因此，当大型公园不是一个选择时，小型公园和其他植被区也很有价值，许多小型生物多样性区域的相互连接，可以模仿更大、更完整栖息地的许多功能。许多关键因素被用来定义栖息地质量，其中包括大小、多样性、自然性、典型性、稀有性、脆弱性和有记录的历史。这些是管理或创造栖息地时需要考虑的关键因素（Brennan and O' Connor，2008）。

随着自然栖息地的有效面积从城市中心到边缘的梯度显著增加，与城市外围区域相比，市中心和居民区的鸟类物种丰富度较低。啄木鸟、穴居鸟和森林鸟类的种类和个体数量，从城市中心向外围呈上升趋势，而城市鸟类则呈相反趋势。绿地数量和质量以及自然植被由城市中心向周边逐渐增加。树种丰富度与平均最近功能单元距离、每年的维护时间和浇水频率呈正相关关系（Zhu et al.，2019）。不透水表面是鸟类物种丰富度的主要影响因子（Souza et al.，2019）。

城市公园绿地设计与自然环境区管理，是将来城市保护鸟类生物多样性的关键。绿地面积是鸟类生物多样性最重要的正向影响因子，大多数研究显示城市鸟类多样性的绿地面积阈值为 10—35hm^2，但还要考虑栖息地复杂性与质量。例如，个别小型绿地可以支持数量惊人的鸟类多样性，可能表明栖息地质量较高。绿地系统中的水面率与水鸟的丰富度呈正相关，与陆鸟的丰富度呈负相关。绿地系统中的森林覆盖率对陆鸟和水鸟的丰富度均呈正相关。城市绿地的连通性及其在城市中的位置也很重要，可以通过保护不同栖息地的大型绿地减轻鸟类生物多样性的损失（Callaghan et al.，2018）。

城市绿地集中度、形状、间距、连通性、植被结构都与鸟类物种多样性相关（干靓等，2018）。因此在无法提供大面积绿地的城市高密度建成区，应尽可能构建较大绿地斑块、小尺度踏脚石、斑块之间的连通廊道体系。最大集中绿地边缘面积比越小，即形状越简单，越不易受到外界的人工干扰，对于鸟类物种多样性越有利，其中乔木层、地被层和本地植被尤为重要（Threlfall et al.，2017）。对葡萄牙的波尔图市的公园、花园和绿色广场进行栖息地和物种多样性评估，评估后发现动植物物种丰富度与面积呈显著正相关，中等树木覆盖的空间，出现更高的物种丰富度（图 4-5）（Farinha-Marques et al.，2014）。

3.4 城市河岸带管理与生物多样性的关系

城市水网不仅与水生生态系统相关，还与其提供的生态系统服务密切相关。河岸带对维护生物多样性具有重要作用，既具有良好的景观环境特征又具有较高的开

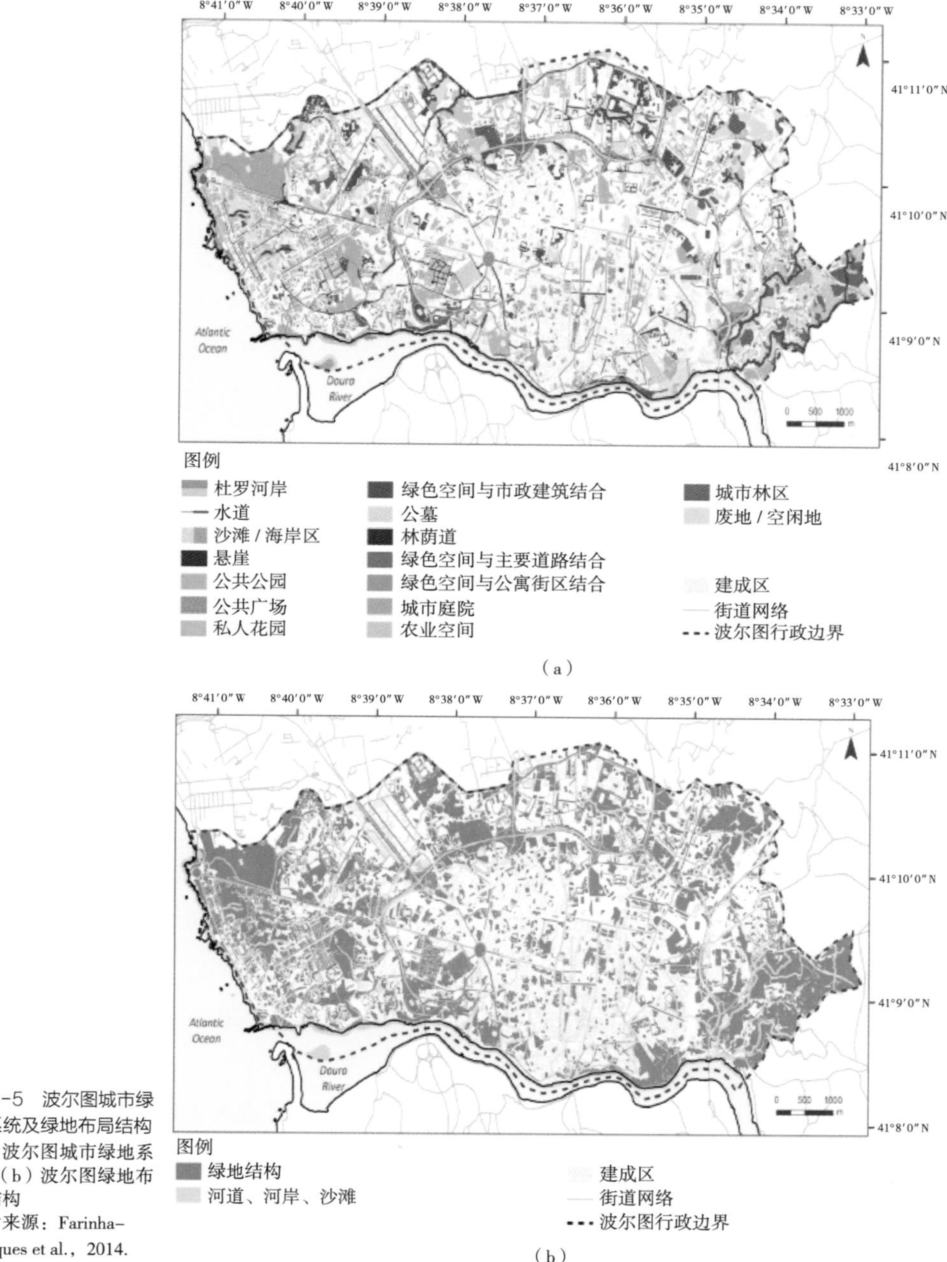

图 4-5　波尔图城市绿地系统及绿地布局结构
（a）波尔图城市绿地系统；（b）波尔图绿地布局结构
图片来源：Farinha-Marques et al.，2014.

发价值。国内外关于河岸带保护的相关政策，侧重于实现环境功能目标的最小宽度。河岸带宽度是整个河岸走廊植物组合组成的最佳预测指标，而河岸植被受土壤 pH 值的影响更大，碱性土壤外来植物占优势。

河岸带宜尽量边缘面积比，最大程度地减少负面的边缘效应。景观尺度的河岸带管理方法包括：强调保持良好联系并靠近大型保护区保留的灌木林，或优先考虑保护具有地方代表性的植被群落。此外，可以最大程度地减少城市对剩余灌木丛的影响，并尽可能在生态意义上“拓宽”河岸走廊。应用水敏性城市设计原则，绿地的整合以及种植本土植被的河岸带管理方法，可以增强整个河岸走廊的生物多样性（Ives et al.，2011）。采用石笼、低位塘、多塘、滞留渠构造技术，形成构建乔木、灌木、湿生植物、挺水植物、浮水植物、沉水植物等多带植被群落，可以较好地同时解决城市河流有限空间内生物多样性保护与地表径流污染物削减两类问题。

3.5 生物多样性保护的社区实践

住区花园是城市绿色空间的重要组成部分，可以提供可观的生物多样性收益。花园和相邻的栖息地形成了相互联系的网络，对于理解住区花园的植被结构与其组成的生物多样性之间的关系是必不可少的。花园植被的复杂性是脊椎动物和无脊椎动物丰富度和多样性的重要预测指标。花园及其管理创造了大量栖息地，通过使用相互连接的且结构多样的花园网络来支持鸟类种群。溪流附近的住区花园种植原生植被，以延长河岸走廊的宽度来增强栖息地的连通性，花园栖息地与城市绿地之间提供功能性连接至关重要，住区私人花园与城市绿地之间的协同关系，可以支持生物多样性。确实，邻近花园可以增加城市公园的物种丰富度，鼓励建立从邻里花园到城市公园“野生动物友好型”的管理机制。住区花园属于一类典型的社会化的生态系统（图 4-6），社区的社会文化特征直接影响花园管理，从而影响生物多样性。社会经济因素推动了植被的复杂性，加剧了物种的丰富度和丰度，文化和社会因素会影响城市生物多样性的模式（Goddard et al.，2010）。理解社区生态资源，反思社区文化实践，将文化链和生态链整合到一起，使得生态和文化之间的联系更加紧密，可以促进社区形成生物多样性保护的内在动力。

城市生态系统是地球上数量不断增加的少数生态系统之一。城市绿色空间（包括绿色屋顶）也可以维护重要的生物多样性，而新颖的物种组合可以增强某些生态系统服务。绿化屋顶还可以减轻城市地区物种的流失，并且已经证明可以支持无脊椎动物多样性，包括稀有和濒危物种。波特兰市等地提出了“生物多样性”屋顶的设计倡议，生物多样性屋顶与屋顶坡度、屋顶年龄、植物覆盖率、平均植物高度和植物物种丰富度呈正相关（Gonsalves，2016）。

城市发展造成的生境丧失是对生物多样性的最大威胁之一。亚利桑那州菲尼克斯市的研究探索了房主协会（HOA）促进保护的潜力，HOA 的社区具有更大的鸟类多样性。提出可持续景观管理实践的方法，以帮助支持当前和未来住区的生物多样性维护（图 4-7）（Lerman et al.，2012）。

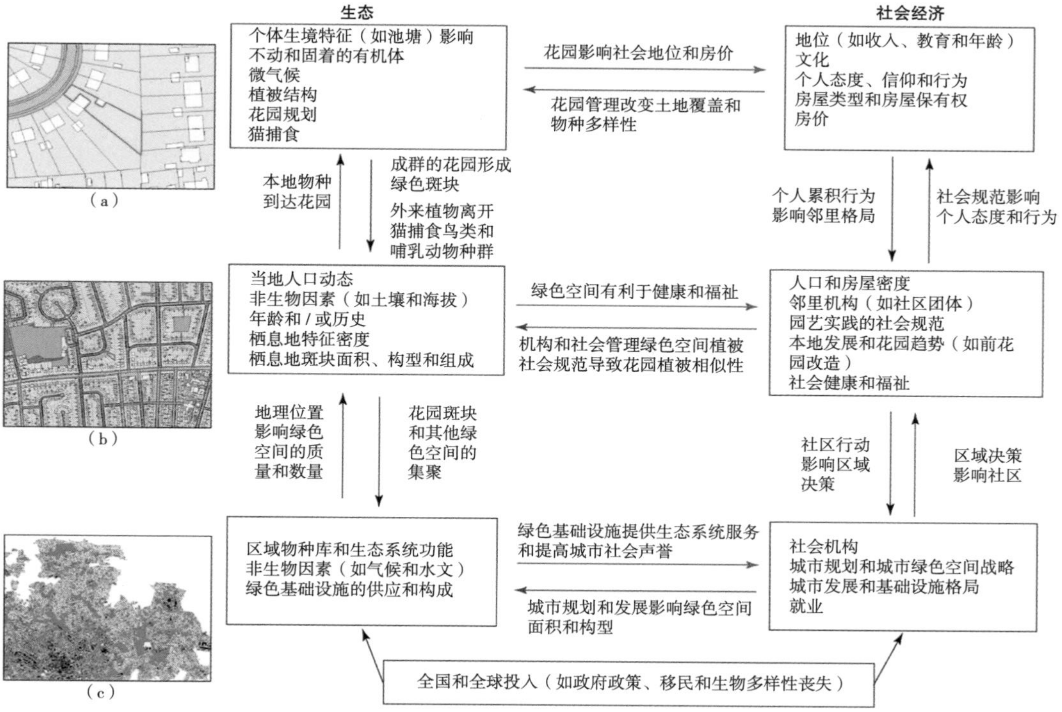

生态
个体生境特征（如池塘）影响
不动和固着的有机体
微气候
植被结构
花园规划
猫捕食
社会经济
地位（如收入、教育和年龄）
文化
个人态度、信仰和行为
房屋类型和房屋保有权
房价
花园影响社会地位和房价
花园管理改变土地覆盖和物种多样性
本地物种到达花园
成群的花园形成绿色斑块
外来植物离开
猫捕食鸟类和哺乳动物种群
个人累积行为影响邻里格局
社会规范影响个人态度和行为
（a）
当地人口动态
非生物因素（如土壤和海拔）
年龄和/或历史
栖息地特征密度
栖息地斑块面积、构型和组成
绿色空间有利于健康和福祉
机构和社会管理绿色空间植被
社会规范导致花园植被相似性
人口和房屋密度
邻里机构（如社区团体）
园艺实践的社会规范
本地发展和花园趋势（如前花园改造）
社会健康和福祉
（b）
地理位置影响绿色空间的质量和数量
花园斑块和其他绿色空间的集聚
社区行动影响区域决策
区域决策影响社区
区域物种库和生态系统功能
非生物因素（如气候和水文）
绿色基础设施的供应和构成
绿色基础设施提供生态系统服务和提高城市社会声誉
城市规划和发展影响绿色空间面积和构型
社会机构
城市规划和城市绿色空间战略
城市发展和基础设施格局
就业
（c）
全国和全球投入（如政府政策、移民和生物多样性丧失）

图 4-6　私人花园的生态多样性维护概念框架

（a）个人花园或家庭；（b）邻里花园的“地块”；（c）城市公园绿地

图片来源：Goddard et al.，2010.

部分
目标
行动
SSI 比 CCR 的优势
为人
为生物多样性
植被和害虫管理
运营和维护
整齐有序
有吸引力
健康
低影响和可持续维护
修剪和除草
去除生物质
害虫和疾病控制
生物质留在场地
省油/人力工具
综合害虫管理
经济：
降低处置成本
降低农药和化肥成本
降低了水成本
改善空气质量
场地有更多生物质 = 增加觅食机会，增加微生境
降低噪声的干扰
去除有毒的环境
物种构成
土壤和植被
种植均匀
衔接性景观设计
提高生物多样性和生态系统服务
植物物种清单
所需植物数量
害虫综合管理
>50% 的植被 = 本地的植被
恢复乡土植物群落
生物量密度与荒地比例
战略性植物布局
更容易保持
由于更多合适的植物降低了水费
降低供暖或制冷费用
与原生生态系统的相互作用
增加本地野生动物的栖息地
恢复生态过程
社区结构，增加生态位
水管理
水
维护开花植物和绿色草坪
保护和恢复自然水文系统
需要现场排水
需要灌溉系统
滴灌
利用雨水和灰水来灌溉
经济：
降低水费
定向灌溉：更少的入侵植物（干旱气候）

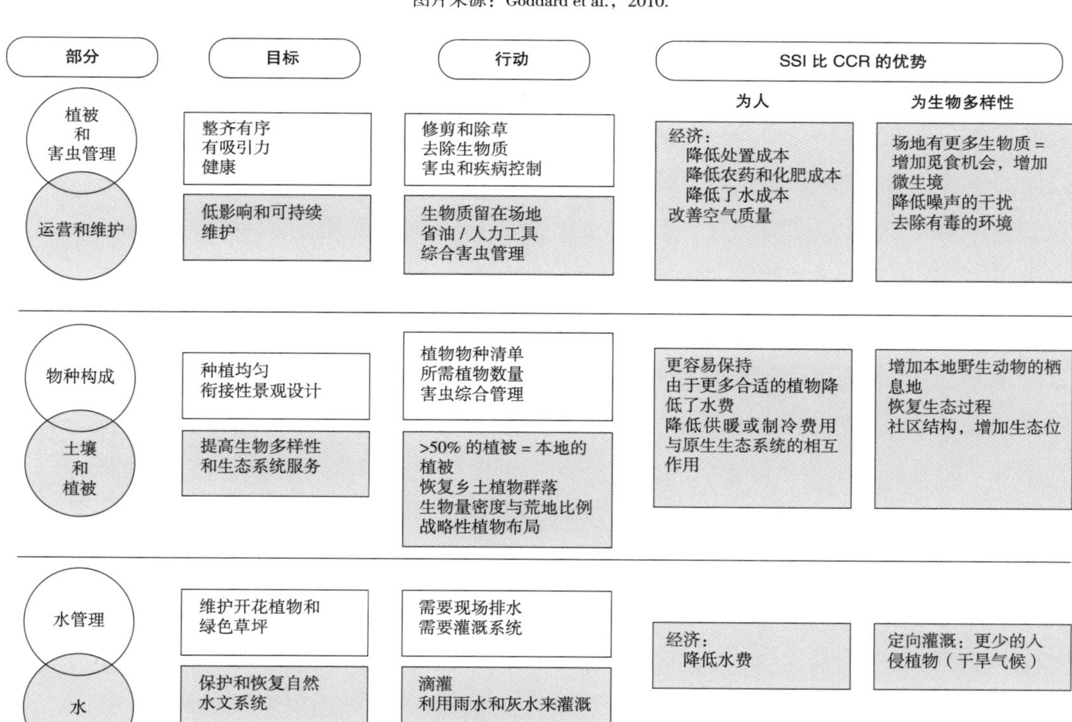

图 4-7　契约、条件和限制（CCR）与可持续土地倡议（SSI）之间共有的共同特征

图片来源：Lerman et al.，2012.

4　保护城市生物多样性的空间规划

4.1　维护生物多样性的绿色空间网络规划

城市绿色空间网络对生态可持续性具有重要意义，有助于实现生物多样性保护和生物资源可持续利用的目标。绿色空间网络是影响城市生态的关键因素，也是解决城市生态问题的优化替代方法。以公园（斑块）和走廊为形式的城市绿地系统是绿色空间网络系统的组成部分，它们是潜在的城市结构性要素。绿色空间网络规划方案与现状对比，绿地斑块和廊道的规模增加，说明城市绿地系统的破碎化程度有所下降，斑块和廊道密度增加，绿地斑块在城市基质中的隔离度降低（Kong et al.，2010）。将栖息地和残存植被连接，形成功能清晰的生态网络，实现景观恢复和生物多样性保护的目标。

在生态城市建设中，生物多样性维护目标和紧凑低耗目标之间存在着矛盾。前者意味着需要更多的城市绿地，以维持生态过程和生物多样性，而后者则意味着充分利用现状基础设施，采用边缘拓展式或存量填充式开发模式，以尽量缩短交通距离从而降低交通能耗，通常会引起城市绿地比例的降低（Sandström et al.，2006），若采用楔形绿带以及沿交通走廊的发展模式，可以较好地应对这类矛盾。

城市土地开发模式直接影响物种组成，例如物种的引入和去除；间接影响自然干扰因素，例如火灾和洪水。城市规划师一直在寻求将自然融入城市并保护城市外围景观的方法。盖迪斯（Patrick Geddes）提出了区域规划的概念，强调了城市与其区域之间的基本联系，将城市描述为气候、土壤、植被、工业和文化具有一定统一性的地理区域，将城市组成描述成地方、民间和工作三部分，相当于环境、社会和经济系统，也是现代可持续性的三大要素（Brennan and O' Connor，2008）。城市可持续发展依赖于其所在的区域生态环境，因此，城市本质上具有“区域市”的内涵。

随着 19 世纪末城市的迅速发展，人们越来越重视将自然引入城市。许多早期的景观设计师，尤其是奥姆斯特德（Fredrick Law Olmsted），不仅致力于改善城市景观，而且致力于改善健康状况，为拥挤的城市居民提供休闲游憩场所。奥姆斯特德（Fredrick Law Olmsted）负责纽约中央公园和波士顿的“翡翠项链”，将公园和公园道路系统视为将乡村自然特色延伸到城市的手段，被视为现代绿道概念的先驱，即将一系列生态源地连接成一个保护地系统，进行多种用途的管理，包括自然保护。

霍华德（Ebenezer Howard）的《明日的花园城市》（1902）描绘了一个自给自足的城市模型，进一步扩展了自然引入城市的理念。霍华德（Ebenezer Howard）提出了规划卫星社区的构想，这些社区由绿地环绕，包括住宅、工业和农业等协同平衡的区域单元。绿带设计是为了确定城市增长界限，保护伦敦周边乡村环境的完整性（Brennan and O' Connor，2008）。

伦敦大都会绿带环绕大伦敦地区，面积约 5000km^2。这一概念最早出现于 20 世纪 30 年代中期，目的是提供公共开放空间和娱乐场所，后来发展成为防止城市无序蔓延和保持城乡过渡区环境特色的一种手段。除了休闲游憩功能外，还整合了保护有价值的自然景观，实现城市边缘区的自然保护目标。目前，英格兰有 14 个环城绿化带，截至 2019 年约占英国土地覆盖率的 12.4%（图 4-8）（Brennan and O' Connor，2008；MCL，2019）。

绿楔政策提供了延伸到城市的绿色空间网络。绿楔和绿化带可以防止各个城市功能组团之间的粘连发展。绿楔渗透到城市地区，可用于保护城乡之间的景观和野生动物联系，提供娱乐设施，促进积极的土地精明管理。绿道和绿色网络通常是指具有内在生态用途的线性连接和带状栖息地，包括树篱、林地、湿地和人工走廊，如道路绿带、铁路线防护绿带和街道景观绿带等（Brennan and O' Connor，2008）。绿化带属于生态缓冲和自然分隔区域，而绿道属于线性连接，可为人类休闲游憩和野生动物迁移提供通道。

哥本哈根（Copenhagen）为都市区绿色空间网络规划提供了一个范例。这座城市近 60 年从一个紧凑的核心区发展到了大哥本哈根地区，《大哥本哈根发展规划》（1947 年出版）被称为“指状规划”（图 4-9），形成城市指状增长模式，以及与指

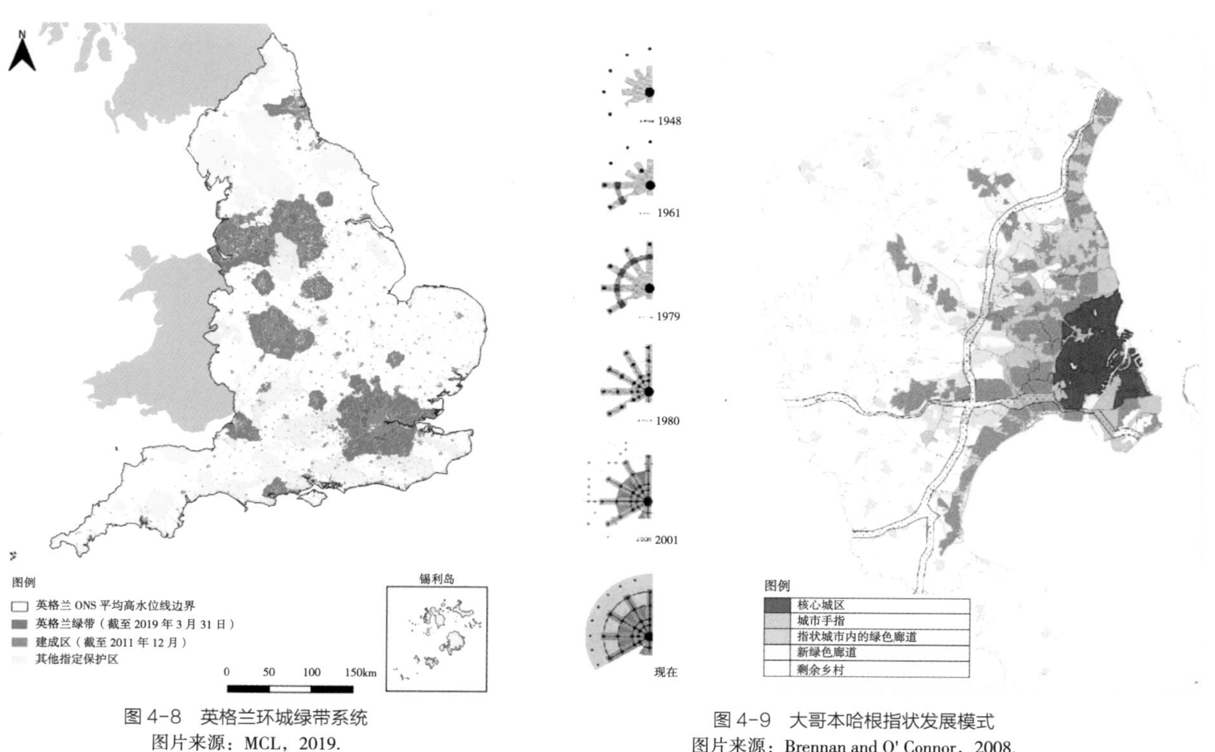

图 4-8 英格兰环城绿带系统
图片来源：MCL，2019.

图 4-9 大哥本哈根指状发展模式
图片来源：Brennan and O' Connor，2008.

状增长相融合的都市区绿色空间网络。廊道发展模式的五根手指旨在遏制新定居点蔓延扩张，缓冲新定居点开发的环境影响，以及隔离新定居点之间粘连发展，沿廊道建设必要的公路和铁路基础设施。五根手指之间将保持开放景观，受到城市发展保护的绿楔，填满了城市走廊之间的空间，支持农业生产与休闲游憩的土地用途。该规划实施以来，该市通过一系列区域规划，实现了沿廊道辐射式的增长模式，中心城区和郊区已通过交通走廊连接起来。这种模式很大程度上提升了交通的可达性和开放空间的可接近性。然而，许多都市区没有这种面向未来的远景发展计划，现在或将来都会面临着修复退化生境的问题（Brennan and O' Connor，2008）。

尽管绿化带、绿楔、绿道和绿色手指都是跟生态空间相关的概念名称，但它们可以通过在高密度城市发展区域提供和保持连通的开放空间，实现直接或间接地支持生物多样性维护的目标。首先，绿色空间应符合重要的自然特征，以便充分保护具有最大生物多样性价值的要素，如河流廊道、林地和其他在景观尺度上明确确定的半自然栖息地。其次，绿色空间应通过保留现有的链接或在景观中创建其他链接，以形成相互连通网络。如树篱、溪流和树线，在斑块尺度上被识别出来，可以形成额外的生态联系（Brennan and O' Connor，2008）。第三，绿色空间应该向外辐射到更广阔的区域，提供更多的生态联系。

除了保护和维护现状有价值的线性连接和带状栖息地外，总体规划还应设法确定潜在的连接走廊。生态效益可能不会在近期内实现，但随着时间的推移，这些连接的生态效益逐渐凸显，并形成一个连续和完整的绿色空间网络，可以作为城市精明保护和发展的空间框架（Brennan and O' Connor，2008）。

野生动物走廊可以减轻城市发展带来的环境压力，野生动物走廊的设计和管理应考虑影响野生动物连通功能和栖息地保护的因素。野生动物走廊可以是线性的，也可以是非线性的，城市各类自然环境均可以作为野生动物走廊的构成要素，包括半自然开放空间、遗产地、水道、交通廊道、公园、非正规用途的草地球场、原生草地和林地。每个地点都有自己的具体要求、项目需求和机会（或限制条件），设计和技术应适应每个场地的具体场景。

为了使野生动物走廊具有最大价值，适用以下设计原则：①使用多种本地原生植物物种来提供适合当地环境的资源，并重建适合各种特有物种的栖息地。②各种适合该地点的开花树木、灌木和草丛，为植被区中的野生动植物提供多种资源，并帮助恢复自然生态系统。③包含该地区原始的，已有的植被中发现的所有地层，确保结构多样性以满足物种的不同需求。④保持走廊尽可能宽，以减少边缘效应的潜在负面影响。在适当的地方限制出入，以防止由于破坏地层和地被植物物种而导致功能下降。⑤确保化肥的使用和用水状况的改变等外部因素不会导致走廊退化，鼓励自然再生和控制土地退化。

不是为自然保护而建立的植被廊道，可通过以下设计和规划原则优化为野生动物廊道：①假设走廊确实具有潜在的生态功能，不仅在提供栖息地方面，而且在加强野生动物的活动方面。②较小的城市开放空间区域，通过为野生动物种群提供选择的走廊，包括迁徙、过渡和相对固定的栖息地。③连通性不一定由栖息地的物理连续性定义的，一些种群在不规则的景观中相互联系。④障碍物如道路、停车场和丛林小径等增加交通或捕食者死亡的风险，降低了走廊生态保护的质量。⑤为了最大限度地利用线性植被廊道，应力求重建和维持尽可能多的自然地层物种和空间组合。所创造的生态系统应该是多样的和自我维持的。⑥持续的维护和监测对于确保长期栖息地适宜性、评估廊道功能有效性以及进一步改进廊道设计至关重要。⑦考虑是否有能力增加各种物种的觅食面积。⑧考虑遗传多样性、风险物种、目标物种、竞争对手和捕食者。廊道尺寸（宽度、长度、保留植被的连续性和斑块大小）与周围环境影响密切相关。例如，狭窄的走廊可能被具有侵略性的边缘物种所控制。

4.2　保护生物多样性的国土空间规划行动

《中共中央国务院关于建立国土空间规划体系并监督实施的若干意见》明确提出了国土空间规划是国家空间发展的指南和可持续发展的空间蓝图，是各类开发保护建设活动的基本依据。2019 年 11 月初，中共中央办公厅、国务院办公厅印发了《关于在国土空间规划中统筹划定落实三条控制线的指导意见》，为统筹划定落实生态保护红线、永久基本农田、城镇开发边界三条控制线提出若干指导意见。上述两个重要的国家政策文件表明，保护生物多样性是生态文明背景下国土空间规划的重要组成内容，维护生物多样性是划定生态保护红线的重要基础。

依据《资源环境承载能力和国土空间开发适宜性评价指南（试行）》（2020 年 1 月 21 日）规定“分析区域资源环境禀赋特点，从生态系统多样性、物种多样性和遗传多样性三个层次评价识别重要生态系统”，依据《省级国土空间规划编制指南（试行）》（2020 年 1 月 17 日）规定“依据重要生态系统识别结果，维持自然地貌特征，改善陆海生态系统、流域水系网络的系统性、整体性和连通性，明确生态屏障、生态廊道和生态系统保护格局；确定生态保护与修复重点区域；构建生物多样性保护网络，为珍稀动植物保留栖息地和迁徙廊道；合理预留基础设施廊道”。上述两个技术指南，明确了省级国土空间规划中加强生物多样性保护的重点内容。

市县级国土空间总体规划关于维护生态多样性方面涉及以下内容：重点落实上位规划确定的生态屏障、生态廊道和生态系统保护格局；优先保护以自然保护地体系为主的生态空间，明确国家公园、自然保护区、自然公园等各类自然保护地布局、规模和保护名录及范围；明确本地标志性物种，构建生物多样性保护网络，为珍稀动植物保留栖息地和迁徙廊道；维持多样性自然地貌特征、种植动物食源性农作物；维护生物安全和生物多样性，构建连续、完整、系统的生态空间格局（靳东晓，2020）。通过维护生物多样性，促进生态系统、物种和遗传多样性的有效保护，确保关键生态系统、珍稀濒危和特有物种得到优先保护。

4.3 保护生物多样性的地方行动

地方政府在确定城市生物多样性管理方式，影响居民接触生物多样性和教育居民认识生物多样性的重要性方面发挥关键作用。通过对城市生态系统各要素的统一协调管理，地方政府可以促进自然资源的保护和可持续利用，同时也可以为城市带来巨大的社会经济效益。提高认识和利益相关者参与是这一做法的先决条件，以确保城市居民了解并致力于生物多样性维护行动。生物多样性保护必须纳入地方政府所有部门的职责范围，从空间规划、绿地营造、绿色建筑和材料采购，到市政公用设施的规划和建设，还需要在区域、国家和全球各级开展合作和建立伙伴关系。因为生物多样性超越了城市边界，必须共同努力确保更大区域的协同保护。图 4-10 直观地表达了将所有这些活动纳入生物多样性管理的连贯和综合战略框架。

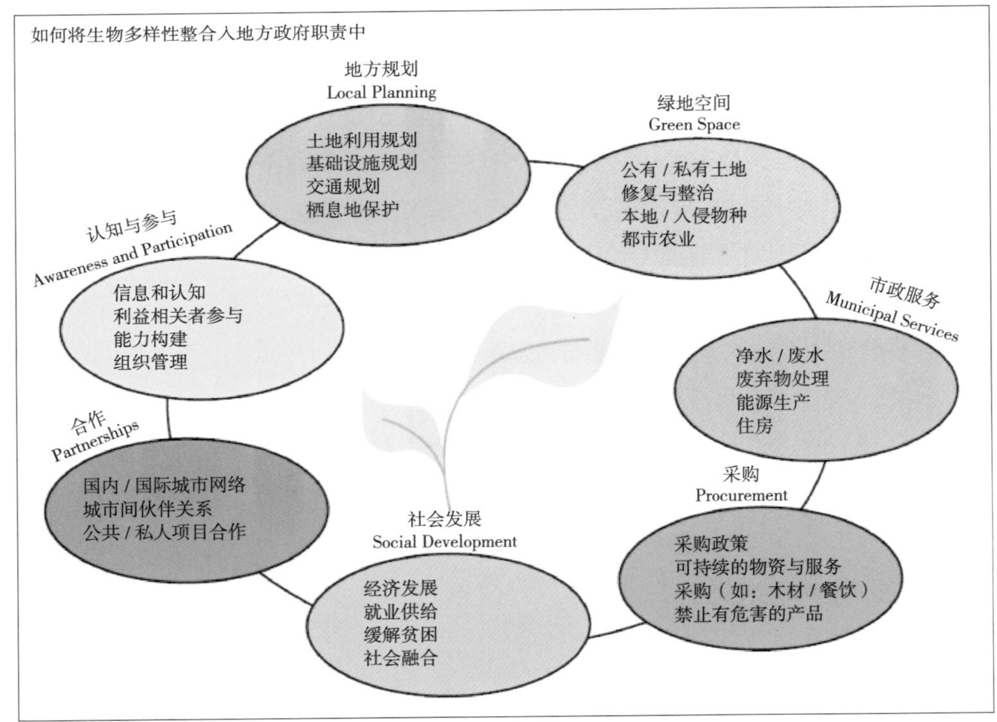

图 4-10 将生物多样性纳入地方政府职责

图片来源：ICLEI-Local Governments for Sustainability 的研究报告 Biodiversity in municipal planning and services. https：//www.iclei.org.

针对地方层面有学者提出了保护城市生物多样性的七项原则：①确保最重要的地区得到保护。例如，生态系统更加濒危的地区，提供重要生态系统服务的地区，或是那些作为动物迁移的通道。识别和保护城市及其周边地区（当前和潜在）高生物多样性的地区。②维持或重建栖息地之间的连通性。③构建生态安全格局，为各种动植物提供栖息地。④城市从线性的新陈代谢转变为循环的新陈代谢。⑤维持重要的生物过程。生物相互作用是塑造特定地区生物多样性的重要过程，包括竞争、共生、捕食、授粉等生态过程。⑥线性基础设施会增加死亡率而对生物多样性产生明显的不利影响，生态空间结构可以提供而非限制动物和植物的栖息地。⑦将新型生态群落分布区视为重要的栖息地。新型生态群落和新型生态系统的特征是新的本土和外来物种组合，城市生物多样性不仅存在于保护区和国家公园中，还包括私家花园、人工湿地、城市公园、荒地和工业废弃地等生态系统（Parris et al.，2018）。

另外，针对地方层面还提出了保护城市生物多样性的十项战略行动：①保存高度生物多样性的自然特征，如残留的植被，或天然湿地。城市设计指南还应鼓励当地社区关心、重视和参与城市生物多样性维护行动。②保留自然排水线。减少城市雨水径流对接收水生生态系统的影响。③保留和利用雨水来增强生物多样性。④视所有行动为机会。任何规模化开发都可能对生物多样性构成威胁，或者反过来为生物多样性政策在开发地点进行干预提供了机会。⑤确定一个地区生物多样性地图作为所有行动的基础。使用临时或被忽略的闲置空间。⑥社区参与。成功保护现有生物多样性和改善城市生物多样性的战略，有赖于当地社区居民的参与和支持。通过保护行动，激发城市居民的自然情感体验。⑦协调公共和私人行动。大多数住区绿地属于私人所有。因此，为了更好地促进城市生物多样性，公共和私人行为需要进行良好的协调。⑧建立奖惩机制。限制生境破坏并鼓励生境恢复的奖励计划（“胡萝卜”）和管理方法（“棒”），将促进生物多样性行动纳入空间规划全过程。将生物多样性目标纳入现有计划，从而为环境行动提供激励。⑨将对生物多样性敏感的行为纳入现有生物多样性管理框架。⑩推动“绿色生物多样性城市”建设（Parris et al.，2018）。

5　两个实践案例

5.1　“花园中的生态城市”：新加坡生物多样性保护模式

（1）案例背景

19 世纪新加坡大部分地区分布低地龙脑香林、淡水沼泽、红树林等本土植被。随着城市化和农业现代化的不断推进，到 1930 年超过 90%的天然林已经被清除（林良任等，2019）。城市高密度开发背景下新加坡城市发展战略目标是从“花园城市”演变为“花园中的生态城市”，创造一个“健康的城市生态系统”。2009 年，新加坡制定了《新加坡国家生物多样性战略和行动计划》（National Biodiversity Strategy and Action Plan，NBSAP）是新加坡所有保护工作的总体计划。NBSAP 提出以下原则：关于生物多样性和生态系统的考虑因素已纳入国家规划过程；对国家优先事项以及国际和区域义务采取平衡的看法。后来又提出了《新加坡自然保护蓝图》（The Nature Conservation Masterplan，NCMP），致力于集合、协调、巩固和增强新加坡城市生物多样性保护工作，所有的保护举措包括海洋、沿海、陆地生态系统，覆盖生态系统多样性、物种多样性和基因多样性等各层面（林良任等，2019）。目前，新加坡拥有丰富的原生物种，包括约 2215 种植物（记录在册）、61 种哺乳动物、403 种鸟类、334 种蝴蝶、131 种蜻蜓、800 多种蜘蛛。海洋生物多样性同样丰富，包括 12 种海草、255 种硬珊瑚和 200 多种海绵（林良任等，2019）。新加坡同时拥有红树林、珊瑚礁和海草床三类海洋生态系统。岛内已经拥有超过 350 个公园和 4 个自然保护区，600 多个社区花园。

（2）实践过程

《新加坡国家生物多样性战略和行动计划》（NBSAP）和《新加坡自然保护蓝图》（NCMP）主要从以下几个方面采取战略行动：

核心栖息地保护。加强生物多样性核心区保护，增强缓冲区保护功能，同时完善和管理其他绿化节点，构建生态联系网络，将自然与城市景观融为一体。主要包括：①生物多样性核心区包括武吉知马、中央集水区等 5 个自然保护区，这些地区拥有新加坡大部分的原生物种，是关键的基因存储库和来源（林良任等，2019）。由于新加坡没有天然腹地，核心区附近被划定为自然公园，以缓解这些重要核心区域的边缘效应（图 4-11）。新加坡本岛 10% 的土地都被保留用作公园和自然保护区。②修复以前退化的地区，利用公园进行迁地保护，安置或重建失去的生态系统（NParks，2019b）。③为了应对自然栖息地的碎片化，建设缓冲公园和延长生态廊道，通过 GIS 最小路径法确定与核心区域的潜在生态连接，以扩大本土动植物的生态空间（图 4-12）。④多雨的新加坡为了治理城市淹水的问题，专门在城市里修建了排水渠，每个排水渠的周围都设有 6m 宽的保留地。国家公园局将这些保留空间转换成了 2m 宽的种有树木的小道，成为自行车道和跑步道。逐步串联起了一个个居民区、公园与社区花园，总长超过 300km 的“环岛线路 RIR（Round Island Route）”最终连接了覆盖全岛的绿化网络（图 4-13）（NParks，2019a）。

栖息地强化和物种恢复。从核心区、缓冲区、其他生态节点和生态连接廊道几方面入手，保护、创建、恢复、强化栖息地，以实现自然区域的功能完整性。例如在与乌节路相交的小路布满吸引蝴蝶的植物，在新加坡植物园修复淡水湿地栖息地

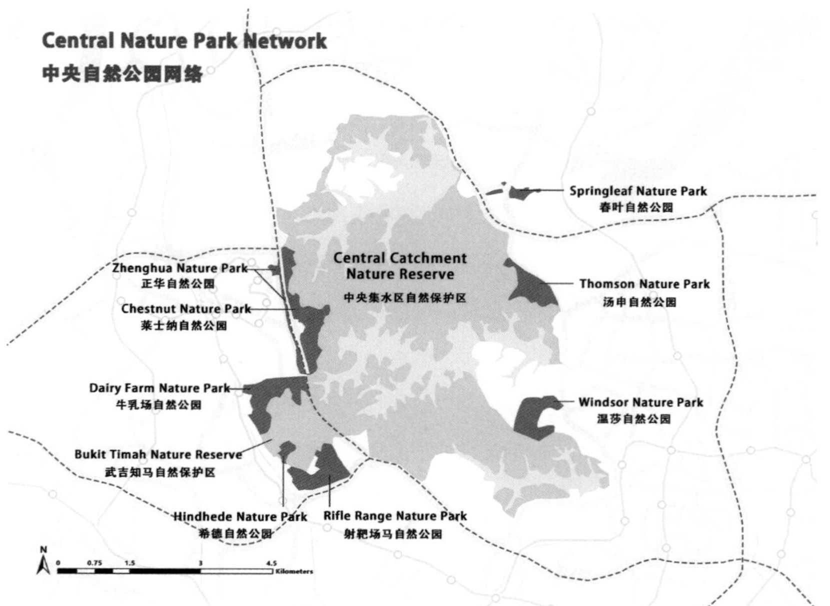

图 4-11　中央集水区自然保护区周围的自然公园
图片来源：林良任等，2019.

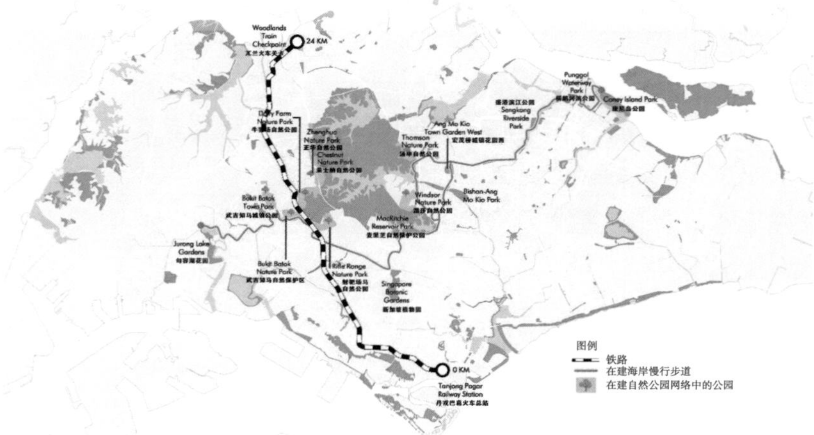

图 4-12　新加坡自然公园网络
图片来源：NParks，2019a.

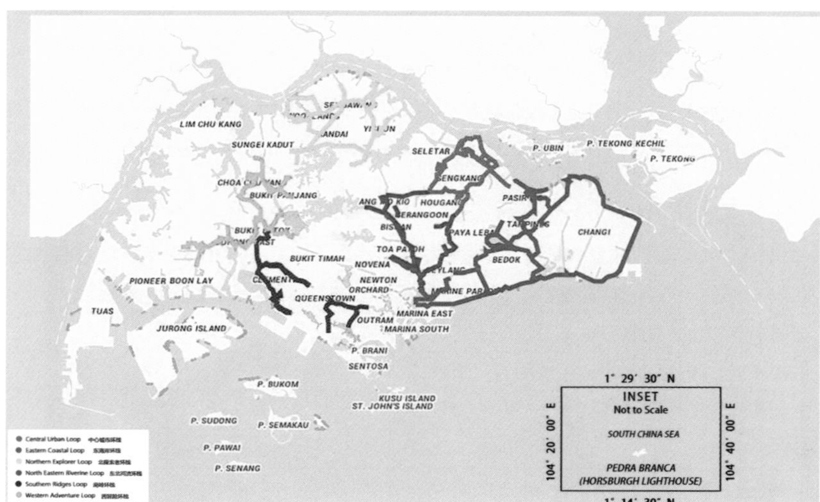

图 4-13　自行车道和跑步道构成的“环岛线路 RIR”
图片来源：NParks，2019a.

等。有计划地种植固氮的原生植物，以自然方式改善土壤条件并吸引传粉者和传播动物，引入主要的雨林物种等。开展物种复育计划，保护当地面临灭绝的动植物，包括老虎兰、东方斑犀鸟、滑毛江獭、新加坡淡水蟹等（林良任等，2019）。

城市生物多样性监测与评估。新加坡国家公园局和生物多样性国家联合公约（CBD）联合开发了城市生物多样性指数，建立一种城市生物多样性保护的评估工具。城市可以依据其在各项指标的基准，监测与评估它在生物多样性保护努力方面的进展。23 个核心指标衡量了该城市本身的生物多样性、生物多样性提供的生态系统服务及城市对生物多样性的管理（表 4-1）。

新加坡城市多样性指数 23 个核心指标　　表 4-1

核心组成部分	指标	最高分数
该城市的本土生物多样性	1. 该城市的自然区域的比例	4 分
	2. 抑制碎片化的连接措施或者生态网络	4 分
	3. 建筑物密集区的本土生物样性（鸟类物种）	4 分
	4. 维管束植物物种数量的变化	4 分
	5. 鸟类物种数量的变化	4 分
	6. 蝴蝶物种数量的变化	4 分
	7. 物种数量的变化（该城市所选其他任何生物类群之一）	4 分
	8. 物种数量的变化（该城市所选其他任何生物类群之二）	4 分
	9. 受保护自然区域的比例	4 分
	10. 入侵外来物种的比例	4 分
生物多样性提供的生态系统服务	11. 水量管理	4 分
	12. 气候调节：植被的储碳和降温效果	4 分
	13. 休闲和教育：具自然区域的公园面积	4 分
	14. 休闲和教育：16 岁以下儿童每年去自然区域公园接受正式教育的次数	4 分
生物多样性的管理	15. 用于生物多样性的预算	4 分
	16. 城市每年实施生物多样性项目的数量	4 分
	17. 本地生物多样性策略和行动计划的存在情况	4 分
	18. 机构能力：与生物多样性有关职能机构的数目	4 分
	19. 机构能力：城市或当地政府中参与机构间生物多样性事务合作的机构数目	4 分
	20. 参与和合作伙伴关系：正式或非正式公众咨询过程的存在情况	4 分
	21. 参与和合作伙伴关系：该城市在生物多样性活动、项目和计划方面合作的机构、私人公司、非政府组织、学术机构、国际组织的数目	4 分
	22. 教育和意识：学校教学大纲里是否包括生物多样性或自然意识的内容	4 分
	23. 教育和意识：该城市每年举办推广或公众意识活动的数目	4 分
该城市的本土生物多样性（指标 1—10 的总分数）		40 分
生物多样性所提供的生态系统服务（指标 11—14 的总分数）		16 分
生物多样性的管理（指标 15—23 的总分数）		36 分
最高总分数：		92 分

资料来源：NParks，2015.

社区参与和公众教育。通过自然社区（CIN，Community in Nature）计划增进整个社区的生态包容性。将生物多样性纳入教育系统的各个层面；制定开展公民科学计划，使公众、学校、科学家和业余自然学者参与年度“生物多样性速查”，观察鸟类、蝴蝶、苍鹭和蜻蜓活动，以增进生物多样性的实践经验。同时，通过公开研讨会、路演和活动提高新加坡人对大自然的认识；通过生物多样性的数据库和分布地图、手机应用程序等，让公众参与，将自己发现的野生动物、植物拍照，并标注发现物种的地点和时间上传。软件将根据用户上传的信息收集生物地理数据，用于生物多样性保护的研究和科普；通过生物多样性利益团体促进志愿服务；组织一年一度的生物多元节，将有关新加坡自然遗产和生物多样性的知识传播到社区（林良任等，2019；NParks，2019b）。

将科学研究与保护实践相结合。鼓励和促进研究，特别是关于生态系统和特定物种的生物多样性保护，生物成分与其物理环境之间的相互作用，生物多样性评估研究以及气候变化对生物多样性影响的研究。在管理过程中监测生态系统和物种的健康；建立和维护有关生物多样性的中央信息门户网站，以促进更明智的决策；维护一份物种及其保护状态的清单（Red Data List）；汇编案例研究并评估已实施的最佳实践（NParks，2019b）。不断应用最新技术，在多个层面上开展生物多样性的保护和研究工作，包括地理信息系统、多主体建模、数值建模、基因组学、3D建模和激光雷达等。

参与国际和区域生物多样性保护网络。保护生物多样性需要在国家、区域和国际各级采取协调一致的行动。新加坡参加了与生物多样性有关的重要区域和国际论坛，并与区域和国际组织建立了战略伙伴关系，以促进跨越国界的生物多样性保护合作，并分享其在城市生物多样性保护方面的经验和专业知识。国际层面，《生物多样性公约》（Convention on Biological Diversity，CBD）是一项关于保护生物多样性、可持续利用其组成部分以及公平公正地分享利用遗传资源的国际框架协定。1995 年，新加坡成为缔约国，国家公园管理局 NParks 是 CBD 在新加坡的国家联络点。区域层面，东盟自然保护和生物多样性工作组（ASEAN Working Group on Nature Conservation and Biodiversity，AWGNCB）是东盟环境合作更广泛体制框架的一部分。NParks 国家生物多样性中心是 AWGNCB 的国家联络点，并且是东盟生物多样性中心的理事会成员。国家层面，作为《生物多样性公约》的缔约国，2009 年，新加坡制定了第一个国家生物多样性战略和行动计划，《新加坡国家生物多样性战略和行动计划》（NBSAP）并规定了新加坡为保护生物多样性而建议采取的战略和行动（NParks，2014）。

（3）实践启示

建立政策框架和具体措施，将生物多样性保护考虑因素纳入现有行政程序，以确保在可持续利用、管理和保护生物多样性方面进行更好的规划和协调。新加坡制定了《国家生物多样性战略和行动计划》（NBSAP）和《自然保护蓝图》（NCMP），为指导新加坡的生物多样性保护工作提供了框架。单靠一个机构的努力是无法实现生物多样性保护的。新加坡重视公众教育和社区参与，真正地将自然和动植物引入城市、引入生活。加强与所有利益相关者的伙伴关系，积极促进国际合作，加强当前的研究成果和惠益分享流程。

增强评估和监测环节，开发了城市生物多样性指数，作为一种评估城市生物多样性保护工作的工具，可让城市根据自己的基准评估和监测其生物多样性保护工作的进度。通过一系列完善的政策、实施框架和社会参与行动，将生物多样性保护融入城市发展历程，新加坡因此发展为一个可持续、宜居的生态城市，成为人类和城市生物圈和谐共生的典范（林良任等，2019）。

5.2 墨尔本 2050 规划：生物多样性实施战略

（1）案例背景

澳大利亚墨尔本市是一个国际化城市，占地面积约 9000km^2，拥有 450 万人口。自“第二次世界大战”后，墨尔本逐渐扩张并郊区化。墨尔本拥有不同的植被、河道、海滩和海湾等丰富的自然资源（郑泽爽，2015）。目前墨尔本面临着人口增长、城市蔓延、在不断变化的经济中保持竞争力、缓解和适应气候变化等重大挑战。为应对这些挑战，《墨尔本规划 2017—2050》（Plan Melbourne 2017—2050）提出了 9 条原则，将生物多样性保护贯彻其中。上述原则中，针对环境韧性和可持续性，提出保护墨尔本的生物多样性和自然资产对于保持墨尔本的生产和健康至关重要；墨尔本迫切需要适应气候变化，向低碳城市转型。此外，还强调墨尔本的绿楔和城市周边地区必须得到妥善管理，以保护有价值的特色和属性。必须在社区、经济和环境之间保持平衡（State Government of Victoria，2016）。

（2）实践过程

各种各样的野生动物与墨尔本市民共同分享城市环境。然而，随着墨尔本的发展，栖息地的丧失和水道的退化可能对当地动植物种群构成重大威胁。随着栖息地变得越来越小，并且由于城市发展而变得更加分散，野生生物面临着各种威胁。迫切需要维护和改善包括水道在内的自然栖息地的总体范围和状况。自然栖息地需要更好地保护本地动植物，提高社区对野生动植物的了解和对野生动植物的接受程度，增加在城市地区获得自然和娱乐的机会，并使墨尔本成为吸引人们居住和参观的地方。《墨尔本规划 2017—2050》关于保护生物多样性的规划策略主要包括以下几个方面：

1）建立绿色空间网络，以支持生物多样性保护和与自然联系的机会。墨尔本的绿色空间网络为生物多样性保护提供了重要的栖息地，也为人们提供了在城市环境中与自然频繁接触的机会。它包括一系列公共和私人绿地，从公园和保护区到后院和花园，以及提供重要绿色联系的水路和运输走廊。需要保护现有的绿色空间，并需要创建新的绿色空间、自然生物栖息地以改善景观的连通性和弹性，构成生态网络（图 4-14）。政府和社区团体需要合作，绘制墨尔本的绿色空间网络图，调查在哪里可以改善网络，并支持城市都市森林战略的发展。明确阐明绿色网络各部分的空间范围和管理目标，指导土地使用决策和投资，并指导政府部门和机构，社区团体和土地所有者的保护工作（State Government of Victoria，2016）。

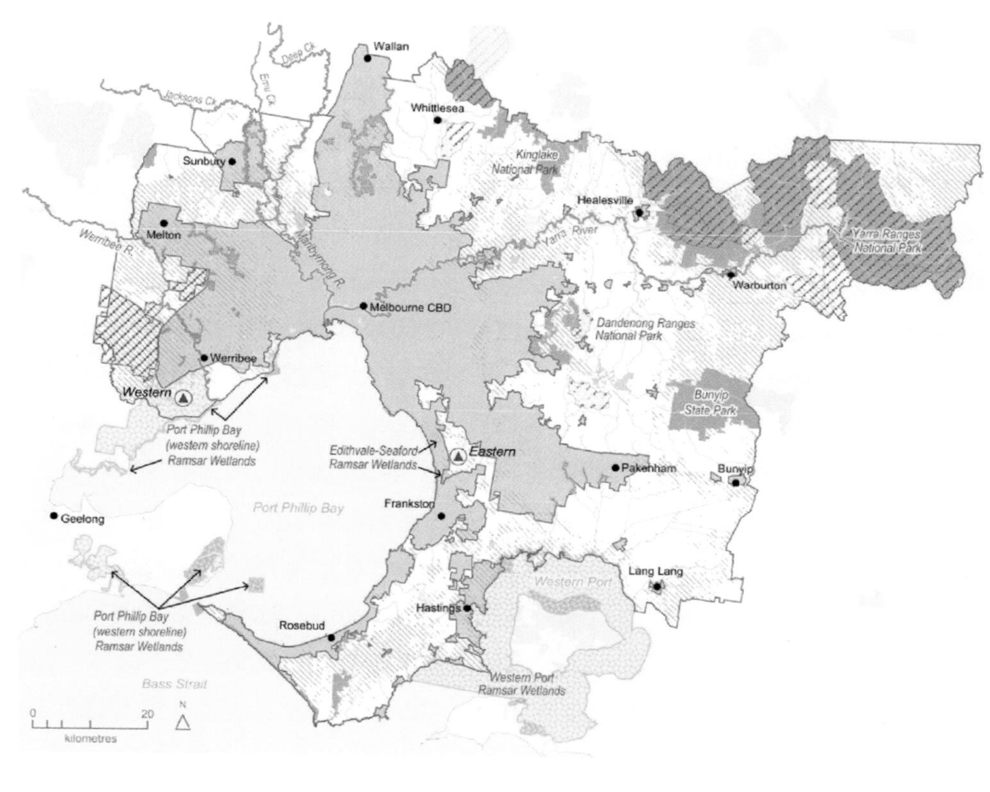

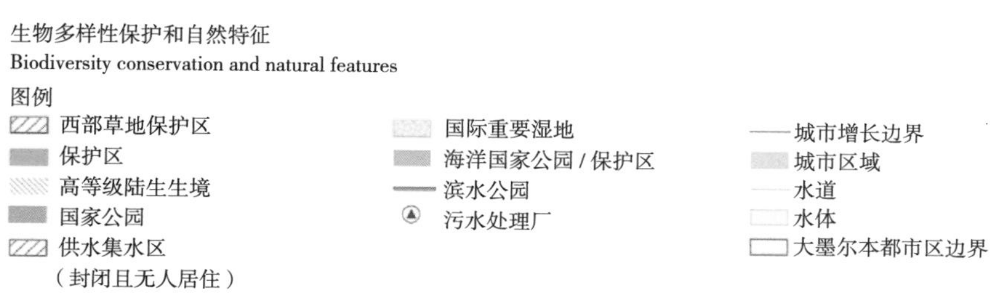

图 4-14　墨尔本生物多样性保护和自然特征图
图片来源：State Government of Victoria，2016.

2）保护和改善城市水道的健康。墨尔本有 8400km 的河道水系，由于气候变化的影响，再加上墨尔本人口增长带来的城市发展，影响了城市雨水径流的数量、速度和质量，并对墨尔本水道的健康构成了许多挑战。道路、屋顶和人行道的雨水径流吸收污染物（例如养分、重金属和垃圾），直接排入城市水道和海湾，影响水质和生态系统健康，增加洪水风险。据估计，每年雨水将 37000t 的沉积物和 1400t 的养分（例如肥料中的氮），以及垃圾、重金属和病原体冲入亚拉河。必须通过对水敏感城市设计（WSUD）和雨水收集来保持景观中的雨水，以确保城市水路和海湾的健康。它还将减少洪水风险，改善景观和舒适性，并创建一个更绿色的城市。加强规划计划中的目标和绩效标准，以最大程度地减少雨水的影响。加大对公园、河道、路旁草坪和湿地等的保护力度，恢复生物多样性（郑泽爽，2015）。

3）保护菲利普港湾和西部港口的海岸线和水域。墨尔本拥有 600 多 km 的海岸，包括菲利普港湾和西部港口。该海岸线包括具有重大环境价值的地点（例如拉姆萨尔遗址）和具有重大社会价值的地方（例如休闲海滩）。州环境保护政策（维多利亚州的水域）为保护和可持续管理维多利亚州的水环境提供了总体框架，包括设定环境质量目标。在支持各种沿海土地用途和最大程度地降低风险之间需要谨慎地权衡，以确保海滩不退化。规划将通过将开发重点放在已经开发的区域或具有较高承载力的区域上来发挥重要作用，这些区域可以容忍更多的密集使用，并确保开发有效地管理雨水（State Government of Victoria，2016）。

4）城市绿楔和城郊地区规划实践。管理绿楔和城市周边地区的未来增长，以保护生产性土地遗产，保护生物多样性资产（包括国家公园、拉姆萨尔湿地和沿海地区），支持现有和潜在的农业综合活动（图 4-15）。将绿楔和城市郊区规划为生物多样性、景观、开放空间、水、农业、能源、娱乐、旅游、文化遗产和其他自然资源保存区，界定和保护对大都市区和国家具有战略意义的生态区域，在具有增长潜力的老城镇规划容纳更多住房和就业。绿楔和城郊地区的具体规划实施要点为：①提升环境和生物多样性资产价值。保护和加强环境和生物多样性资产，例如沿海地区、湿地、河流和小溪、森林和草原。保护具有国际和国家意义的重要生态空间，包括被列为世界遗产的湿地（西港，伊迪费瓦—西福德湿地，菲利普港湾（西部海岸线）和贝拉林半岛），西部草原保护区，联合国教科文组织莫宁顿半岛和西港生物圈保护区，以及一系列国家和州立公园。维持和加强本土动植物栖息地和物种的多样性，增加本地植被的数量和质量。②建设景观和开放空间网络。保护重要景观，保护市区之间的非城市用地，维护其文化意义、旅游吸引力和乡村风景的特色。公认的高价值景观特征包括开放式耕作景观、具有地质意义的地点、山脉、丘陵和山脊以及开放的沿海空间。贝拉林半岛、马其顿山脉、

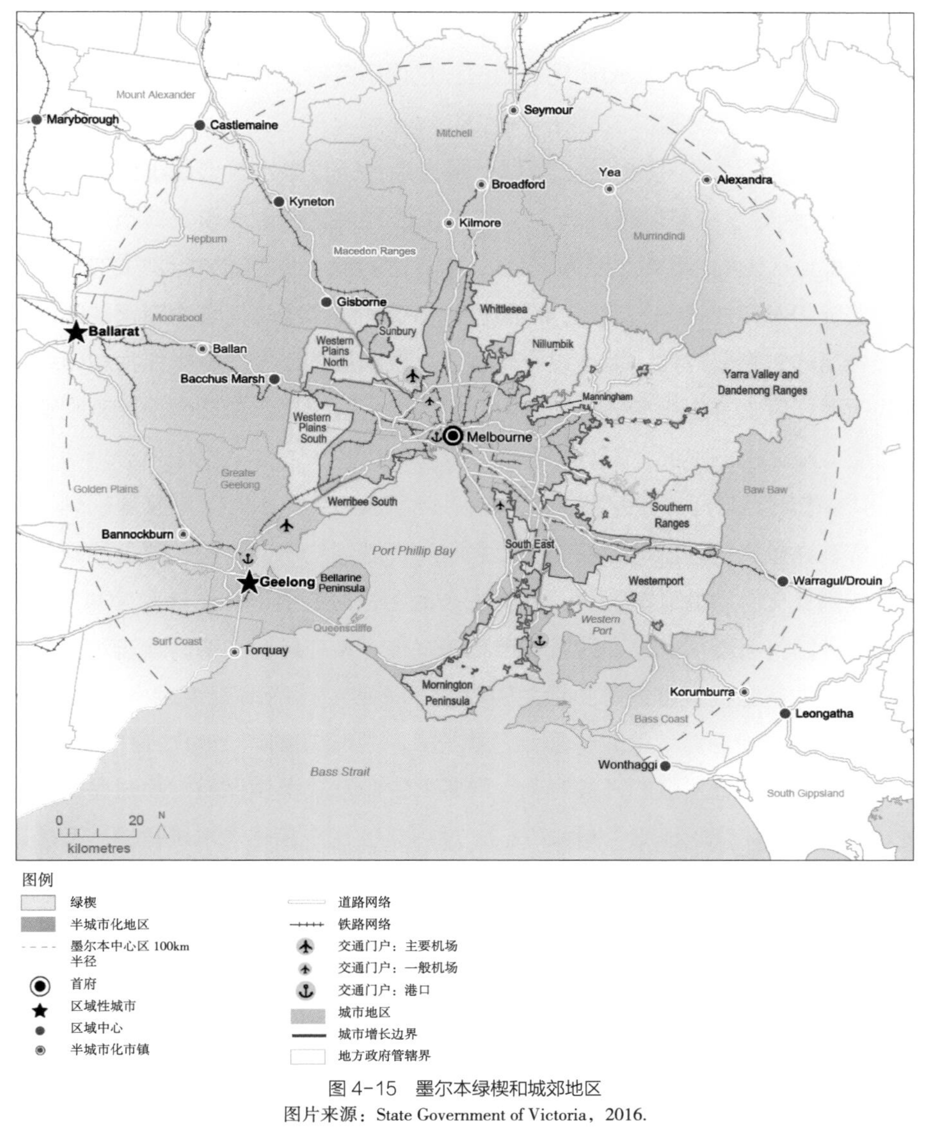

图 4-15　墨尔本绿楔和城郊地区

图片来源：State Government of Victoria，2016.

西部港口、菲利普岛、莫宁顿半岛、亚拉河谷和丹德农山脉等标志性景观每年都吸引大量的本地和海外游客。管理农村生活，以防止对农业、生物多样性和景观价值产生负面影响。

5）生物多样性记录和科普平台。墨尔本市与许多当地公司、大学和志愿者团体合作，记录市内迷人的昆虫多样性，这在许多方面为健康的生态系统奠定了基础。并在“Urban Biodiversity-City of Melbourne”网站上公布物种多样性的现状、分布地图、研究报告、发展战略以及其他公众教育知识。通过和社会团体、市民的该项互动，能够向公众宣传：虽然城市生态系统和生物多样性通过净化空气和水，提供荫凉和娱乐场所，在维护墨尔本居民健康和福祉方面一直发挥着至关重要的作用，但直到近年来，城市才被公认为重要的生物多样性热点。需要认识到昆虫支撑着健康的生态系统和繁荣的生物多样性。一个城市对其昆虫多样性及其与寄主植物的生态相互作用，建立全面和现代的知识。这项研究对世界各地城市的城市绿地管理具有重要意义，且对墨尔本是独一无二的。

6）生物多样性保护其他相关实践。通过结合工程雨水管理系统（例如生物滞留池），澳大利亚水敏感城市设计（WSUD）的发展正在迅速改变城市景观。经实证研究发现，从生物滞留池到花坛花园、草坪型绿地，陆地无脊椎动物的物种数量、物种丰富度和多样性呈现出下降的趋势。从传统的城市绿地向生物滞留池的过渡有望增强城市的生物多样性。城市设计尺度上，景观规划应考虑减少作为城市绿地的草坪。街景尺度上，生物滞留池和花园绿地的结合可以提供生态健康、美观宜人的城市街道（Kazemi et al.，2009）。

7）城市河流与河岸带修复。① Moonee Ponds Creek 河岸修复规划。墨尔本西北部有许多蜿蜒的湿地，每当暴雨来临，池塘中的水便会涌入湍急的河道。随着城市的密集化，池塘逐渐消失，并失去与周围社区的互动。预计到 2040 年，墨尔本市的人口将会增加一倍。随着城市高速发展，生态环境的基础建设对于缓解城市压力以及为社区提供舒适的生活尤为重要。Moonee Ponds Creek 现状河岸硬化，该规划将整治河流，使其恢复自然状态，从而增加河岸上的社会和生态互动。旨在将其打造为蓬勃发展的开放走廊，为多种生命形式提供保障，同时提高城市的恢复力、适应力和宜居程度（图 4-16）。规划突出 6 个策略：水域管理、适应极端天气、有自我修复力的河流；开放空间，可以满足城市不断增长需求的多元化网络；生物多样性、健康的水道和充满生机的生态系统；互动、高度可达与人群连接的生态走廊；历史与文化，体现溪流不同历史时段的文化价值和对未来的共同愿景；协作治理，倡导转型改革（McGregor，2019）。②亚拉河生物多样性链接。该段亚拉河因其与当地众多景点之间的联系，以及周边各种公共休闲设施、自行车道、毗邻的体育活动等景点，成为当地人和游客心中一个独特而特殊的地方。规划将其建立为墨尔本的上游目的地，补充新兴的滨水码头和下游登陆平台。将种植设计和邻近的水栖环境与现有和新的基础设施相结合，如木板走道、平台、座位、标牌和观景平台。由此产生的结果是一个大大增强的绿色开放空间，促进真正的生物多样性（图 4-17）（McGregor，2017）。

（3）实践启示

墨尔本 2050 规划拥有较为完善的政策、法律、规划作为保护城市生物多样性的指导框架。保护生物多样性的规划体系，从宏观的建立绿色空间网络、规划绿楔和城郊地区，到中观的城市河道水系与海岸线修复，再到微观的场地详细规划和景观设计；水敏感城市设计（WSUD）也注重与生物多样性保护技术结合。政府和社区团体紧密合作，如共同绘制绿色空间网络图，调查需改善的绿色空间和栖息地，

（a）

（b）

（c）

图 4-16　Moonee Ponds Creek 河岸修复规划

（a）Moonee Ponds Creek 河岸区域规划；（b）河道现状；（c）鸟瞰效果图

图片来源：McGregor Coxall，2019.

记录城市生物多样性。强大的多学科研究，为生物多样性规划提供坚实的科学基础；并通过网站等平台向公众宣传和教育，树立生物多样性保护的理念。

图 4-17　亚拉河生物多样性保护实践
图片来源：McGregor Coxall，2017.

参考文献

[1] ALBERTI M, MARZLUFF J M . Ecological resilience in urban ecosystems: Linking urban patterns to human and ecological functions[J]. Urban ecosystems, 2004, 7 (3): 241-265.

[2] ALBERTI M. The effects of urban patterns on ecosystem function[J]. International Regional Science Review, 2005, 28 (2): 168-192.

[3] ALBERTI M, BOOTH D, HILL K, et al. The impact of urban patterns on aquatic ecosystems: An empirical analysis in Puget lowland sub-basins[J]. Landscape and Urban Planning, 2007, 80 (4): 345-361.

[4] ALBERTI M, MARZLUFF J M, SHULENBERGER E, et al. Integrating humans into ecology: opportunities and challenges for studying urban ecosystems[J]. BioScience, 2003, 53 (12): 1169-1179.

[5] ALBERTI M, WADDELL P. An integrated urban development and ecological simulation model[J]. Integrated Assessment, 2000, 1 (3): 215-227.

[6] ALBERTI M. Advances in urban ecology: integrating humans and ecological processes in urban ecosystems[M]. New York: Springer, 2008.

[7] CALLAGHAN C T, MAJOR R E, LYONS M B, et al. The effects of local and landscape habitat attributes on bird diversity in urban greenspaces[J]. Ecosphere, 2018, 9 (7): e02347.

[8] ČEPLOVÁ N, KALUSOVÁ V, LOSOSOVÁ Z. Effects of settlement size, urban heat island and habitat type on urban plant biodiversity[J]. Landscape and Urban Planning, 2017, 159 : 15-22.

[9] FAETH S H, BANG C, SAARI S. Urban biodiversity: patterns and mechanisms[J]. Annals of the New York Academy of Sciences, 2011, 1223 : 69-81.

[10] FARINHA-MARQUES P, FERNANDES C, LAMEIRAS J M, et al. Urban green structure in the city of Porto : Morphology and biodiversity[C]. ECLAS Conference Porto, 2014.

[11] GARDEN J G, MCALPINE C A, POSSINGHAM H P. Multi-scaled habitat considerations for conserving urban biodiversity: native reptiles and small mammals in Brisbane, Australia[J]. Landscape Ecology, 2010, 25 (7): 1013-1028.

[12] GODDARD M A, DOUGILL A J , BENTON T G. Scaling up from gardens: Biodiversity conservation in urban environments[J]. Trends in Ecology & Evolution, 2010, 25 (2): 90-98.

[13] GONSALVES S M. Green roofs and urban biodiversity : Their role as invertebrate habitat and the effect of design on beetle community[D]. Portland State University, 2016.

[14] GOROSITO C A , CUETO V R . Do small cities affect bird assemblages? An evaluation from Patagonia[J]. Urban Ecosystems, 2020, 23 (2) : 289-300.

[15] GRIMM N B, GROVE J G, PICKETT S T A, et al. Integrated approaches to long-term studies of urban ecological systems[J]. BioScience, 2000, 50 (7): 571-584.

[16] GUNDERSON L H, HOLLING C S. Panarchy : Understanding transformations in human and natural systems[M]. Washington, D.C.: Island Press, 2002.

[17] HAINES-YOUNG R. Land use and biodiversity relationships[J]. Land Use Policy, 2009, 26 (S1): S178-S186.

[18] HALLSWORTH E G, BURROUGH P A , MACHONACHIE A P, et al. Benefits and costs of land resource survey and evaluation (R) . Commonwealth and state government collaborative soil conservation study 1975-77, Report 5, AGPS, Canberra. 1978.

[19] HOLLING C S. Resilience and stability of ecological systems[J]. Annual Review of Ecology and Systematics, 1973, 4 (1): 1-23.

[20] HOPE D, GRIES C, ZHU W, et al. Socioeconomics drive urban plant diversity[J]. Proceedings of the national academy of sciences, 2003, 100 (15): 8788-8792.

[21] IVES C D, HOSE G C, NIPPERESS D A, et al. Environmental and landscape factors influencing ant and plant diversity in suburban riparian corridors[J]. Landscape and Urban Planning, 2011, 103 (3-4): 372-382.

[22] KATES R W, TURNER B L, CLARK W C. The Great transformation. In : TURNER B L, CLARK W C , KATES R W, et al (EDs.), The earth as transformed by human action (pp.1-18) . Cambridge : Cambridge University Press, 1990.

[23] KAUFFMAN S A. The origins of order: Self-organization and selection in evolution[M]. New York: Oxford University Press, 1993.

[24] KAZEMI F, BEECHAM S, GIBBS J. Streetscale bioretention basins in Melbourne and their effect on local biodiversity[J]. Ecological Engineering, 2009, 35 (10): 1454-1465.

[25] KONG F, YIN H, NAKAGOSHI N, et al. Urban green space network development for biodiversity conservation: Identification based on graph theory and gravity modeling[J]. Landscape and Urban Planning, 2010, 95 (1-2): 16-27.

[26] KOWARIK I. Novel urban ecosystems, biodiversity, and conservation[J]. Environmental Pollution, 2011, 159 (8-9): 1974-1983.

[27] LERMAN S B, TURNER V K, BANG C. Homeowner associations as a vehicle for promoting native urban biodiversity[J]. Ecology and Society, 2012,

17（4）: 45.

[28] LEVIN S A. Ecosystems and the biosphere as complex adaptive systems[J]. Ecosystems，1998，1（5）: 431-436.

[29] MALAVASI M，BARTÁK V，CARRANZA M L，et al. Landscape pattern and plant biodiversity in Mediterranean coastal dune ecosystems：Do habitat loss and fragmentation really matter?[J]. Journal of Biogeography，2018，45（6）: 1367-1377.

[30] MARZLUFF J M. Island biogeography for an urbanizing world：How extinction and colonization may determine biological diversity in human-dominated landscapes[J]. Urban Ecosystems，2005，8（2）: 157-177.

[31] MARZLUFF J M，GEHLBACH F R，MANUWAL D A. Urban environments : influences on avifauna and challenges for the avian conservationist. In : Marzluff J M，Sallabanks R（EDs.），Avian conservation : research and management（pp.283-299）. Washington，D.C. : Island Press，1998.

[32] MARZLUFF J M，SHULENBERGER E，ENDLICHER W，et al. Urban ecology : An international perspective on the interaction between humans and nature[M]. New York : Springer，2008.

[33] MARZLUFF J M. Worldwide urbanization and its effects on birds. In : Marzluff J M，Bowman R，Donnelly R（EDs.），Avian ecology and conservation in an urbanizing world（pp.19-47）. Norwell : Kluwer Academic Publishers，2001.

[34] MCDONNELL M J，PICKETT S T，LIKENS G E，et al. Humans as components of ecosystems : The ecology of subtle human effects and populated areas[M]. New York : Springer-Verlag，1993.

[35] COXALL M G. Moonee Ponds Creek 沿岸区域规划草案，墨尔本[EB/OL]. [2019-06-11]. https : //www.gooood.cn/moonee-ponds-strategic-opportunities-plan-by-mcgregor-coxall.htm.

[36] COXALL M G. 澳大利亚墨尔本雅拉河生物多样性链接[EB/OL]. [2017-01-20]. http : //www.ideabooom.com/8199.

[37] MCHARG I L. Design with nature[M]. New York : American Museum of Natural History，1969.

[38] MCL（Ministry of Housing，Communities & Local Government）.Local authority green belt statistics for England : 2018 to 2019[R]. https://www.gov.uk/government/statistics/local-authority-green-belt-statistics-for-england-2018-to-2019.

[39] NICOLIS G，PRIGOGINE I. Self-organization in non equilibrium systems[M]. New York : John Wiley & Sons，1977.

[40] NParks（a）. Nature Park Network [EB/OL]. [2019-01-18]. https：//www.nparks.gov.sg/gardens-parks-and-nature/nature-park-network.

[41] NParks. Our International and Regional Links [EB/OL]. [2014-10-17]. https: // www.nparks.gov.sg/biodiversity/our-international-and-regional-links.

[42] NParks (b) . Our National Plan for Conservation [EB/OL]. [2019-05-28]. https: //www.nparks.gov.sg/biodiversity/our-national-plan-for-conservation.

[43] NParks. Singapore Index on Cities' Biodiversity [EB/OL]. [2015-09-23]. https: //www.nparks.gov.sg/biodiversity/urban-biodiversity/the-singapore-index-on-cities-biodiversity.

[44] ŁOPUCKI R, KLICH D, KITOWSKI I, et al. Urban size effect on biodiversity : The need for a conceptual framework for the implementation of urban policy for small cities[J]. Cities, 2020, 98 : 1-8.

[45] PARK R, BURGES E, MCKENZIE R, eds. The city[M]. Chicago : University of Chicago Press, 1925.

[46] PARRIS K M, AMATI M, BEKESSY S A, et al. The seven lamps of planning for biodiversity in the city[J]. Cities, 2018, 83: 44-53.

[47] PATTEN B C. Network integration of ecological extremal principles: Exergy, emergy, power, ascendency, and indirect effects[J]. Ecological Modelling, 1995, 79 (1-3): 75-84.

[48] PEARSE W D, CAVENDER-BARES J, HOBBIE S E, et al. Homogenization of plant diversity, composition, and structure in North American urban yards[J]. Ecosphere, 2018, 9 (2) :1-17.

[49] PICKETT S T A, CADENASSO M L, GROVE J M, et al. Urban ecological systems: Linking terrestrial ecological, physical, and socioeconomic components of metropolitan areas[J]. Annual Review of Ecology and Systematics, 2001, 32 (1): 127-157.

[50] PICKETT S T A, CADENASSO M L, McGrath B P. Resilience in ecology and urban design[M]. Dordrecht Heidelberg New York London : Springer, 2013.

[51] SANDSTRÖM U G, ANGELSTAM P. MIKUSIŃSKI G. Ecological diversity of birds in relation to the structure of urban green space[J]. Landscape and Urban Planning, 2006, 77 (1-2) : 39-53.

[52] SAVARD J, CLERGEAU P , MENNECHEZ G . Biodiversity concepts and urban ecosystems[J]. Landscape and Urban Planning, 2000, 48 (3-4): 131-142.

[53] SOUZA F L, VALENTE-NETO F, SEVERO-NETO F, et al. Impervious surface and heterogeneity are opposite drivers to maintain bird richness in a Cerrado city[J]. Landscape and Urban Planning, 2019, 192 : 1-10.

[54] SPIRN A W. The granite garden : Urban nature and human design[M]. New York : Basic Books, 1984.

[55] State Government of Victoria. Plan Mel-

bourne 2017—2050[R]. Victoria State, Australia, 2016. http : //www.planmelbourne.vic.gov.au/home.

[56] SUKOPP H. Urban ecology and its application in Europe. In: Sukopp H , Hejny S, Kowarik I (EDs.), Urban ecology : Plants and plant communities in urban environments (pp.1-22) . The Hague : SPB Publishing, 1990.

[57] STERNLIEB G, HUGHES J W. Post-industrial America : Metropolitan decline and interregional job shifts[M]. New Brunswick : Center for Urban and Policy Research, 1975.

[58] THRELFALL C G, MATA L, MACKIE J A, et al. Increasing biodiversity in urban green spaces through simple vegetation interventions[J]. Journal of Applied Ecology, 2017, 54 (6): 1874-1883.

[59] TURNER M G. Landscape ecology: The effect of pattern on process[J]. Annual Review of Ecology and Systematics, 1989, 20 (1): 171-197.

[60] WALKER B, SALT D, REID W. Resilience thinking: Sustaining ecosystems and people in a changing world [M]. Washington, D.C.: Island Press, 2006.

[61] BRENNAN C, O' CONNOR D (EDs.) . Green City Guidelines. Advice for the protection and enhancement of biodiversity in medium to highdensity urban developments[R]. Dublin : UCD Urban Institute Ireland, 2008.

[62] ZHU Z X, PEI H Q, SCHAMP B S, et al. Land cover and plant diversity in tropical coastal urban Haikou, China[J]. Urban Forestry & Urban Greening, 2019, 44.

[63] 干靓，吴志强，郭光普 . 高密度城区建成环境与城市生物多样性的关系研究——以上海浦东新区世纪大道地区为例 [J]. 城市发展研究，2018，25 (4): 97-106.

[64] 靳东晓 . 保护生物多样性——生态文明背景下国土空间规划的逻辑基础 [EB/OL]. [2020-05-17]. https: //www.thepaper.cn/newsDetail_forward_7430424.

[65] 林良任，陈莉娜，鲁 · 艾德里安 · 福铭 . 增进城市地区生物多样性——以新加坡模式为例 [J]. 风景园林，2019，26 (8) : 25-34.

[66] 颜文涛，贵体进，赵敏华，等 . 成都城市形态与河流水系的关系变迁：适应性智慧及启示 [J]. 现代城市研究，2018 (7): 14-19.

[67] 郑泽爽 . “墨尔本 2050” 发展计划及启示 [J]. 规划师，2015，31 (8): 132-138.

第五章

响应气候变化的城市实践

全球气候变化对人类社会的影响越来越明显，极端天气事件如强降水、极端温度和强台风等严重影响了人们的生产生活，并且这种影响的频率和强度有着增加的趋势（颜文涛，2013）。然而迄今为止，无论是规划师还是城市管理者都还没有作好充分准备以应对加速的气候变化，还没有提出一个能有效处理气候变化的城市发展模式。国内外主要从减少温室气体的排放（Blanco et al.，2009）、气候变化对基础设施的影响评估、气候目标分解和规划政策指引（宋彦等，2011）、低碳城市营造（宋彦和彭科，2011；颜文涛等，2011）、规划管理体制（叶祖达，2009）、韧性城市建设（彭仲仁和路庆昌，2012；郑艳，2012；姜允芳等，2012）等方面，探索应对气候变化的城市发展策略。

气候变化带来的挑战是当今城市问题研究中的重要内容。城市在减缓温室气体排放中的作用，以及在适应气候变化中的作用，这两个方面是互补的，共同构成了应对气候变化的环境责任。全球气候变化是 21 世纪人类面临的巨大挑战。为了应对气候变化，提出一个能有效应对气候变化的城市发展模式，是当前城市转型发展需要面临的一个难题。城市应对气候变化的研究可以先在以下几个方面展开：目标制定层面，将气候目标纳入城市发展目标的制定过程；空间规划层面，倡导相对紧凑、混合使用的城市空间形态以减少能源消耗，构建适应气候变化的城市形态，提升城市风险管理的水平等；城市管理层面，政府的管治手段将更加多样化，没有公众参与，一切行动的效果都有影响，公众参与在气候变化的背景下有了新的角色定位。基于全球尺度视角而采取的低碳行动，与基于地方尺度视角而采取的适应性策略相比较，可能存在行动和收益的认知困境，因为我们很难界定个体行动最终得到的收益，实际上这是一个全球公平和代际公平的问题。

1　气候变化与城市发展的关系

1.1　城市产生的温室气体

气候变化最显著的特征就是全球变暖，据联合国政府间气候变化专门委员会（IPCC，Intergovernmental Panel on Climate Change，2014）报告指出，近百年来，全球地表温度大约升高了 0.85℃，海平面上升了 0.19m。1980 年以来，中国沿海海平面以每年 2.7mm 的速度上升，高于全球海平面的上升速度。伴随而来的是极端变暖事件增多，高温热浪频发，且持续时间更长。IPCC（2014）报告同时也指出，导致气候变化的原因 90% 以上都是人为因素造成的。尤其是人类活动对地表过程的大规模影响，如城市建设和农业生产对土地利用方式的改变（Karl and Trenberth，2003）。

城市发展过程对地球化学物理过程产生重大影响，特别是干扰和影响了地球碳循环过程。城市结构对地方、区域乃至全球尺度的碳排放及陆地碳汇影响具有关键的作用，主要通过影响交通能耗、工业能耗、建筑能耗等，以及通过改变土地覆盖类型，从而影响碳循环过程。工业化以来城市消耗了全球 70% 以上的能源，排放的温室气体占全球温室气体 80% 以上，CO_2 浓度呈指数增加。工业革命以来化石燃料燃烧和土地利用变化（Klein et al.，2005），是导致气候变暖的主要原因之一。由于城市土地利用、产业结构、交通出行、能源利用、建筑建造和使用、固废处理、水系统构建等方面的碳排放效应，决定了城市在减缓温室气体排放和缓解气候变化中将发挥重要作用。

1.2 气候变化引发的问题认知

全球变暖可能产生的几种结果：一是产生温室效应，引起海洋温度上升，释放更多的 CO_2 等温室气体，这种正反馈过程会进一步加剧温室效应；二是冰川融化和海水热膨胀导致海平面上升；三是全球气候变暖会引起温度带北移，增大水分蒸发作用并加速水循环过程，导致降雨模式改变，水资源分布更不平衡，局部地方更干旱或降雨增多；四是热带水体持续增温下会产生更频繁和强烈的热带风暴；五是气候变化的次生灾害带来了空气污染问题；六是极端气候加剧了局部地区的干旱问题。

（1）温度变化引发的问题

全球气候变化会导致平均气温上升和极端气温（极热或极冷）事件增加。温度变化会产生以下影响：①平均气温上升，将增大干旱和半干旱地区的水分蒸发作用，可能使水源变得更加紧张，并且可能对水质和水生生态系统造成极大的影响；②极端气温（极热或极冷）事件增加，更炎热的夏天和更频繁的热浪将增加能源、水利、交通等各类基础设施负担，减损其机械寿命；③极端高热事件加剧了气候变暖的协同效应，导致人类疾病和伤亡的可能性增大。1999 年至 2003 年，美国因高温引发的死亡人数高达 3442 人（年均 688 人），已经成为美国重要的公共卫生问题（Luber and McGeehin，2008）。

（2）海平面上升引发的问题

全球气候变化会导致海平面上升，对沿海区域的影响将是巨大而长期的。海平面上升会产生以下影响：①导致海岸线变化，部分海拔较低的湿地被淹没；②海水入侵，地下水位升高，地表水和地下水盐分增加；③风暴潮等灾害来临时，将会对沿海区域造成更大的危害。上述影响最终会导致城市建构物的结构耐久性能退化，城市道路、电力、电信、水及能源等基础设施损失及供应中断等，并可能导致土地盐碱化。全球主要城市多数集中在沿海地区，海平面的上升对于沿海地区的城市居民生活和经济生产会造成潜在的巨大危害（Blanco et al.，2009）。

（3）降雨模式变化引发的问题

气候变化会导致全球降雨模式的改变，会产生更强烈的雨洪和干旱灾害。降雨模式改变会产生以下影响：①某些区域暴雨强度和频率会增加，从而引发洪涝灾害；②因为大气环流的改变，可能会出现高纬度地区降水增加，亚热带地区降水减少的情况，因此局部地区可能会更干旱。洪涝灾害引起车辆行驶安全问题，并可能产生交通瘫痪。内涝对饮用水的污染易引发肠道传染疾病。局部干旱将导致粮食减产甚至影响粮食安全，还对水生态系统产生较大影响，产生湿地退化、生境退化、生物多样性减少的效应等。

（4）热带风暴引发的问题

在热带水体持续增温下，热带风暴强度和产生频率会增加。热带风暴对城市的影响是全面的，对城市交通、能源、通信、水利、给水排水等城市生命线系统影响巨大，对城市建筑安全有很大影响，另外会影响部分处于风暴区域的工业。加上沿海区域的快速开发，增加了财产和生命大量损失的可能。

1.3 城市——气候变化的高脆弱区

气候变化的不确定性及城市的复杂性，是城市面临气候风险空前增大的重要原因（Pan，1992；Asprone and Manfredi，2015）。作为城市化和工业化的主战场，城市不仅是气候变化的主因，也是承担气候变化负面后果的主要承接者。IPCC（2014）将城市列入了气候变化的高脆弱区，跟气候变化相关的各类自然灾害，已经并将持续对城市安全构成严重威胁（Gershunov et al.，2009；Lin et al.，2012；崔胜辉等，2015）。因此，在气候变化的背景下，相关灾害因子将对城市的人口、财产、经济和生态环境等各个方面造成不利影响。在更加复杂和不确定的外部环境中，城市作为人口和产业高度集中的空间，是气候变化的高度敏感和脆弱区（崔胜辉等，2015）。从气候变化引发的灾害因子对全球城市的影响来看，许多风险较高的城市位于低收入和中等收入国家。1992年《联合国气候变化框架公约》（United Nations Framework Convention on Climate Change，UNFCCC）提出应对气候变化的主要策略为缓解和适应两大方面，通过减少温室气体排放以减缓变化，采取行动以适应气候变化的影响（顾朝林和张晓明，2010）。

1.4 应对气候变化的城市发展议题

尽管采取减少温室气体排放的措施，但无法改变已经排放到大气中的温室气体浓度，从而可能无法阻止大气中温室气体正在造成的气候变暖，以及由此产生的对人类生产生活的影响。既然影响已经不可避免，从某种意义上看，我们还应该思考能更好地适应洪水、干旱、海平面上升和极端温度等气候变化的城市发展模式。通过分析全球暖化后产生的极端气候对城市结构的影响，提出城市韧性发展策略，尽可能减小将来的影响和损失。

在全球气候变化背景下，科学研究与社会实践之间的对话非常重要。有关气候变化的科学研究为制定更为科学的、适应性强的城市发展模式创造条件。如何有效指导城市空间发展路径以应对气候变化，科学家和规划师可以发挥更大的作用。针对气候变化导致的潜在环境问题，城市管理者和规划师应该思考或需要解决的相关议题见表 5-1。

应对气候变化的城市发展研究议题　　表 5-1

主题	潜在的科学问题	城市发展议题
1. 减缓气候变化		
气候目标	大气中温室气体浓度和碳排放水平必须控制在什么程度？	如何确定气候减缓目标，并将其跟城市发展目标相结合？
碳排放路径追踪	对地方政府、企业和家庭什么方法最有效？	城市开发在哪些方面对减缓碳排放能发挥有效作用？
政策选择	应该实施什么方法或者方法体系？如何实施？	如何制定实现气候减缓目标的具体发展路径与政策指引？
能源利用	怎样使社区能源规划最有效地实施？	如何构建分布式能源组合配置模式，以及如何与常规能源系统整合？
交通与土地使用	怎样减少交通量并减少城市交通的碳排放量？	土地使用和交通空间结构与碳排放是如何关联的？
建筑设计与管理	怎样革新现有建筑建造体系？	建筑设计中哪些技术环节对碳减排有重要作用？如何修正相关建筑法规，在不影响舒适性的前提下，降低建筑碳排放量？
水资源管理	怎样通过高效利用水资源减少碳排放量？	如何整合非传统水源回用、雨洪管理、径流污染控制，实现可持续的水资源管理目标？
工业	怎样实现工业生产的碳减排？	如何基于循环经济和共生产业理念发展绿色工业园区？
农业	怎样减少化肥的使用、甲烷的排放和土壤碳排放？	如何将生态农业与城市景观有机结合，改善人的健康，满足城市绿色食品的需求？
固废处理	哪种废弃物处理过程最能减少甲烷的排放量？	哪些垃圾分类与处置及技术可以实现有效的碳减排？
原材料消耗	如何减少材料消耗以及提高材料利用效率？	城市营造中如何考虑材料的更新及旧材料的使用？
2. 适应气候变化		
温度变化	温度变化如何影响农业生产、动植物生长和其他人类活动？	平均气温上升和极端气温（极热或极冷）事件对各类能源、水利、交通等基础设施影响程度多大？是否需要思考各类建构筑物的设计标准？

续表

主题	潜在的科学问题	城市发展议题
降雨模式变化	降雨模式可能产生的水灾害如何影响农业生产？何种措施有益于应对干旱、洪涝、水存贮和保护？	雨洪和干旱对交通、建筑、排水设施等影响程度多大？海绵城市发展模式如何在不同层次上得以实施？
海平面上升	怎样保护沿海地区？需要撤离一部分吗？	采取何种发展策略既能满足海岸城市现有的增长需求，又能避免或减少将来的损失？
热带风暴	如何保护高危地区的社区？应该允许在哪里可以开发？	在经常受到热带风暴影响的城市，如何提出并实施热带风暴灾害预防和灾后恢复规划？
对社区的影响	减少碳基资源需求、减少空中旅行及向低碳经济转变等如何影响社区？	如何建构社区应对气候变化的行动框架和保障策略？
3. 政策和制度创新		
规划程序和实施	气候变化规划应如何融入规划程序中？怎样保证政策得到及时和成功的实施？	如何将气候变化纳入国土空间规划体系中？法定规划过程应结合哪些气候变化行动？
公共参与和教育	公众如何得知并有效地参与进来？	在应对气候变化中公众的角色定位和相关责任，公众如何参与应对气候变化的决策？
社会治理	怎样获得居民的支持？	如何理解城市应对气候变化问题与城市公共利益的一致性？如何让每个人受益？
环境教育	学生和专业人员怎样更好地学习这个话题并采取行动？	个体角色认知和行为模式如何影响应对气候变化的实践过程？

资料来源：修改自 Blanco et al.，2009.

2　响应气候变化的城市发展内涵

“减缓”和“适应”共同构成了响应气候变化的两大议题。减缓气候变化的发展模式主要与降低气候变化危险性有关，通过改变传统的城市发展模式，降低温室气体排放，减少全球范围内气候灾害发生的频率和强度。而适应气候变化的城市发展模式着眼于降低城市（现存和预测的）气候风险的脆弱性和暴露度，增强城市的可持续发展能力。从实践层次来看，减缓目标通常需要从区域层面到全球层面统筹，而适应目标需要地方层面提出。从空间规划角度来看，两者可以分离也可以集成，如通过土地利用的配置管理，既可以减少碳排放又可以提高应对气候变化的适应能力。目前研究和实践更多地关注减缓气候变化研究（Blanco et al.，2009；宋彦和彭科，2011；颜文涛等，2011）等，对适应气候变化的研究和实践则相对滞后（Lu and Stead，2013）。

2.1　减缓气候变化的城市发展内涵

减缓气候变化的城市发展内涵是指通过对能源、交通、土地、建筑、水、固废等要素的控制与引导，以减少人类产生的温室气体排放量，稳定或降低大气中温室气体特别是 CO_2 的浓度，从而缓解气候的进一步暖化。减缓气候变化的城市发展内涵主要为：①减缓什么？通过减少温室气体排放的实践行动，减缓气候变暖。②减缓主体责任是谁？主要包括政府、城市经济组织和公众，通过政府制定政策目标、企业设定减排目标和居民改变生活方式，实现城市温室气体减排的目标。③在哪些层面实施？区域层面，基于资源与环境空间特征约束或引导区域重点产业布局，结合区域基础设施和公共服务设施，确定区域低碳化空间结构模式；中心城区层面，通过实施可持续的能源结构、低碳化交通系统、可持续水系统、固废资源化利用等措施，实现中心城区各个城市子系统的减碳目标；社区层面，通过实施绿色建筑、非传统水源利用、慢行交通系统、可再生能源利用等措施，实现社区的低碳化目标。结合低碳城市与社区的实施内容，可以形成减缓气候变化的城市发展框架：

- 将国家层面制定的气候变化目标分解到地方层面，监测地方气候变化趋势，制定符合地方情况的碳减排目标；
- 地方层面将碳减排目标进一步分解到各个行业，对比各个行业万元 GDP 的碳排放强度，确定各个行业的碳减排指标；
- 将地方各个行业的碳排放指标整合进城市各个系统的发展目标，明确城市各个系统的减排策略—政策指引—行动指南—实施主体，制定落实城市“碳减排”目标的政策框架；
- 将减缓策略和减排目标纳入国土空间规划体系，制定并指导相关行动计划；
- 计算减缓策略的成本效益，对减缓策略进行优选；
- 减缓策略实施及实施后的检测并评估其有效性。

2.2 适应气候变化的城市发展内涵

适应气候变化的城市发展内涵是指气候变化在现状或未来将不可避免地影响城市的正常功能，城市各个系统应作出的一种适应性调节，降低其脆弱性或增加其功能韧性，保障城市正常功能的发挥（顾朝林，2010）。适应气候变化的城市发展内涵主要为：①适应什么？适应气候变化导致的温度变化、海平面上升、降雨量变化、热带风暴等环境变化。②谁适应？受到环境变化影响的城市居民、经济系统和自然生态系统。③在哪些层面实施适应行动？在脆弱性分析和风险评估的基础上，在区域层面考虑计划性撤退的适应策略，在中心城区层面考虑适应性调节策略，在社区层面着重考虑保护策略。对气候变化适应性的研究日益增多，并逐渐形成应对气候变化和极端气候的城市韧性发展框架（颜文涛，2013）：

- 首先研究未来气候的变化趋势，对目标年份的气候变化情况进行预测；
- 根据气候变化的预测及其概率，选定几种气候变化的典型情景，分析并确定其对城市的影响区域，调查该区域人口数量、公共服务设施、基础设施和重要机构受影响的程度等；

- 对受影响区域进行脆弱性分析和风险评估，确定关键影响区域、受影响要素以及脆弱性程度；
- 针对关键区域的脆弱要素，制定抵抗、恢复、适应等韧性策略，使城市更好地应对气候变化的影响；
- 计算相关策略的成本效益，根据经济分析和其他评价指标，对韧性策略进行优选；
- 韧性策略实施及实施后的检测并评估其有效性。由于气候变化的不确定性，需要对韧性策略进行不断地调整，是一个循环迭代的过程。

3 减缓气候变化的城市建设策略

减缓气候变化是指通过不同手段去减低温室气体排放，减缓气候变化的速度，可减少气候变化带来的整体负面影响。城市发展通过在能源开发与利用、交通与土地使用、建筑设计与管理、水资源管理、固废处理、旧材料利用等领域实施减少碳排放策略，对减缓气候变化起到重要的作用。

3.1 节能与可再生能源开发策略

能源消耗是控制碳减排的关键，可持续能源结构主要从能源消费和生产两个途径入手，提高能源利用效率和采用可再生能源。首先，需要提高能源利用效率，包括工业工艺改造节能技术、建筑隔热保温节能技术、交通工具节能技术等，能源政策通过结合土地开发许可和高能效建筑法规，可以在社区层面得到更好的实施。其次，还需要考虑调整产业布局结构，基于循环经济和共生产业理念，对传统工业园区进行产业结构调整和升级，上下游关联产业在空间上考虑就近布局方式，也为降低产品的运输能耗提供条件，达到降低总能耗和提高能源利用效率的目标。最后，结合区域环境特征，优先发展可再生能源和清洁能源，鼓励可再生能源的生产，包括太阳能、风能、生物质能、地热能、潮汐能、梯级能源利用等，根据可再生能源利用设施容量、现有建筑情况划分可再生能源利用设施的服务区域，提出社区分布式能源组合配置模式，并考虑与常规能源设施系统的整合。

3.2 交通与土地利用低碳化策略

土地利用对交通模式、汽车行驶里程和能源使用都有着重要的意义。交通碳排放占全球温室气体排放总量的 14%，尤其是在工业化国家，交通所占碳排放量比重很大。城市土地利用模式和交通结构影响出行方式、出行距离和出行频率，进而影响城市交通总能耗（颜文涛等，2012）。高密度降低出行数量、小汽车出行比例，从而降低交通总能耗；与蔓延式城市形态相比，多中心紧凑城市形态显现出更少更短的交通出行和更少的交通总能耗（Handy，1996）。在城市尺度上，以绿楔间隔的公共交通走廊型的城市空间结构模式，将新的开发集中于公共交通枢纽，主要考虑土地混合使用、合理的街区尺度、鼓励大型公共设施与公交枢纽的结合等（潘海啸等，2008）；在社区尺度上，规划应考虑公共服务设施的易达性，短出行为目标的土地混合利用模式，整合 POD（Pedestrian Oriented Development）、BOD（Bicycle Oriented Development） 及 TOD（Transit Oriented Development）绿色交通系统，构建适合行人和自行车使用的合理地块尺度，促进住区非机动出行模式，达到节能与碳减排的目标，还为共享开敞空间等公共资源提供条件。另外，土地使用对碳汇过程影响显著，特别是城市绿色空间的碳汇作用。

3.3 全生命周期的建筑碳减排策略

建筑在建材生产、建筑建造、建筑使用、维护修缮中消耗大量能源，从而产生 CO_2 的排放。在住宅建筑的全生命周期中，建筑使用和维护阶段的碳排放量占建筑总排放量的 86% 左右（刘念雄等，2009）。针对建筑设计和管理，首先，应优先采用被动式设计方法，充分利用场地现有条件，来减少建筑能耗，提高室内舒适度，鼓励可再生能源的利用；其次，通过考虑材料的更新及旧材料的使用，采用可再生能源技术，例如利用周围环境中的热源或冷源以采暖和制冷，可以减少建筑的碳排放总量；最后，评估现有国内和地方建筑节能法规的碳排放绩效，基于低碳目标修正现有相关建筑法规，在不影响舒适性的前提下，降低建筑碳排放量。

对建筑材料的开采、运输、加工及建筑产品的设计、施工、使用、维护、修缮、更新、拆除和处理的整个过程，开展全生命周期的碳排放清单分析，评估建筑全生命周期的碳足迹，在不影响建筑使用功能和舒适性的前提下，优先选择低碳足迹的建筑方案。从建筑全生命周期角度看，有些现状的“节能建筑”（仅满足节能指标的建筑）很有可能是“高碳建筑”。

3.4 水资源利用的低碳化策略

城市水资源管理的核心是如何维持健康的水文过程，保护河流水域的水资源和水环境。通过规划设计有效维持自然水文过程，达到保护河流水环境目标。保护城市河流水环境，采用水敏型城市设计原则，实际上减少了河流综合污染治理的能耗，对水资源管理和水环境治理的碳减排有重要作用。自然水系统管理的碳减排路径体现在：①在城市尺度上，城市形态结构与水系形态结构与水环境功能的耦合，将现状自然水系统融合到城市空间结构中；②在社区尺度上，考虑绿色基础设施在雨洪管理中的应用，设置绿色基础设施实现地表径流的“减量”和“减速”，建立可以有效管理水资源的连续绿色开放空间。社会水系统管理的碳减排路径体现在：①优化用水结构，提高用水效率，减少用水总量；②增加非传统水源使用比例；③采用节能高效的污水处理和再生水技术，从而减少自来水的生产能耗，实现城市社会水系统的减碳目标。

3.5 废弃物的资源化利用策略

世界上 3.6% 的人类产生的温室气体排放，来自于垃圾填埋场和其他垃圾处理系统，以产生的沼气为主要形式（Blanco et al.，2009）。这些是较容易处理的碳排放形式，可以通过填埋甲烷回收技术、垃圾焚烧发电技术、有机垃圾堆肥技术等，实现温室气体减排的目标。在城市尺度上，应根据不同的垃圾处理处置方法，考虑生态化处理设施及资源化利用设施的选址布局与规模等。在社区尺度上，可以通过设置社区生态中心，展示社区的垃圾回收利用过程，达到社区的环境教育的目标，有利于提升社区的整体减碳能力建设。在开始实施这些技术时，地方政策支持有助于使这些实践得到广泛的传播。

在住宅建筑的全生命周期中，建材生产和运输阶段碳排放量占建筑总排放量的 12% 左右（刘念雄等，2009）。因此对旧材料的回收和重新使用可以有效减少碳排放量，主要有以下几种废旧材料的使用途径：采用本地工业废弃物（粉煤灰、炉渣）制备新型墙体材料；采用本地农业废料（棉秆）制备新型墙体材料；原有建筑材料拆除后重新回用，在这方面规划师和建筑师可以发挥更大更有创造性的作用，将环保理念和创新设计有机结合，有些历史悠久的材料有可能让景观或建筑更具有人文内涵。

4 适应气候变化的韧性城市逻辑框架

4.1 韧性城市作为灾害管理的新范式

韧性概念是由生态学家霍林于 1973 年提出的，认为韧性可以归纳为系统的一种能力，即系统在应对扰动时，不改变自身核心功能属性的前提下，吸收、适应扰动并存续的能力（Holling，1973）。随着概念认知的不断深化，韧性的关注点逐渐从恢复至原状的能力（Holling，1973；Holling et al.，1996；Adger et al.，2005）发展至系统适应、学习（Folke et al.，2003；Manyena，2006）、重组、转型的能力（Carpenter et al.，2005；Meerow et al.，2016）。20 世纪 90 年代末期，韧性概念开始引入城市研究领域。其后，2001 年美国“9 · 11”事件、2004 年印尼大海啸、2005 年美国卡特里娜飓风、2012 年美国桑迪飓风等城市灾害频发，先后给城市带来了巨大损失。学术界开始关注灾害和气候变化的韧性研究（刘丹，2018）。2005 年国际减灾大会在日本发布的《2005—2015 年兵库行动框架：提升国家和社区的灾害韧性》，明确提出增强地方构建灾害韧性的能力（UNISDR，2005），脆弱性和韧性开始成为城市和社区灾害风险管理的重要组成部分。

从韧性视角响应气候变化，不仅跟气候变化引发的各类突发灾害（如风暴或热浪）有关，而且跟气候变化引发的各类渐变趋势（如海平面上升或全球变暖）有关。气候变化背景下，将韧性概念引入城市，可以为空间规划响应气候变化提供一个新的理论框架，并为城市处理社会、环境、经济变化提供了一个范式转换（Lu and Stead，2013）。将灾害视为负面干扰因子，转变为视灾害为常态影响因子，从灾害防御转向了灾害适应，从如何减灾转向了如何减少灾害影响和灾后恢复。

从概念上理解，韧性城市是“城市吸收扰动并在扰动后恢复其功能的能力”（Lhomme et al.，2011）。韧性联盟（Resilience Alliance）后来定义韧性城市为“城市能够消化并吸收外界干扰，保持原有主要特征、结构和关键功能的能力，主要从管治构建、能量代谢、空间环境与社会动力四个方面展开行动”。结合韧性系统的三个基本特征，城市的韧性能力主要包括三个方面：①面临不确定性干扰并经历变化后依旧基本保持原有主要特征、结构和关键功能的能力（抵抗力）；②不改变自身基本状态并适应不确定性扰动的能力（适应力）；③面临干扰情况下顺应变化并快速地转变到期望功能的能力（转换力）（Meerow et al.，2016）。

卢和斯特德（Lu and Stead，2013）将城市系统应对灾害的过程，基于扰沌模型的四个发展阶段，可以表达为系统的鲁棒性和快速性（Robustness and Rapidity）。鲁棒性是系统抵抗和吸收扰动的能力，快速性则是指在系统崩塌后，通过重组可以在较短时间内到达一个新稳定状态的能力。例如洪水地区的城市韧性表现在洪水发生前的准备阶段，通过评估洪灾危险区的物理脆弱性、环境脆弱性、经济脆弱性、社会脆弱性等，提高应对洪灾扰动的物理设施防洪标准（物理鲁棒性）、洪灾地区的可浸性（功能适应性），通过损伤修复或营救服务及时恢复城市功能的能力（快速恢复性），以及面对洪灾扰动转变原有功能以适应未来变化的能力（可转变性）。系统受到扰动后是维持原有状态还是转化为新的状态，取决于干扰的大小与系统的脆弱性程度。干扰小时，确保系统的平衡状态，保留原有的功能。扰动较大，系统偏离平衡状态时，系统需要在短时间内恢复至平衡状态；转型就是对在风险冲击下暴露的城市脆弱点进行修正，使城市系统达到新平衡态的能力（仇保兴，2018）。

4.2 适应气候变化的韧性城市概念框架

响应气候变化的韧性城市是一个综合概念，包括社会、经济、制度、规划、社区等多个层面。从“韧性主体（Resilience of What）”和“韧性对象（Resilience to What）”（Carpenter et al.，2001；Lhomme et al.，2013； 杨敏行等，2016；俞孔坚等，2015）的角度来看，城市韧性的主体为城市的各个系统，如制度、经济、社会、空间、基础设施、能源等。城市韧性的对象就是气候变化带来的各类灾害因子，如飓风、地震、洪水等，在实践中可关注一类或多类灾害（Meerows et al.，2016）。城市韧性的特征包括稳定性、强健性、迅速性、冗余度、多样性、创造性等。延伸来看，城市需要具备抵抗能力、恢复能力、适应能力、转型能力等多种韧性能力。通常意义上，应对气候变化的韧性城市概念是一般韧性，不是特指韧性，是指城市所有系统应对气候变化导致不确定性的能力。但是针对地方的特殊气候变化特征，也可以转化为特指韧性，也就是城市某一系统应对特殊灾害类型的能力（图 5-1）。

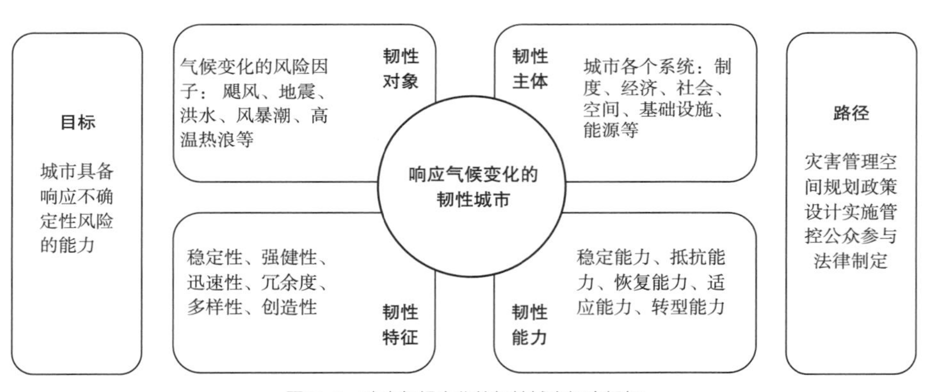

图 5-1 响应气候变化的韧性城市概念框架
图片来源：作者自绘

4.3 适应气候变化的韧性城市行动逻辑

适应气候变化的韧性城市，是指面对已观测到或预测到的气候变化和引发的各类不确定性风险，城市需要采取应对气候变化的适应行动，通过降低城市系统的脆弱性，从而维持城市基本功能的能力。适应行动在短期内以及地方尺度上降低气候变化引发的不确定性风险，从长远角度实现社会经济的可持续发展（Stuart，2017；Cardona et al.，2012；张明顺和李欢欢，2018）。通过单一技术难以提高城市应对气候不确定扰动的能力，需要从物理设施、生态环境、社会经济等多种维度，基于韧性理论框架，提出城市气候适应性策略，才可以提高城市的整体韧性水平。

适应气候变化的韧性城市行动步骤可以分为两步。首先，对受气候变化影响区域进行脆弱性分析和风险评估，确定关键影响区域、脆弱性强度和受影响要素。然后，针对关键区域的脆弱要素或各个城市系统，制定灾前抵抗、灾中恢复、灾后适应等韧性策略，提高城市维持功能、快速恢复、适应或转型的能力（图 5-2）。针对脆弱要素或各个城市系统实施的抵抗、恢复、适应策略并不是相互孤立的，而是相互联系彼此交叉的关系。三大策略应相互协同，取得韧性城市行动的倍增效应（Biesbroek et al.，2009；Smith and Olesen，2010）。如居住建筑和社区服务设施的布局，通过分层级的合理布局与多样性配置供给，引导形成空间高效、紧凑发展及适度防灾标准的公共服务体系，可以在面临气候变化引发的各类灾害时，依然能够维持公共服务的可及性。

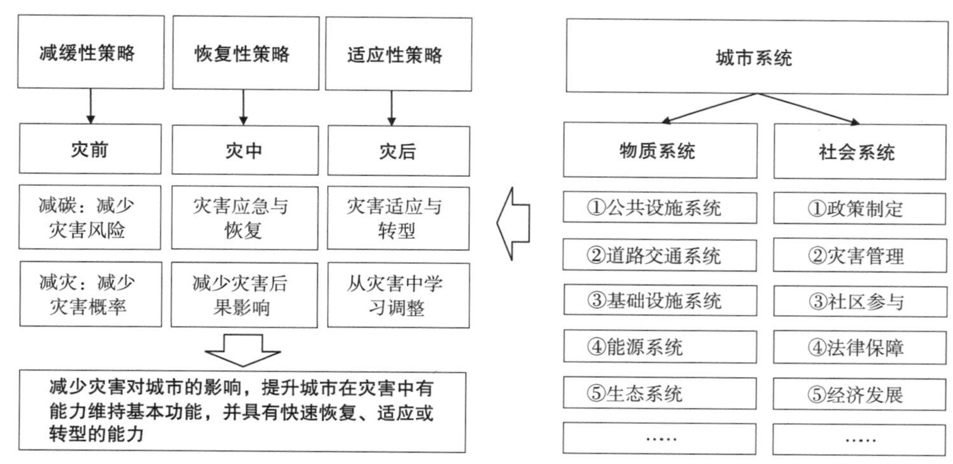

图 5-2　韧性城市行动逻辑
图片来源：作者自绘

5　适应气候变化的韧性城市行动策略

由于气候变化的影响已不可避免，部分影响甚至可能不可逆转，适应气候变化已成为应对气候变化的重要组成部分。我们需要分析那些环境改变对城市现状以及未来发展产生何种程度的影响，制定政策和行动去适应这种正在或将要改变的环境状态，以最大程度地减小气候变化带来的损失。

城市是由物理和社会网络的动态联系组成的复杂系统。将城市概念化为具有多标量和网络化特征的四个子系统组成的整体系统，分别为建成环境（Built Environment）、物质与能量流动网络（Networked Material and Energy Flows）、社会经济动态（Socioeconomic Dynamics）、治理网络（Governance Networks），各子系统具有强耦合关系（Meerow et al.，2016）（图 5-3）。其中，建成环境子系统包括建筑以及交通网络、能源、水网、通信、医疗等公用设施，还包括城市生态绿地（Wolch et al.，2014）；物质与能量流动网络是指城市系统产生或消耗的各种物质，如水、能源、食物和废物流，通常统称为城市新陈代谢（Metabolic Flows）（Kennedy et al.，2007）。这两类子系统决定了城市居民的生存保障能力。社会经济动态包括经济资本、社会资本、文化资本、公共健康与教育、公平与正义，塑造了其他子系统以及城市居民的就业生计能力（Resilience Alliance，2007）。治理网络包括城市系统的各种行动者和各种机构，涉及政府、企业、居民、非营利组织等（Meerow et al.，2016）。

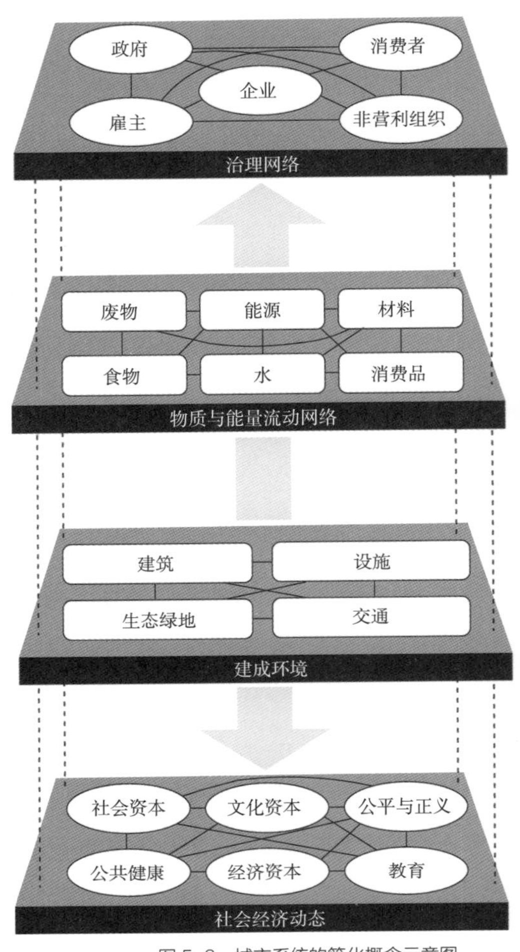

图 5-3　城市系统的简化概念示意图
图片来源：改绘自 Meerow et al.，2016.

上述城市系统概念模型为城市响应气候变化提供了工作框架，面对气候变化极端事件，加强城市系统之间的功能协同，并建立城市系统的跨尺度层级结构，可以将气候变化对城市产生的灾链效应降低到最小，同时可以维持城市的经济活力。通过评估气候变化（表现在极端温度变化、海平面上升、强降水或干旱、热带风暴等四个方面）对建成环境、经济系统、社会系统、治理系统等各个子系统的影响程度，提出相应的韧性城市行动策略（表 5-2）。气候变化引发的极端温度变化、海平面上升、强降水或干旱、热带风暴等环境问题，可以直接引起人类健康安全问题，也可以通过影响建成环境设施安全以及空间机动性，进而对社会经济和物质能量的流动过程产生重大影响。应对气候变化具有地方特殊性，如英国伦敦的《管理风险和增强韧性》（Managing Climate Risks and Increasing Resilience）（2008）针对的是高温风险，通过绘制高温地图、提高城市绿化率、高温规划政策等措施来降低高温风险。荷兰鹿特丹的《鹿特丹气候防护计划》（2009），美国纽约的《一个更强大更有韧性的纽约》（2013），响应的都是洪水风险。对于气候变化对地方环境的影响进行评估，了解灾害脆弱性是实施韧性行动策略的先决条件。

适应气候变化的城市韧性行动策略　表 5-2

大类	中类	小类	脆弱性属性	韧性特征	行动策略
建成环境	建筑	居住建筑、医疗设施、避难场所等	物理脆弱性 网络脆弱性	抵抗 / 恢复 / 转变	布局优化、医疗设施容量及易达性、医疗设施冗余标准、建筑标准、功能转换
	公用设施	能源系统、供水系统、通信系统、废弃物处理系统等		抵抗 / 吸收 / 恢复	网络结构优化、可靠的机动性、设施选址优化、应急设施备用冗余标准
	交通	轨道交通、道路交通等		抵抗 / 吸收 / 恢复	可靠的机动性、设施选址优化、设施备用冗余标准
	生态绿地	城市公园、其他城市绿地	生态脆弱性	吸收 / 恢复 / 转变	绿色空间网络优化、多功能复合
经济系统	经济结构	产业结构、工业布局、投资结构	经济脆弱性	吸收 / 恢复 / 适应 / 转变	产业结构引导、工业布局优化、商业连续性计划
	应急供应	物资供应、食品供应、应急管理		吸收 / 恢复	战略物资生产储藏、食品生产基地、财政应急基金预算比例
社会系统	社会资本	弱势群体、社会网络	社会脆弱性	恢复 / 适应 / 转变	减少弱势群体暴露、弱势群体应急安置比例、社会协作
	文化资本	地方文化、集体认同		恢复 / 适应 / 转变	社区和市民参与、社会学习、社区文化认同
	健康教育	健康医疗、风险教育		恢复 / 适应	可承担的公共健康服务、紧急医疗服务的可及性、风险信息学习、技能培训
治理网络	高效领导	监测预警、部门协同	制度脆弱性	抵抗 / 恢复 / 适应	政府领导力、信息实时共享、部门高效协同
	区域协作	国际合作、区域协作		抵抗 / 恢复 / 适应	区域协作组织、国际联盟

资料来源：作者自制

5.1　适应气候变化的设施抵抗策略

面对气候变化带来的不确定性，该策略强调城市系统具有抵抗冲击的能力。维持和保障水、能源、通信、交通、废物处理等基础设施有效运行，以及保障住所、医疗设施、教育设施等重要建筑和公共设施的安全，对于降低气候变化产生的灾害影响，具有至关重要的意义。基础设施和公共服务设施韧性可以被认为是工程韧性的概念范畴，可以采用坚固性（Robustness）和快速性（Rapidity）两项指标表征。坚固性代表气候变化影响下，基础设施系统没有退化和丧失功能的能力；而快速性则代表系统为减少损失及避免未来功能紊乱，在最短时间内恢复需要功能的能力（Alberti，1999）。适度提升受影响较大的建筑、交通、能源、水利等设施的设计标准，增强抵抗能力，减小未来的损失。

5.2 适应气候变化的快速恢复策略

面对气候变化带来的不确定性，该策略强调城市系统具有快速恢复至基本功能的能力。恢复策略强调的是遇到灾害时的应急处理能力，及灾后快速恢复至正常功能的能力。多元与多样的基础设施、冗余与跨尺度的网络联系、自组织的街区和景观结构是韧性城市恢复策略。需要关注医疗设施、能源系统、水资源、污水处理、交通网络等关键公共服务设施和基础设施，以及食物和饮用水供应设施的冗余配置，因为一旦这些系统受到气候变化的影响，须有备用系统去填补紧急需要，尽管系统冗余一定程度上会造成设施的低效利用，但依然是增强城市韧性的必要策略之一。预留一定比例的应急设施建设空间，如方舱医院、火神山医院等，为应急状况下建筑施工、市政配套以及安全通道等，提供多样化的选择条件（戴伟等，2017）。提升城市应急保障服务能力、加强城市预警系统建设、建立和完善风险管控机制等，可以提高灾后恢复能力并降低气候变化带来的灾害损失。从社会管制方面来看，恢复阶段需要政府自上而下的援助和社区自下而上的自救相结合，社区力量在恢复阶段可以发挥重要的作用。

5.3 适应气候变化的灵活调节策略

面对气候变化带来的不确定性，该策略强调城市系统的可调节能力。城市系统的可调节性可以增强城市面对不确定性扰动时的存续能力。面对海平面上升将影响海岸城市安全的问题，需要评估将来海岸线变化及水环境地质灾害对城市的整体影响，提出弹性的空间发展战略和适宜的土地使用模式。例如纽约在桑迪飓风后用“生命防波堤”（Life Breakwaters）代替传统堤坝，提出海岸基础设施与生物栖息地共同营造的模式。荷兰鹿特丹在经历洪水之后，提出了多种土地利用、堤坝和水系的结合方式（戴伟等，2017）。

降雨模式改变会对某些城市的水资源禀赋条件产生重大影响，例如高海拔地区的气候变暖和干旱，会对城市的可供应水资源量产生重大影响，城市管理者需要制定多渠道开源的灵活策略。面对气候变化可能导致的暴雨洪水，可将城市水文结构和用地布局关联耦合，考虑绿色基础设施在雨洪管理中的应用，采用海绵城市及水文都市主义的理念，为雨洪管理提供自然解决途径。另外，也需要评估雨洪对现有城市系统功能和相关设施的影响，并对受影响的系统及设施提出行动策略。

根据灾害经验重新调整社会治理方式、完善立法，并不断提高社区的自治能力。如英国 2007 年发生了 300 年来最大降雨引发的洪灾，英国政府除了立即展开紧急救援之外，还迅速开始检讨当时防洪弹性标准是否足够，逐步完善相关立法以及政策，以便确定面对未来气候变化极端情况下的框架和主导部门。

6 两个实践案例

6.1 海岸地区的韧性城市：美国纽约提升城市韧性的探索[①]

（1）案例背景

全球气候变化导致海平面上升、热带风暴、洪涝灾害等问题，海岸城市面临着日益严峻的挑战。海岸城市的生态韧性研究已经成为当今城市管理的重要议题。2012 年 10 月 29 日，桑迪（Sandy）飓风席卷纽约，给纽约地区带来重创。飓风桑迪是美国历史上损失最惨重的自然灾害之一，导致美国东北部、加拿大和加勒比海地区多地至少 147 人死亡，其中纽约就有 48 人死亡。桑迪飓风过境五周年之际，气象专家发布研究报告表示，随着全球气候变暖，海平面不断上升，热带风暴日渐趋于频繁，预计到 2030—2045 年期间，纽约每五年将遭遇一次大面积洪灾。

为建设一个更强大和更具韧性的纽约，以应对接下来可能会遇到的未知洪灾风险，纽约地方政府制订了《纽约适应计划》，提出适应气候变化政策：增强从变化和不利影响中恢复的能力，对于困难情境的预防、准备、响应及快速恢复的能力。该计划为全球其他海岸城市提供了一个行动示范。对于海岸城市造成的洪水灾害，众多城市政府、研究机构和科研学者在不同层面上都提出了解决问题的思路和方法，从城市的空间介质、结构规划、管理调控和具体的技术方法等方面提出了提升海岸城市韧性的相关策略。

（2）实践过程

政策制定和行动计划：强壮而富有韧性的纽约城市。纽约韧性城市建设和气候适应项目在 2007 年《更葱绿、更美好的纽约》中就已提出，2013 年制订了应对气候变化的韧性城市计划《更加强壮、更富韧性的纽约》，提出了一个 10 年的韧性城市建设项目清单。2014 年纽约又发布了《一座城市，一起重建》报告，旨在强化和扩大韧性城市建设内容。该报告提出设立韧性城市建设办公室，推动城市韧性建设版本的更新。同时，办公室应承担起执行关键项目实施及评估的职能，包括加快损失补偿审查和建设项目启动。2015 年，纽约发布了更新的、更全面的气候韧性建设计划《纽约：一个强壮、适宜的城市》，为继续实施应对气候变化路线服务（曹莉萍和周冯琦，2018）。

---

① 资料来源：彭震伟，颜文涛，王云才，等.《上海手册——21 世纪城市可持续发展指南 2018 年度报告》生态篇 [M]// 联合国，国际展览局，上海市人民政府 . 上海手册——21 世纪城市可持续发展指南 2018 年度报告 . 北京：商务印书馆，2018.

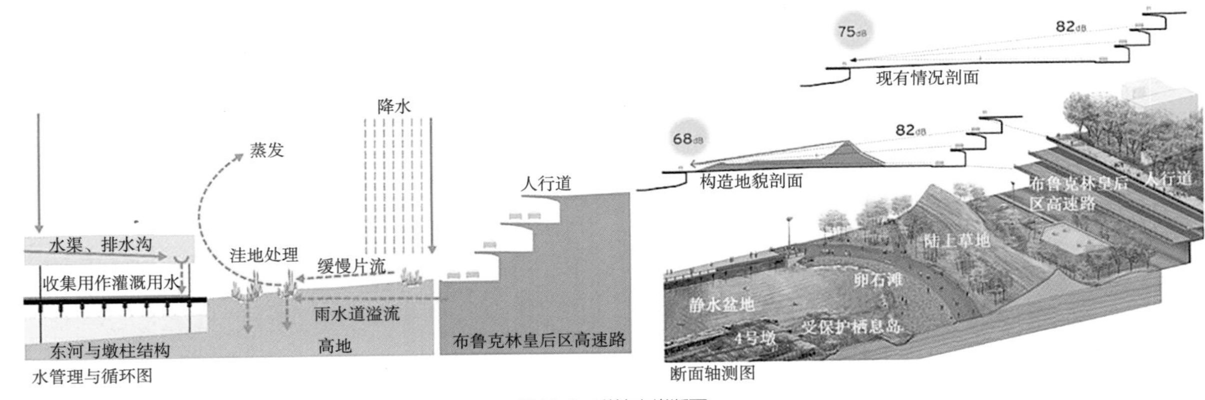

图 5-4　弹性水岸断面

图片来源：http：//www.zhulong.com.

弹性水岸：纽约布鲁克林大桥公园。结合历史上纽约水岸的建设与变迁，通过对其方案设计、运营维护模式的研究，提出气候变化背景下弹性水岸公园的防洪策略（图 5-4）。以先进的灾害风险评估为基础，健全的法律法规为制度保障，提出多功能一体化的弹性水岸策略，构建区域范围内的蓝色网络（图 5-5）。

弹性防洪的保护系统：曼哈顿主岛滨水空间的“U”形保护系统。为应对飓风侵袭及海平面上升等问题，BIG 建筑事务所提出了针对曼哈顿主岛滨水区的“U”形保护系统，为该区域的未来弹性海岸建设和城市发展描绘出崭新的图景。曼哈顿滨水区弹性修复项目是城市防洪系统中的一个“缓冲区”，以保护社区免受风暴潮和海平面上升的侵害。通过营造一种多样化的城市滨海空间，使防洪基础设施激发更多的综合社会效益（图 5-6）。项目建设将带来变革性的城市转型，加强城市与海滨之间的联系，不仅为邻近社区提供户外空间和便利设施，也向人们展示将城市发展与海平面上升问题共同纳入适应性策略的必要性。项目在维持当地海洋环境多样性的同时，也将场地流线和活动规划加以统一。

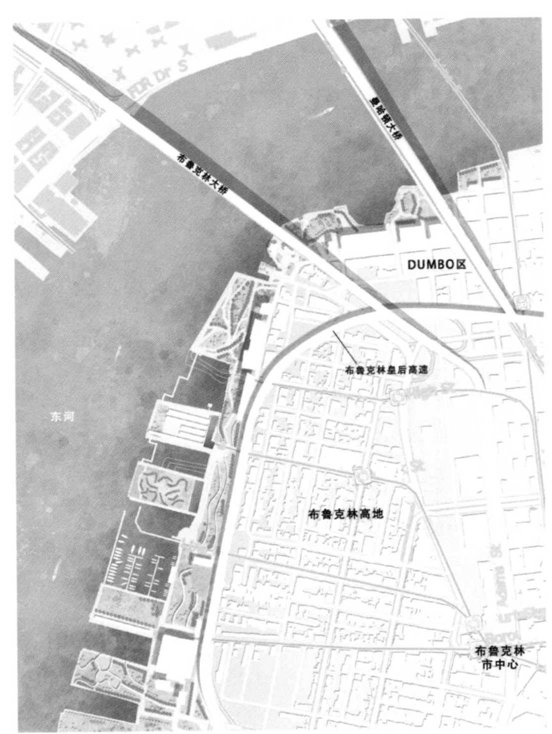

图 5-5　弹性水岸

图片来源：http：//www.zhulong.com.

依靠降低洪水风险的实践，

图 5-6　曼哈顿主岛滨水区的“U”形保护系统
图片来源：英格斯等，2017.

适应气候变化的城市水系统弹性策略，第一类是滞洪区、绿色河道、建筑材料等结构性措施，涉及城市水系统的组成要素，如绿色河道、渗透系统等，具体可分为径流管理、洪水适应、洪水调节和防洪建筑等四大策略；第二类是流域管理、灾害预警、经验学习等非结构性措施，涉及新管理实践的引进或对已有管理实践的改进，主要包括灾害预警、社区参与、民众教育等策略。

“新生命公园”（LIFESCAPE）的复苏。弗莱士河公园（Freshkills Park）位于纽约的斯塔腾（Staten）岛西部边缘，面积超过 2000 英亩，是纽约中央公园的 3 倍。1948 年成为垃圾填埋场，2001 年该垃圾场关闭。场地包含了完整的潮汐湿地和野生动物栖息地，由于受到垃圾污染的影响而失去活力，如何让场地焕发“新的生命”具有很大的挑战性（图 5-7）。为了使之成为世界各地棕地（Brownfield Site）再生项目的典范，进而转变成一个具有生态韧性的城市绿洲，形成 21 世纪“生命的拯救”的样本，具体解决思路为：引入新生命公园概念，强调区域内景观是一个地方同时也是一个过程，健全网络和法规，严格限制垃圾填埋，改善生物栖息地的水、湿地、土壤和空气等物理环境质量。

（3）实践启示

纽约作为曾遭受洪水灾害影响的典型海岸城市，通过政策制定和引导，提出一系列创新技术和实施策略，提升海岸城市的灾害韧性水平。基于海岸城市的特点和全球气候变化的影响，纽约作为典型的海岸城市，制订韧性城市计划，应对气候变化背景下的自然灾害，针对性地提出了较为完整的解决思路。回顾纽约城市韧性实践历程，针对每个阶段政府出台相应的配套政策支持及建设资金是保障持续提升纽

图 5-7　新生命公园（LIFESCAPE）
图片来源：www.nyc.gov/freshkillspark.

约城市韧性的关键力量。韧性城市建设是个长期持续的系统工程，离不开城市各个社会系统和生态系统的协同推进。纽约市设立韧性城市建设办公室，有助于推动韧性城市建设新政策制定和韧性项目持续实践。

以景观整合方式实现弹性的防洪防灾设施和风暴潮防护基础设施的建设，是纽约韧性城市建设的关键策略。曼哈顿主岛滨水区“U”形保护系统可以有效地缓解飓风侵袭及海平面上升等问题。通过营造一种多样化的城市滨海空间，探索如何使防洪基础设施激发更多的综合社会效益。随着观念的转变和规划设计的创新，在传统城市防洪工程设施建设的基础上，通过降低建成环境的暴露水平，提高建成环境的洪水适应性，可以进一步提升城市综合韧性水平。

对特殊地段有针对性地进行弹性水岸公园及海岸带的生态修复建设项目，是纽约韧性城市建设的重要抓手。纽约在面对气候变化威胁下的弹性水岸公园的建设策略，可以保护生态系统和自然缓冲区，减轻城市可能遭受的洪水和其他灾害。以生态修复为主导的海岸带垃圾场再生项目建设，通过社区参与形成的社会学习过程，对提升海岸城市韧性意义重大。

6.2　应对洪水的韧性规划：荷兰“Room for the River”项目实践[①]

（1）案例背景

荷兰地处莱茵河三角洲，是著名的低地之国，虽然丰富的水资源带来了城市建设和社会经济发展的机会和动力，但伴随而来的洪水风险也是荷兰长久以来面临的挑战。几个世纪以来，荷兰人建造了越来越高的堤坝，以保护该国 55% 的住房位

① 资料来源：https：//www.rijkswaterstaat.nl/water/waterbeheer/bescherming-tegen-het-water/maatregelen-om-overstromingen-te-voorkomen/ruimte-voor-de-rivieren/index.aspx.

于容易发生洪水的地区。其中，莱茵河三角洲地区每年都会遭受洪水袭击。1993年至1995年，洪水对三角洲周边地区造成了巨大的威胁，共有超过20万人被疏散。但实质上两岸的堤坝并未决堤，这种洪涝灾害主要来自于气候变化而造成的影响。随着河流每年的洪水泛滥，洪水将沉积物分散到整个洪泛区，这反过来又减少了最初设计中的蓄洪空间。在这种背景下，荷兰转变了应对洪水的观念，荷兰人认识到自然过程无法控制，一味地增高堤坝并不能实质解决荷兰屡遭洪水侵害的威胁，而是应当为河流创造更多的空间来适应转移和贮存洪水，逐渐从抵御洪水转向与洪水共存。应对洪水的相关技术路径从“硬”（Hard）质的工程设施逐渐转向了“软”（Soft）性的生态综合策略，并不断地将水治理与空间规划融合。为此，荷兰政府制定了一项新的政策方针，即《河水指令》，提出将水视为空间发展的结构性要素的原则。在此基础上，2006年荷兰提出了空间规划关键决定（SPKD），旨在用于高度适应性的创新体系，对紧邻洪泛区的现有场地结构进行改造。

荷兰的“Room for the River”计划与莱茵河区域规划相衔接，共设置两大目标：一是通过提供16m^3/s的排放量，提高莱茵河、默兹河、瓦尔河、艾瑟尔河和莱克河的防洪能力；二是为改善沿江地区空间的蓄洪能力和品质提升。在该计划开始时选择了39个位置，以便利用各种工程措施，降低洪水水位，为河流提供更多的空间以便能够安全地应对更高的水位，并同时优化空间品质（图5-8）。通过扩大河流本身的下泄能力、降低河流水位等技术手段，同时也为水生生物提供足够的生态栖息地，并有利于景观美化和改善环境条件。

（2）实践要点

分区滞洪策略：通过模拟各种超设防标准洪水的发展过程，并对灾害损失进行测算，将沿岸的所有圩区进行进一步划分，并将一部分圩区列为滞洪分区，提出分区管制目标，确定滞洪分区的淹没顺序、淹没水深及淹没频率。整理沿河的自然保护区和农业区的廊道和斑块，实施游憩休闲和紧急泄洪区等多功能平灾结合措施。下游的设防标准梯度增加，洪灾敏感地区的空间规划必须符合防洪需要，保证高密度建成区的安全性（曹哲静，2018；Klijn et al.，2004；黄波和马广州，2013）。

河流分段施策。莱茵河分支的每一段都有其特征，分析每条河流洪水灾害的诱发因素、每个特定区域受到干扰事件的发生频率和强度，提出适应性的策略。例如下莱茵河在向西流动的方向上变得越来越狭窄，因此其他措施在降低水位方面将不那么有效，故在河流南岸继续加高堤防。而针对艾瑟尔河，疏导成为主要的防洪措施，通过设置防洪渠将在洪水条件下为河水增加径流，使其夏季河床扩大，蓄洪能力增强，将水更快地泄入艾瑟尔湖。

多尺度工程协调。小尺度的改造措施，包括放置和移动堤坝、除污、创建和增加洪水通道的深度、降低堤坝的高度、消除障碍等。大尺度的改造措施，包括建造

图 5-8 “Room for the River”项目分布图
图片来源：www.ruimtevoorderivier.nl.

一条“绿河”用于泄洪、堤防向外搬迁。采取什么类型的工程手段取决于两方面的因素。一方面，基于河流本身的特征，分析不同类型手段对整体的影响；另一方面，侧重于某些利益相关方所期望的经济评估。从技术和经济角度出发，总共评估了300 多个可实践措施，以获得最佳的可行组合。

长短期策略结合。短期策略基于空间品质提升和经济有效性原则，深化了 34 项导则措施：建设生态绿色走廊、降低河漫滩的海拔、降低防波堤高度、增加副水渠深度、疏浚河道等。短期策略进一步确定重点河流沿岸地区。例如马特威河沿岸，通过分流河水至阿默河，降低对建成区的干扰，采取湿地再造和返地为湖的措施，以及和边境国家进行区域协作。长期策略通过与土地利用规划协调，形成高水位敏感区“保留土地”的机制，防止大规模城镇开发，为未来落实“短期策略”做准备（曹哲静，2018）。

防洪与空间品质改善并重。在荷兰《国家空间规划框架》（National Spatial Planning Framework）下，“扩大河流空间”提出了三种价值保护：感知价值，包括地域性特征、历史记忆、审美体验等；使用价值，注重文化、调节、净化、供给等多功能复合；潜在价值，强调可持续性和生态多样性支持功能。以此提出四种空间规划手段：①自主发展：只在河床和目前的洪泛区采取措施，沿着河流多以同样的发展方式。②集中和动态发展：措施集中在社会经济或自然修复有预期的空间发展地区。③稳健和自然发展：措施主要是建立新的绿色河流区域。④线性和紧凑：

措施尽可能集中于目前的河床和洪泛区内，只有河床外更经济或质量更高时，措施才落位于河床外实施。

（3）实践启示

荷兰转变自身发展方式，将传统的防洪安全从“加高堤防”转向“还地于水”，通过积极适应的策略，实施城市的雨洪安全、水资源利用和生态景观等复合功能。宏观层面，通过跨区域的协同治理，以形成统一目标并确定重要生态廊道；中观层面，通过土地利用实现“水土整合”和“韧性规划”；微观层面，选择适宜的空间进行项目建设并落实工程措施，最终基于法规、行政、财税、社会参与的多重制度来保障其实施。

卢和斯特德（Lu and Stead，2013）总结了跟气候变化和洪水风险有关的荷兰韧性实践，包括六个方面：①关注近期的状况；②关注发展趋势和未来的威胁；③从已有经验中学习的能力；④设定目标的能力；⑤开始行动的能力；⑥公众参与的能力。荷兰实践的韧性概念是一个综合的概念，内涵并不清晰，且政策制定者和居民也并不熟悉，导致多数人更认同防御的方式来管理洪水灾害。但是鹿特丹的案例表明，国家层面主要制定减缓政策，而地方政府是以适应政策为主。城市面临威胁和回应扰动的能力，除了需要弹性的城市空间结构，更需要强大的社会系统（Lu and Stead，2013）。

参考文献

[1] ADGER W N, HUGHES T P, FOLKE C, et al. Social-ecological resilience to coastal disasters[J]. Science, 2005, 309 (5737): 1036-1039.

[2] ALBERTI M. Urban patterns and environmental performance: What do we know?[J]. Journal of Planning Education and Research, 1999, 19 (2): 151-163.

[3] ASPRONE D, MANFREDI G. Linking disaster resilience and urban sustainability: A glocal approach for future cities[J]. Disasters, 2015, 39 (S1): 96-111.

[4] BIESBROEK G R, SWART R J, KNAAP W. The mitigation-adaptation dichotomy and the role of spatial planning[J]. Habitat International, 2009, 33 (3): 230-237.

[5] BLANCO H, ALBERTI M, OLSHANSKY R, et al. Shaken, shrinking, hot, impoverished and informal: Emerging research agendas in planning[J]. Progress in Planning, 2009, 72 (4): 195-250.

[6] CARDONA O D, AALST M V, BIRKMANN J, et al. Determinants of risk: Exposure and vulnerability. In: Field C B, Barros V, Stocker T F, et al. (EDs.), Managing the risks of extreme events and disasters to advance climate change adaptation (pp.65-108). Cambridge: Cambridge University Press, 2012.

[7] CARPENTER S R, WESTLEY F, TURNER G. Surrogates for resilience of social-ecological systems[J]. Ecosystems, 2005, 8 (8): 941-944.

[8] FOLKE C. Freshwater for resilience: A shift in thinking[J]. Philosophical Transactions of the Royal Society of London: Series B, Biological Sciences, 2003, 358 (1440): 2027-2036.

[9] GERSHUNOV A, CAYAN D R, IACOBELLIS S F. The Great 2006 Heat Wave over California and Nevada: Signal of an Increasing Trend[J]. Journal of Climate, 2009, 22 (23): 6181-6203.

[10] HANDY S. Methodologies for exploring the link between urban form and travel behavior[J]. Transportation Research Part D: Transport and Environment, 1996, 1 (2): 151-165.

[11] HOLLING C S. Engineering resilience versus ecological resilience. In: Schulze P. (Ed.), Engineering within ecological constraints (pp.31-44). Washington, D.C.: National Academy Press, 1996.

[12] HOLLING C S. Resilience and Stability of Ecological Systems[J]. Annual Review of Ecological Systems，1973，4（4）：1-23.

[13] United Nations International Strategy for Disaster Reduction（UNISDR）. Hyogo framework for action 2005 - 2015：Building the resilience of nations and communities to disasters[C]. World Conference on Disaster Reduction. 2005.

[14] IPCC. Climate change 2014：Synthesis report[R]. Cambridge：Cambridge University Press，2014. https：//www.ipcc.ch/report/ar5/syr.

[15] KARL T R，TRENBERTH K E. Modern Global Climate Change[J]. Science，2003，302：1719-1723.

[16] KENNEDY C，CUDDIHY J，ENGEL-Yan J. The changing metabolism of cities[J]. Journal of Industrial Ecology，2007，11（2）：43-59.

[17] KLEIN R J T，SCHIPPER E L F，DESSAI S. Integrating mitigation and adaptation into climate and development policy：three research questions[J]. Environmental Science & Policy，2005，8（6）：579-588.

[18] KLIJN F，BUUREN M V，ROOIJ S A M V. Flood-risk management strategies for an uncertain future：Living with Rhine river floods in the Netherlands?[J]. Ambio，2004，33（3）：141-147.

[19] LHOMME S，SERRE D，DIAB Y，et al. Analyzing resilience of urban networks：A preliminary step towards more flood resilient cities[J]. Natural Hazards and Earth System Science，2013，13（2）：221-230.

[20] LIN N，EMANUEL K，OPPENHEIMER M，et al. Physically-based assessment of hurricane surge threat under climate change[J]. Nature Climate Change，2012，2（6）：462-467.

[21] LU P，STEAD D. Understanding the notion of resilience in spatial planning：A case study of Rotterdam，The Netherlands[J]. Cities，2013，35：200-212.

[22] LUBER G，MCGEEHIN M. Climate change and extreme heat Events[J]. American Journal of Preventive Medicine，2008，35（5）：429-435.

[23] MANYENA S B. The concept of resilience revisited[J]. Disasters，2006，30（4）：433-450.

[24] MEEROW S，NEWELL J P，STULTS M. Defining urban resilience：A review[J]. Landscape and Urban Planning，2016，

147：38-49.

[25] PAN A H O. United nations conference on environment and development：Rio declaration on environment and development[J]. International Legal Materials，1992，31（4）：874-880.

[26] Resilience Alliance. Urban resilience research prospectus [EB/OL]. 2007 [2016-10-18]. http：//81.47.175.201/ET2050_library/docs/scenarios/urban_resilence.pdf.

[27] SMITH P，OLESEN J E. Synergies between the mitigation of，and adaptation to，climate change in agriculture[J]. The Journal of Agricultural Science，2010，148（5）：543-552.

[28] STUART C. Energy and climate change adaptation in developing countries[R]. Eschborn：European Union Energy Initiative Partnership Dialogue Facility，2017. https：//sun-connect-news.org/fileadmin/DATEIEN/Dateien/New/euei_pdf_2017_energy_and_climate_change_adaptation_in_developing_countries__1_.pdf.

[29] WOLCH J R，BYRNE J，NEWELL J P. Urban green space，public health，and environmental justice：The challenge of making cities ‘just green enough’ [J]. Landscape and Urban Planning，2014（125）：234-244.

[30] 比雅克·英格斯，杰里米·阿兰·西格尔，西蒙·大卫，等．弹性的防洪基础设施：纽约市东海岸弹性修复计划[J]. 景观设计学，2017，5（6）：88-97.

[31] 曹莉萍，周冯琦．纽约弹性城市建设经验及其对上海的启示[J]. 生态学报，2016，38（1）：86-95.

[32] 曹哲静．荷兰空间规划中水治理思路的转变与管理体系探究[J]. 国际城市规划，2018，33（6）：72-83.

[33] 仇保兴．基于复杂适应系统理论的韧性城市设计方法及原则[J]. 城市发展研究，2018，25（10）：1-3.

[34] 崔胜辉，徐礼来，黄云凤，等．城市空间形态应对气候变化研究进展及展望[J]. 地理科学进展，2015，34（10）：1209-1218.

[35] 戴伟，孙一民，韩·迈尔，等．气候变化下的三角洲城市韧性规划研究[J]. 城市规划，2017，41（12）：26-34.

[36] 顾朝林，张晓明．基于气候变化的城市规划研究进展[J]. 城市问题，2010（10）：2-11.

[37] 顾朝林．气候变化与适应性城市规划[J]. 建设科技，2010（13）：28-29.

[38] 黄波，马广州，王俊峰．荷兰洪水风险管理的弹性策略[J]. 水利水电科技进展，2013，33

（5）：6-10.
[39] 姜允芳，Eckart Lange，石铁矛，等．城市规划应对气候变化的适应发展战略——英国等国的经验 [J]. 现代城市研究，2012，27（1）：13-20.
[40] 刘丹．弹性城市与规划研究进展解析 [J]. 城市规划，2018，42（5）：114-122.
[41] 刘念雄，汪静，李嵘．中国城市住区 CO_2 排放量计算方法 [J]. 清华大学学报（自然科学版），2009，49（9）：1433-1436.
[42] 潘海啸，汤諹，吴锦瑜，等．中国“低碳城市”的空间规划策略 [J]. 城市规划学刊，2008（6）：57-64.
[43] 彭仲仁，路庆昌．应对气候变化和极端天气事件的适应性规划 [J]. 现代城市研究，2012（1）：7-12.
[44] 宋彦，刘志丹，彭科．城市规划如何应对气候变化——以美国地方政府的应对策略为例 [J]. 国际城市规划，2011（5）：3-10.
[45] 宋彦，彭科．如何通过城市总体规划促进低碳城市的实现——以美国纽约市为例 [J]. 规划师，2011（4）：095-099.
[46] 颜文涛，王正，韩贵锋，等．低碳生态城规划指标及实施途径 [J]. 城市规划学刊，2011（3）：39-50.
[47] 颜文涛，邢忠，曹静娜，等．绿色基础设施的规划实施途径 [J]. 山地城乡规划，2012（5）：14-22.
[48] 颜文涛，萧敬豪，胡海，等．城市空间结构的环境绩效：进展与思考 [J]. 城市规划学刊，2012（5）：50-59.
[49] 颜文涛．减缓·适应——应对气候变化的若干规划议题思考 [J]. 西部人居环境学刊，2013（3）：31-36.
[50] 杨敏行，黄波，崔翀，等．基于韧性城市理论的灾害防治研究回顾与展望 [J]. 城市规划学刊，2016（1）：48-55.
[51] 叶祖达．城市规划管理体制如何应对全球气候变化？ [J]. 城市规划，2009（9）：31-37.
[52] 俞孔坚，许涛，李迪华，等．城市水系统弹性研究进展 [J]. 城市规划学刊，2015（1）：81-89.
[53] 张明顺，李欢欢．气候变化背景下城市韧性评估研究进展 [J]. 生态经济，2018（10）：154-161.
[54] 郑艳．适应型城市：将适应气候变化与气候风险管理纳入城市规划 [J]. 城市发展研究，2012（1）：47-51.

第六章

城市水系统的一体化管理

水是地球生命的基石，水的质量代表了生命的质量。在快速城市化过程中，由于人口、经济的快速增长和集聚，区域和城市尺度对自然水文过程的高强度干扰，以及人们对水资源的无度开发和低效利用，破坏了水的平衡，导致的区域性洪水泛滥、水源短缺、水质污染等水环境危机，不仅制约了社会经济的可持续发展，还严重威胁着人类的健康与生存。随着社会经济发展和城市化进程的加快，未来新的用水需求将主要集中在城市地区，水的供需矛盾将更加突出，城市将面临水问题的多重挑战。

城市地区的生态系统结构在很大程度上是过去城市土地开发和土地利用规划决策的结果。尽管土地开发和土地利用规划决策与城市内外水文过程的关系密切，但城市和区域规划与水管理通常是分离的，并依据各自的法规体系指导相关的行动。结果就是城市与水的矛盾将更加尖锐，城市也为此付出了惨重的代价。城市化对区域水文系统产生了深远的影响，而城市化地区又依赖于区域健康的水文系统，要求城市和区域发展决策与水资源管理之间更好地整合，可以促进水的良性循环和城市和区域的健康发展。

1　城市发展与水资源管理

1.1　城市发展与水资源的关系

由于全球气候变化、洪水灾害和水资源短缺的环境问题，削弱了生态系统的自然恢复能力及其提供的调节服务。流域范围内的洪水灾害和污染事件发生后，我们应该认识到所有城市都与其他城市和区域的相互依存关系，我们的城市与其他城市共享主要河流。上游城市的污水排放或建设增强导致的洪水峰值，将对下游城市产生重大影响。共享河流的各个城市的水质和洪水管理，都需要在流域层面上协调。因此，生态城市建设应该寻找新的水管理路径，结合流域和地方尺度的土地利用规划，采用生态设施接纳存蓄盈余的水资源，而不是快速排序或采用单一的防洪堤坝工程。

城市发展往往受到水资源条件的限制或激励，而密集的城市发展会造成下游洪水，农业或工业可能消耗大量的地下水并降低水质。新的水管理路径应加强水管理和空间规划之间的联系，通过国土空间规划影响生产或生活的总体布局，以降低由于不适当的城市发展导致的水问题。我们可以采用两种方式整合水和土地规划战略，一种是从工程监管思维转向宏观战略思维，实现水资源与城市发展的协调一致；另一种是将空间规划作为水政策的实施工具之一，将水视为更大区域社会文化的组成要素（Woltjer and Al，2007）。

1.2 整合水管理的土地利用规划

若考虑气候变化以及上游流域发展导致的不确定性，未来水管理需要的土地空间，可能与城市扩张需要的土地重叠。生态城市建设可以采用土地共享策略（土地多功能利用策略），有可能将对自然和水（例如湿地）、住房和水（例如浮动住房）、基础设施和水（例如浮动道路、公共水上交通）以及经济和水（例如滨水娱乐或水上娱乐）的空间需求结合起来，在保护水资源的同时，功能多样性将提升地方的活力。无论如何，传统的堤坝、水坝、运河、沟渠和泵站等结构工程措施，对一个城市的防洪安全依然至关重要。然而，面对气候变化导致的海平面上升或降雨增加等环境问题，上述结构工程的防洪措施不再是充分的解决办法。

更强烈的降雨、海平面上升和重大洪水灾害将直接威胁主要城市中心。比如，荷兰鹿特丹每 100 年约 40cm 的持续地面沉降，加上海平面上升 60cm 的中期影响情景，就需要采取重大干预措施，以避免阿姆斯特丹、海牙和鹿特丹等城市被洪水淹没。假如气候变化导致持续降雨，很多流域的自然调节能力将被削弱，从而洪水频度和强度也会增加。传统的水管理方式将难以处理气候变化、海平面上升、当地地面沉降和城市化压力等水问题，寻求水管理与空间规划的整合路径显得尤为重要。应该鼓励在城市和河流附近建造或留出约 10% 的自然蓄水空间，这类空间在正常时期可以被作为郊野公园或其他功能。暴雨期间多余的水会流入这些洼地、池塘、溪流、公园或单独的水库，以减轻当地的洪水威胁。

将水管理与空间规划联系起来，将水要素逐渐视为城市发展的战略支撑性要素，提出一种强调适应威胁并创造发展机会的战略行动，而不是将水管理视为一种纯粹的技术工作（Heimerl and Kohler，2003）。通过规划创造吸引人们休闲的场所，水在这方面起着关键作用，因为它可以提供身份识别和令人愉快的生活环境，并作为一个有粘合力的自然要素。水管理应该从只关注地方尺度上水域功能的监管行动，转向促进更大区域尺度的社会凝聚力和经济竞争力的协作行动。水管理应该从保护单一资源（如地下水、湿地和水源涵养区）转变为综合解决经济、环境、社会、农业和水问题。本质上，就是将水管理与更大的社会文化区域的其他议题结合，以提升跨区域协作和竞争力。通过流域一体化管理整合生态、经济和土地利用等各个方面，需要与空间规划建立强有力的联系。空间规划中需要认知水的社会功能，理解水在生态系统中的作用及其美学特性（Borger，2004）。

人与自然系统的复杂性决定了对城市化流域的水资源管理研究不能停留在社会学或者生态学的某一领域，多学科交叉研究成了认识人水耦合系统的必要途径（Liu et al.，2007）。流域内因水体的联系使得不同类型景观斑块之间的相互作用变得更为紧密，因而景观格局的变化会显著影响流域内水环境质量（岳隽等，2007）。流域空间开发和土地利用在推动经济社会发展的同时，对流域生态系统的健康和安全造成了剧烈影响，迫切需要在流域综合管理中充实完善土地利用分区与管制等研究内容（陈雯，2012）。保持流域生态系统健康对维护水环境的可持续性至关重要，而城市水系统的完整性和连续性，是维持区域健康的水文循环必要条件，也是保障流域生态系统功能稳定的前提条件（Daniel and Gladwell，1999）。

城市应实施更加科学灵活的气候适应政策及作出城市结构上的改变，重建城市内部生态恢复力，从微观上应实施基于城市水资源可持续管理的住区开发模式（Muller，2007）。确定住区生态空间结构，判别出控制洪涝灾害关键的局部、点和位置关系，通过保护、管理和规划坑塘、湿地和水道系统，实现洪涝生态化调节，并通过蓄滞和下渗雨水来实现雨水的资源化，通过自然途径而非单一的工程方式解决城市水资源问题。

2 城市发展与水环境管理

2.1 城市开发建设的水环境绩效

城市土地开发改变了自然植被覆盖，由自然覆盖转变成路面、停车点以及屋顶等不透水覆盖，增加了径流、洪峰流量、水土侵蚀、沉积物以及非点源污染，从而损害自然河道的物理和生物完整性。暴雨流量越高，河道侵蚀就越严重，自然河道断面形态将会改变，尽管有助于暴雨通过河道排出，但是将对河床和河流沿岸的自然植被造成破坏。此外，城市开发增大了不透水地面，增加的地表径流降低了自然渗透率，减少了地下水回灌、地下径流和河流基流，导致河流在旱季或干旱时干枯，进而影响了溪流生态和河岸植被。总体而言，城市土地开发增大了不透水表面率，主要产生的确定性影响为：①水文的影响：加大径流量，加大洪峰流量；②物理的影响：河道拓宽，河道改形，木质物残体减少，河流温度增加，深潭浅滩结构改变；③水质的影响：细菌含量超标，河流水质降低。④生物的影响：河岸连续性损坏，河流栖息地的质量降低，鱼类产卵减少，河流底部生物物种损害，鱼类和水生昆虫的多样性减少，两栖类群落减少。城市开发建设的水环境效应，还受到另外两个因素的影响。第一，不透水面是否与暴雨排放系统直接连接。第二，城市低冲击开发模式采用的生态设施，如缓冲带、生物滞留池、雨水花园等，将会减少不透水面带来的径流、非点源污染以及其他影响。

产业结构以及经济发展程度对水环境演变有着一定的驱动作用，不同的产业组合将导致不同的水环境效应。不同资源环境条件下，相同的土地使用模式，也将产生不同的水环境效应（黄金川和方创琳，2003）。公共政策对水环境变化的影响，主要体现在土地利用政策、水环境保护政策等方面，其中土地政策和规划法规具有明显的环境绩效。低密度独院住区模式比高密度模式带来了更大的人均不透水地面，在保持现有建筑总量的前提下，通过对相关规划政策的适度调整，可以减少建设区30% 暴雨径流量（Stone，2004；Stone and Bullen，2006）。城市人口与产业在较短时间内的快速集聚，已经成为影响地区环境的重要因素之一，对水环境保护产生巨大压力并可能导致水环境退化。全球气候的持续变化，是水环境变化驱动力因素中一个不可忽视的部分，全球气候变化将导致更强劲的水文循环，更极端降雨事件出现的可能性会增加，在未来的某些地区会发生更严重的干旱或洪灾（Hough，2004）。

2.2 面向水环境的城市发展策略

城市开发建设导致的水文过程变化，对城市水环境效应作用显著，为了重建与自然平衡的城市，需要确定支撑健康水文循环过程的城市空间结构模式（颜文涛等，2011；颜文涛等，2012）。城市用地布局应遵循自然水文过程，整合城市形态和城市水系统（Shandas and Hossein，2010），将河流水系作为一种支撑或限定城市空间结构的关键元素，基于水系自然变迁过程理解城市演进历史，挖掘城市河流的景观和文化价值，将河流水系有机地融入城市形态结构，创建人和自然的共生体系（邢忠和颜文涛，2005；邢忠等，2006；邢忠和陈诚，2007）。应在水系统与城市形态结构要素之间建立一种关系，编制将公共开放空间与水管理进行整合的水、生态、景观的一体化规划方法，水要素应作为一种支撑或限定城市机理的结构性元素（Shrestha and Shrestha，2009）。

城市生态化空间结构需要考虑水资源承载力、水环境容量对城市人口规模、用地规模和产业规模的约束效应，以及土地利用的正向支撑效应（黄光宇，2005；沈清基，2004；沈清基和徐溯源，2009）。认知和理解城市空间结构的水环境效应，将水环境容量和功能目标转化为流域土地开发的空间约束，提出水陆一体化的空间管制策略，是保障区域健康水环境的重要基础（陈雯等，2005；颜文涛等，2014）。以区域自然水文生态系统的演变机理为基本框架，将河流水域、内陆湿地、洪泛区、地下水补给区等作为绿色基础设施的网络构成要素，可以更好地实现水环境保护的目标（Benedict and McMahon，2002）。

仅依赖工程技术途径的“末端处理”，若不从土地利用模式上提出解决城市水环境问题，将难以有效解决城市整体水环境问题。弗雷德里克·奥姆斯特德（Frederik Olmsted）、伊安 · 麦克哈格（Ian McHarg）、弗雷德里克 · 施泰纳（Frederick Steiner）、朱利叶斯 · 法布士（Julius Fabos）等采用适宜性分析技术，形成了水环境保护和水资源可持续利用的生态规划方法。景观生态学家理查德·福尔曼（Richard Forman）提出了不可替代格局模式和集中与分散相结合的最优景观格局模式，探讨了趋向水环境保护的土地利用规划途径。基于区域的水文过程构建城市生态基础设施，在流域尺度组织安排城市建设用地及各类开放空间，可以削减城市径流污染和减低径流峰值流量，从而形成水环境安全的城市土地利用空间格局（Yeo and Guldmann，2006；俞孔坚等，2005；俞孔坚等，2009）。为了应对巨大的水环境挑战，将城市水文结构（Hydrological Structure）和用地布局关联耦合，城市水文机理可为设计师提供优化场地的信息，形成海绵城市及水文都市主义（Water Urbanism）的概念，实现人与水和谐共生的价值目标（Shannon，2009）。

3 城市健康水系统的构建

城市水系统就是在一定地域空间内，以水资源保护和开发为主体，与城市和区域的自然、社会、经济密切相关且随时空变化的自然水系统和人工水系统的总和。由于水的自然属性、社会属性和经济属性等多种属性，城市水系统的内涵已经远远超出了自然资源的范畴，不仅包涵了相关的自然因素，还融入了社会、经济、政治等许多因素（邵益生，2004）。水是自然系统的关键组成要素，区域甚至全球生态系统的健康状态决定了水的质量和状态。社会对水的需求程度和认识水平，决定了水的保护与利用程度，并由此产生了水的经济价值。

3.1 城市水系统的系统结构

城市水系统由社会水系统和自然水系统构成。城市水资源是城市水系统的基础要素，针对水资源的保护和开发过程形成的相关自然或人工系统，就构成了城市水系统结构。若将水资源划分为生态、生产、生活三类水，那么生产和生活需水可以被视为一种特殊的商品，而水源便是该商品的原料。尽管生态用水构成了自然水系统的支撑要素，具有净化调节功能，通常不能拿来直接交易，其价值容易被人忽略。城市水系统是城市居民的生命支撑系统之一，因为水既是居民生活和工业生产必需的资源要素，也是城市中其他生命必不可少的组成成分。其中，城市社会水系统由水源、供水、用水和排水等四大子系统构成，城市自然水系统由地表水（如河流、湖泊、库塘）、地下水等若干子系统构成，城市社会水系统和自然水系统又属于更大区域水系统的一个组成部分。城市水系统构成了一个递阶层级结构。构成城市社会水系统的水源、供水、用水和排水等子系统，城市自然水系统的地表水和地下水决定了可利用水资源总量以及城市水源结构，它们与用水结构和用户分布共同决定了供水网络结构，用户是连接供水系统和排水系统的节点，城市自然水系统很大程度上影响着排水系统结构和污水处理厂尾水排放点。

城市社会水系统的水源取自于自然水系统，最后返回自然水系统，就构成了一个循环系统。每个城市要素都对该循环系统起着促进或制约作用，同一系统层级的各子系统或要素之间的矛盾和冲突，若无法通过调整自身的结构得到解决，就需要上一层级系统进行协调，以维持系统结构的整体性和功能的稳定性。城市社会水系统的水源取自于城市自然水系统，通过取水和输配水系统到达用户（居民用水点或工业用水点），通过水的使用和消耗后排出污水或废水，再进入城市自然水系统。对这个循环系统，我们需要关注取水点和排放点的关系，仅按照饮用水标准管理取水点和排放点的上下游距离关系，还远不足以保障饮用水安全，应该基于城市或区域自然水系统的净化能力，再合理布置水源取水点和尾水排放点。

城市取水和输配水系统构成了城市供水系统，属于城市水资源开发利用过程，联系水源和用户的重要系统。没有城市供水系统，水源就无法被用户消费。水的消费需求驱动城市供水系统逐渐成熟，并形成一套相对成熟的定价机制。供水与需水是一对矛盾，既对立又统一，没有需水，就不必供水，而满足需水是供水的系统目标，水的价值在消费中得到体现。另外，由于供水水源消耗后会产生排放，收集排放的污水并经过处理过程，构成了城市排水系统。城市排水系统具有两面性，经净化处理后尾水的排放，可增加水源的补给量，未经净化处理的污水直接排放，则污染自然水系统的水质，进而将减少水源的可利用量（邵益生，2004）。城市水系统的总体功能是满足城市自然生态和社会经济的用水需求，亦即生态、生活、生产等“三生”用水需求。城市社会水系统和自然水系统相互制约，形成一个稳定的城市水系统结构。其中，城市生态用水是维持整体系统健康的前提和基础，社会水系统的取水总量不能破坏自然水系统的赋存环境、补排平衡以及水环境质量状态。

3.2 城市水系统的构建策略

城市水系统建设管理应与城市和区域发展相协调，既要满足城市高质量的供水目标，支持城市和区域的社会经济发展，又要根据区域水资源禀赋条件，对城镇建设规模和产业结构提出引导和制约的要求。水资源短缺的地区应逐步形成节水、高效和减排的产业结构体系。一个水资源非常短缺的干旱地区，无法满足城市发展对生活、生产的水量需求，采取工程措施及用水结构优化后仍不能达到水量供需平衡，水资源承载能力就形成了关键的制约因子，耗水量大和污染严重的相关产业应该受到严格限制。

城市水系统是自然水系统和社会水系统的耦合系统。通常没有受到人类干扰的自然水系统，可以通过自然水文循环过程维持水的动态平衡，从而具有良好的水环境质量状态。社会水系统的“上游取水”和“下游排水”行为，从水量消耗和水质变化方面，打破了自然水系统的动态平衡，可能会导致水源的可利用水量越用越少、水质越用越差的恶性循环之中。改变这种恶性模式的关键措施之一，首先需要从战略层次作出调整，将“开源、节流与治污并重”战略转向“节流优先，治污为本，多渠道开源”战略，然后提出城市健康水系统构建的三大策略：①整体策略。城市水系统是城市大系统中不可分割的有机组成部分，应将其纳入城市大系统统一谋划。②协同策略。强调社会水系统和自然水系统的协同关系，厘清城市水系统的层级结构和功能。③循环策略。增加“节水”子系统，减少取水量和污水排放量。加大中水回用量，减少对自然水系统的人为干扰，构建再生水“回用”子系统（邵益生，2004）。

4　城市开发建设的洪灾管理

4.1　城市洪水风险管理

从社会经济发展的历史维度看，因为洪泛区有丰富的自然资源，以及为经济、社会或环境领域提供了许多机会，人类通常优先选择洪泛区作为聚落空间。由于全球气候变化、流域城市化、森林退化以及现代农业实践，改变了流域产汇流过程，引起城市洪涝频率和强度的增大，建设大型水利设施和防洪设施又会导致洪灾风险转移，历史上洪水风险不高的城市正在转变为高洪水风险城市（Ramesh，2013；Bronstert et al.，2002；Beckers et al.，2013）。面对极端洪水事件的威胁，构建城市洪灾管理和土地利用规划之间的整体性框架非常重要（颜文涛和黄欣，2019；Stevens el al.，2008），在评估现状和未来洪水风险的基础上，权衡在社会经济的发展诉求和洪水风险的社会可接受程度，提出适应性的土地利用策略。

城市洪水灾害的产生是作为致灾因子的洪水与城市易损性相结合的结果，影响洪灾风险三要素包括洪水强度、暴露和脆弱性。基于“概率—后果”或“危险—暴露—脆弱性”风险评估框架，根据风险评估模型 = 概率 × 后果 = 洪水强度 × 暴露 × 脆弱性，基于城市街区单元可以评估城市洪灾风险程度。其中，淹没水深越大或淹没时间越长，则危险强度越大，洪灾危险强度初步选择淹没水深和淹没时间两个参数。后果与承灾体的暴露和脆弱性有关，暴露可以选择人口数量、人均收入、建筑设施规模；脆弱性是指社会经济系统对洪水影响的敏感或适应的程度，可以选择低收入人口比例、老人和儿童比例、重要设施规模（如卫生医疗设施、学校、住所、警察局、疏散避难所、能源供应设施、危化品设施等）。

可以通过空间规划及用途管制，采用减缓洪水强度、从高风险区撤出受灾主体或增强受灾体抵抗力等三部分策略，将洪水风险减轻至社会可接受水平，这个“可接受水平”根据特定社会对风险认知不同而变化。可以提高防洪标准或适应性设计减少脆弱性，比如，建筑可被设计成悬空挑高、漂浮或是防水建筑，能够帮助人们更好地适应洪水灾害。从构建城市绿色基础设施、设置城市蓄水空间、高规格堤防区的土地使用、重建柔性堤岸、水广场等方面，提出城市减缓洪水强度和适灾策略。依据洪水强度等级，引导城市发展方向、用地规模和功能布局等，可以有效降低城市的洪水风险水平。

值得注意的是，建设防洪堤等结构工程设施时，不仅要考虑其可能为直接保护区带来的好处，而且还要考虑这类防洪设施对目标区域的意外不利影响。某一结构工程的防洪设施会对洪水特性产生影响，进而转移洪水风险。图 6-1 显示了由于特定工程干预引起的洪水传播或洪水转移。在洪水条件下，例如在 B 情况下，桥梁作为一个水坝，影响了行洪空间进而抬高水位，洪水对上游村庄造成灾害。发生该洪水事件后，上游村庄在河两岸修建防洪堤。然后，在下一次洪水期间，由于上游堤防会进一步抬高水位，导致下游村庄产生了危险（图 6-1 的 C 情况）。因此，当我们建设堤防时，应该评估保护区的好处和潜在的负面影响。事实上，这样的干预可能会产生远远超出其目标区域的影响。例如，上游地区是否准备处理回水效应？下

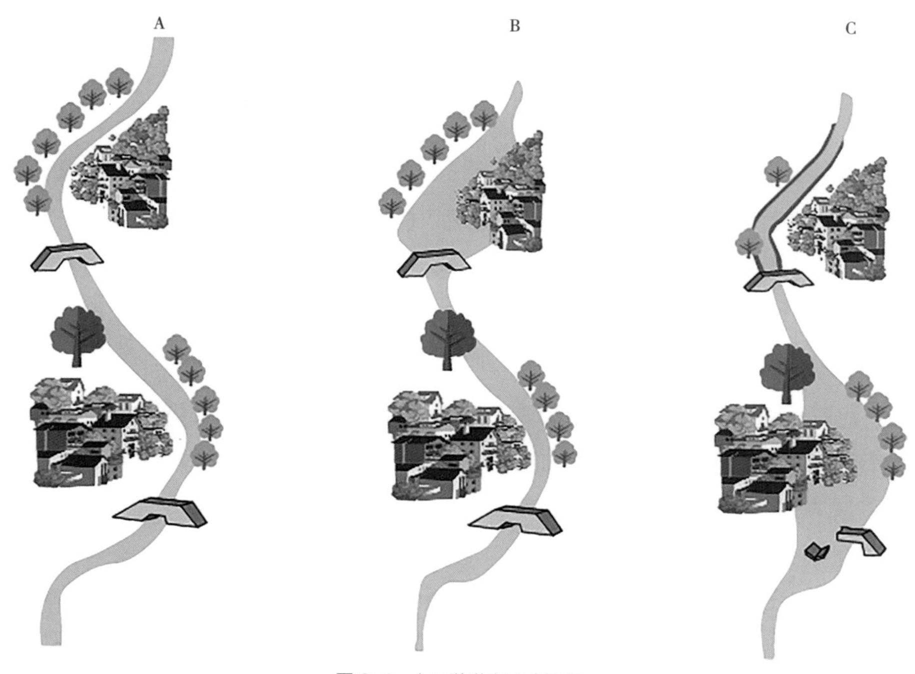

图 6-1　上下游洪水风险转移
图片来源：WMO and GWP，2016.

游地区是否准备好疏导或储存增强的洪水流量的一部分？河对岸是否以相同的安全标准准备？（WMO and GWP，2016）。

4.2 提升城市洪灾韧性

随着全球气候变化和城市化进程的加速发展，滨水城市面临着严重的洪灾威胁，人们往往选择建设大型的防洪工程，如堤坝或渠化。但是由于防洪工程设施和手段，会损害河流提供生态系统服务的能力，并增加长期的洪水风险，从而限制了城市提供适应性的选择权。前面提到的，面对环境变化背景下，结构工程的防洪措施不再是充分的解决办法。一方面，传统的防洪减灾策略由于会吸引更多的人口和资产集中到由其保护的区域内，将增加长期的洪灾风险（Aerts et al.，2014；Burby et al.，2000；Hallegatte et al.，2013）；另一方面，结构工程防洪措施的抗灾强度存在极限，一旦发生超过工程标准的洪水强度，将会造成更加严重的后果。此外结构性措施还会转移洪水风险，可能会产生远远超出其目标区域的环境影响（Alley et al.，2007）。因此，城市开发或采用结构性措施后导致的洪水风险，需要采用小流域内就近增加洪水调蓄的补偿政策，洪水调蓄空间的功能更新责任由灾害风险施加方承担。

城市洪灾韧性是指“城市经历极端洪水灾害后，通过坚持、吸收、适应和恢复等策略，可以有效降低风险，同时能够维持较低风险并保持良性机制的能力”，表现为两种能力，即经历变化后依旧基本保持原有主要特征、结构和关键功能的能力和适应变化并快速地转变到期望功能的能力。城市洪灾韧性承认洪水不可避免，更关注提升受灾体的抵御、恢复或适应能力，综合采用结构性工程措施和非结构工程措施，提升受灾体的持续生存能力，减少洪灾损失（聂蕊，2012）。提高洪灾韧性的城市开发策略包括：多功能性、冗余度和模块化、（生物和社会）多样性、多尺度网络和连通性，以及适应性规划设计等。“洪水滞留”（Detention in Compartments）和“绿色河道”（Green Rivers）两种非结构工程性的洪灾管理策略，可以提升城市洪灾韧性（Vis，2003）。

提升城市洪灾韧性本质上是通过适应减少洪水损失的过程，城市洪水管理模式应从“使人们远离洪水”转变为“向洪水学习”（Schielen and Roovers，2008），预测和适应洪水、顺应洪水的生态过程、向公众揭示洪水动态（Liao，2016），通过社会学习和实践达成环境共识并主动适应城市洪灾（Mileti，1999；Trim，2004）。基于洪灾韧性的城市土地利用和管理机制是基于实践、学习、反馈的动态循环过程，在此过程中构建空间及管理的适应性，形成一种多尺度和持续的工作状态（Walker et al.，2004）。基于洪灾韧性的管理机制可以分为经济政策、社会政策、管制政策等三类。其中，管制政策包括环境叠加区管制、规划许可、建筑标准等（Restemeyer，2015），经济政策包括开发权转移或容积率红利、洪水保险等，社会政策包括技术援助、信息公开、公众参与规划等（Burby，2000）。

5 滨水区建设与水生态修复

受到城市开发建设活动的影响，城市河流正在面临较为严重的生态与环境问题：河流污染、沟渠化、滨水空间被侵占等现象，致使河流水生生态系统退化、河流生物多样性降低，最终导致城市河流的生态系统服务退化。城市滨水景观建设与河流生态系统管理息息相关，应强调河流滨水空间的生态修复，提高水生态系统的自净能力，营造滨水环境的生物多样化，促进健康的城市河流生态系统。从生态学意义而言，城市河流对城市生态系统和局部小气候有重要的影响，对于减少城市热岛效应，保持生物链的完整和生物多样性具有重要的意义。以污水截留、径流管控、水体自净、水质净化等水质管理措施，能够为城市河流的生态修复提供水质保障。

西方发达国家的城市滨水区开发建设经历了四个阶段：20 世纪 20 年代以前，大多逐水而居，河流沿线是城市生活中心，再到 20 世纪 30 年代至 60 年代，原有工厂、仓库、码头密布的城市河流沿线逐渐被弃置，滨河区生态环境遭到严重破坏；20 世纪 60 年代至 70 年代期间，西方社会的价值观念变化，掀起环境保护运动的高潮，城市河流沿线的环境整治得到关注；20 世纪 90 年代后，开展城市滨水区更新和社区复兴，历史遗产保护与旅游开发，以及城市公共开放空间建设。与西方发达国家前期的发展过程类似，我国滨水城市建设也存在一定的误区，河流水系这一重要景观环境要素没有受到足够的重视。

为了应对河流水体严重污染、河岸硬质化和老化、河道生境破坏等城市滨水区面临的生态问题，美国芝加哥河流复兴和韩国清溪川河流生态恢复这两个项目实践（图 6-2、图 6-3），具有一定的代表性，均通过对城市水生生态系统进行修复，重塑城市滨水区的景观和生态功能。从时间维度、技术维度、经济维度、认知维度四个维度上，总结这两个项目的共同特征：

1）时间维度上，城市河流水系经历了城市起源和发展的各个阶段，河流滨水空间是历史文化积淀最深厚的地方。如隔断城市发展与河流水系相互关系，则等同于失去了城市赖以生长的根基。引导促进人类健康安全的河流水系自然演替过程，赋予河流水系新的社会功能与认知价值，城市空间形态需要考虑河流水系环境演变的历史和过程。

2）技术维度上，通过清内源、控外源、景观活水、生态修复等多元技术协同，才能实现生态修复的目标。外源截流和内源控制技术是基础和前提，人工净化技术

图 6-2　美国芝加哥河中心城区河流景观
图片来源：https：//www.sasaki.com/projects/chicago-riverwalk.

图 6-3　韩国清溪川社区段河流景观
图片来源：https：//www.huaban china. org/n2014/02/037288/-24316036.html

作为阶段性手段，清水补给和生态修复技术是长效措施。

3）经济维度上，满足发展需求的生态修复才具有内生的动力，将生态环境作为重要的资源，可以引入与生态环境兼容的休闲娱乐、创意产业、金融服务等产业。

4）认知维度上，历史河流生态修复受到地方宗教信仰、道德伦理、社会契约或行为习俗、地方默会知识、社会组织形式、生产生活方式、工程技术等因素的影响。历史河流退化多数源于对河流原有功能需求的减少。

城市河流生态修复和功能复兴是一个大的系统工程，需要多系统协作和多部门参与，只是水利部门或建设部门都无法达到生态修复的目标。针对城市河流的共性特征，提出了以下城市河流的生态修复六大策略：

1）流域整体性：流域生态系统结构完整性是河流健康的基本保障，历史河流水网与自然环境融为一体，需协调与区域自然系统的关联。将历史河流的上下游作为整体考虑，自然过程和社会过程在历史河流上下游的表现特征，可以帮助我们确定分区管理单元，保障河流水源的稳定性。历史河流的防洪系统、灌溉系统、航运系统、排水系统、水生生态系统等相互影响，单一系统的有效运行是无法保障整体系统的有效运行。整合城市历史河流水系的自然生态价值和历史人文价值，结合现状和未来的河流水系使用价值，可以提升城市形态空间和河流水系的复合效应。

2）生态适应性：全球气候变化和城市化影响区域气候和水文过程，构建或调整河流水网格局须遵循自然过程。从河流形态的演变历史，可以寻找部分生态适应性的脉络。将河流水系与各个湖塘相连，形成适应区域自然水文过程的河流水系网络格局，可以提供安全而持续的洪水调节、水源供给、水运交通等功能。

3）时间连续性：城市空间形态应体现河流水系在不同历史时段的文化价值，强调时间谱系的连续性。河流水系处于一个持续的动态变化过程，不同历史阶段对历史河流水系的需求也不一样，应为将来持续优化维护提供可灵活调节的弹性空间框架。引导利于人类健康安全的河流水系自然演替过程，赋予河流水系新的社会功能与认知价值，城市空间形态特别是滨水区复兴，需要考虑河流水系演变的历史和过程。

4）空间连接性：构建上下游河岸连续的带状绿色空间，连接水系空间与区域各类公园绿地。连接河流水系廊道与城市重要功能区和开放空间，增加滨水空间的可达性。河流水系和依托河流水运交通功能等相关设施，以及连接码头的主要历史街道轴线，构成了城市空间形态的基本组成要素。保障区域生态系统结构完整性，基于完整水—绿网络的城市河流水系，确定合理的城市河流水网密度、网络连通度和水面率指标，城市河流水系才能产生稳定高效的生态服务功能。

5）功能共生性：基于相容性原则，依据河流水系的功能目标、自然特征和景观条件，滨水区可以布置与水系功能相容的文化、游憩、商业、居住等各类设施，实现社会系统的功能共生。营造河流生态系统的共生结构和功能，优化河流的生物群落结构，实现自然系统的功能共生。不同历史时期水系功能变迁，折射出城市社会系统演替及其对水环境的需求特征，需要重置河流水系的历史、文化、景观、泄洪、排水等综合功能，才能维持有生命的河流生态系统，实现自然与社会系统功能的共生。

6）社会协作性：恢复历史河流的传统活动仪式（如观礼仪典），为河流治理与基层社会组织提供沟通合作的桥梁，也为河流水系的延续和有效运行注入内在动力，有利于培育滨水社区居民共同的精神情感。多方互动的管理过程，强调河流管理主体多元化和社区民众的参与，形成以历史河流水系为基础的社区协作管治机制。建立社会机构，如河流历史博物馆，通过社会活动和社会学习过程形成社区共识，是实现公共利益最大化的基本保障。通过开展“与水共生”的社区认知活动，可以让居民认识水跟任何其他任何商业产品不一样，更是一种必须加以保护和维护的遗产。

6 两个实践案例

6.1 芝加哥河复兴计划项目实践

（1）案例背景

芝加哥河是芝加哥最珍贵的自然资源之一，提供航运、贸易通道、供水、游憩等功能，也是野生动物的重要栖息地。全长 45km，由南段、北段及主支流段组成，经过城市居民区和工业区。当建筑师伯纳姆（Daniel Burnham）在 1909 年制定芝加哥计划时，芝加哥河的水运已经不再那么重要，但他仍然把它视为一种公民的公共资产，他想象着河的树枝在市中心汇聚成美丽的长廊。但是随着芝加哥市不断扩张，对芝加哥河的生态系统造成了巨大的破坏，大量的工业垃圾及污染物被直接

图 6-4　芝加哥河复兴计划图

图片来源：https：//www.chicago.gov/city/en/depts/dcd/supp_info/chicago_river_corridordevelopmentplan.html.

倾倒入河流，河流水体严重污染甚至黑臭。河岸硬质化和老化，芝加哥河流经芝加哥市中心，沿河两岸防波堤逐渐地老化碎裂，严重影响滨河区域休闲游憩与美学价值并带来灾害隐患。大量外来物种入侵，生物多样性降低，河道生境破坏。甚至在人为干扰下，河道被迁移、水流逆向。

1998 年，芝加哥市规划与发展局发布芝加哥河流走廊发展规划，以及相应的规划设计导则和标准（图 6-4）。具体规划目标：创造一个继承城市文化传统和创新发展的复兴的芝加哥河；为公众提供一个广泛的公众娱乐空间；提高河岸稳定性，美化河岸景观，改善生物栖息地和水质；支持对河流友好和相容性的开发行为；通过改善芝加哥滨水地区的环境提高芝加哥市民的生活质量。

（2）实践要点

公园与步道系统建设。芝加哥河道发展规划和设计导则以法令形式，规定沿河新开发项目必须从河岸起后退至少 30 英尺。规定应至少在河流一侧建立连续的、具有多用途的绿道系统。如果现有桥梁对步道造成分割，步道可从桥下穿过；如果滨水没有足够空间设计步道时，可建设水边悬挑的栈道或水上浮桥等。同时强调这些公园和步道的公共可达性，河岸边的私有用地的开发方式，推荐采用口袋公园的设计形式，作为邻近社区重要的交流交往空间。

驳岸的重塑与生境的修复。详细调查城市范围内所有河岸状况，区分不同河岸植被对生物栖息的内在价值，将原有板桩护岸替换为更为生态与安全的河岸形式。生态修复强调滨水湿地的建设，通过软化的城市界面，以支持野生动植物的生存。建立永久的原生植被，采用岩石、格栅、纤维卷、矮墙等自然驳岸。紧贴水面以下通过工程手段构造梯台，形成滨水湿地并维持湿地中自然生长的滨水植物，以营造新的湿地生境吸引野生动物。

生态修复与社区复兴结合。芝加哥河复兴计划中明确指出必须制定政策，将湿地，水生生物维育和河岸保护，与地方经济发展和社区振兴相结合。生态修复实践中若只是片面强调其生态功能，难以持续推动目标的实现。必须将生态环境改善，与城市居民教育、工作、娱乐、生活等各方面发展紧密联系起来，充分发挥水生态系统服务功能。

6.2 上海黄浦江两岸生态修复实践①

（1）案例背景

黄浦江两岸综合开发是上海增强城市综合竞争力的重要举措。根据《黄浦江两岸地区规划优化方案》，黄浦江两岸地区规划范围南起卢浦大桥，北至翔殷路—五洲大道，其范围涉及黄浦江两岸长度约为 40km 的防汛墙。规划按照“百年大计、世纪精品”的要求，通过沿江岸线功能的再开发以及滨江公共环境的建设，展示上海国际化大都市亲水、生态、历史文化和繁华的滨水新景观。自 2014 年发布《黄浦江两岸地区公共空间建设三年行动计划（2015 年—2017 年）》以来，历经四年时间，改建后的滨江空间开始逐步向游人开放（图 6-5）。黄浦江两岸全线贯通，旨在将黄浦江两岸塑造成为城市滨江森林绿廊，将工业用地转向生态绿地，生产型岸线转向生活型、生态型岸线，新建约 260hm^2 的成片公共绿地等开放空间，在中心城区全面构建层级丰富的生态绿地公园体系。

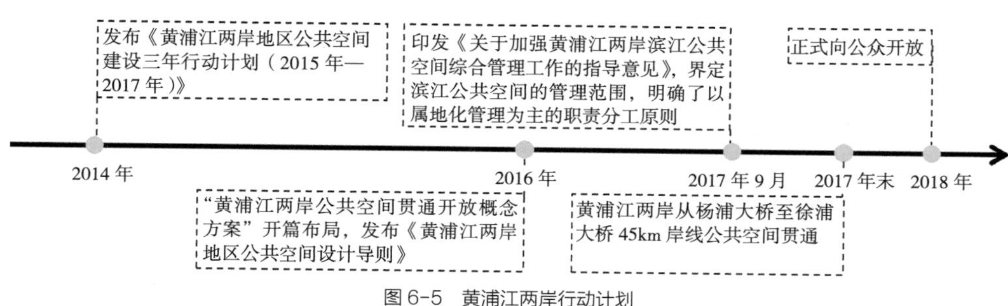

图 6-5　黄浦江两岸行动计划

图片来源：《上海手册——21 世纪城市可持续发展指南　2018 年度报告》

黄浦江是上海市最大的城市河流，也是太湖流域下游的一个水系。从饮用水标准来看，约有 86.5%河流水体已不能作为饮用水水源。黄浦江水体的污染以有机污染为主，工业废水和生活污水污染并重，农业污染次之。因此，黄浦江滨江两岸公共空间的建设给黄浦江水质净化、生态修复带来了新的机遇。

① 资料来源：彭震伟，颜文涛，王云才，等.《上海手册——21 世纪城市可持续发展指南　2018 年度报告》生态篇 [M]// 联合国，国际展览局，上海市人民政府 . 上海手册——21 世纪城市可持续发展指南　2018 年度报告 . 北京：商务印书馆，2018.

（a）　　（b）

图 6-6　黄浦江两岸景观历史对比

图片来源：https://m.sohu.com/a/130130830_513610，https://mp.weixin.qq.com/s/5Z8bMQrO3PfE4Xi0t-GaDQ，https://www.doc88.com/p-9377313495691.html?r=1，https://mp.weixin.qq.com/s/XHwD9x6KMWDU0ueFeSm2Pw，https://www.jfdaily.com/news/detail?id=58395.

开发主要面临的问题包括：滨江公共空间尚未实现贯通，总体公共空间系统尚未成型，各区段未能有效联动形成整体；滨江公共空间的文化性、景观性、生态性尚显不足，建设品质有待提升；滨江公共交通配套不足，可达性欠缺，尚未建立绿色慢行交通系统（邹钧文，2015）。自行动计划启动以来，针对上述问题逐步完善和贯通公共开放系统，使黄浦江两岸产业转型步伐加快，滨江环境明显改善。已建立了集旅游、文化于一体的休闲功能体系，形成了交通便捷、保障有力的基础设施体系，促进了滨江生态修复与公共环境提升，将黄浦江两岸打造成为吸引城市公共活动的重要区域（图 6-6）。

（2）实践要点

滨水公共空间贯通。上海市规划和国土资源管理局正式发布的“黄浦江两岸公共空间贯通开放概念方案”中对黄浦江滨水区域规划提出了“开放的江岸”“美丽的江岸”“人文的江岸”“绿色的江岸”“活力的江岸”和“舒适的江岸”六大理念，进一步增强黄浦江的休闲游览功能，优化黄浦江两岸公共空间的景观建设，营造更具人文性和生态性的滨江区域，使黄浦江两岸成为市民和游客体验上海特色、品味历史文化、欣赏风貌景观、感受城市气息的标志性空间场所。“绿色的江岸”是对黄浦江滨水空间生态修复的概念，通过修复滨水空间的水绿环境，营造安全宜人的绿色岸线。依水复绿，打通绿化断点，将生态公园、湿地、广场等资源相互连通，使沿江绿带与腹地公共环境紧密相衬，以恢复和培育浦江两岸连续的水绿生态系统。统筹防汛安全和亲水要求，对沿线公共活动密集区段，因地制宜地进行防汛墙设计，有效应对雨水和江洪的同时，满足公共活动的亲水性和易达性。

滨水空间生态修复。滨水空间是城市生态系统的重要组成部分，黄浦江对于城市中心的生态系统和区域气候有重要的影响，对于减少城市热岛效应，保持生物链的完整和生物多样性具有重要的意义。黄浦江两岸生态景观的连续贯通，提出了以自然为本底，融入地区生态格局，构建亲水宜人的绿色岸线等策略。充分尊重黄浦江自然形成的湿地系统，结合防汛堤的建设与改造，利用河口、桥下等空间形成生态锚固点，建立满足生物需要的多样生态空间体系，形成向城市腹地渗透的水绿交融生态环境。黄浦江两岸的后工业景观塑造，其工业遗产特别是工业构筑物具有鲜明的形象标识特征，通过将具有特色的工业设施、元素进行改造与再利用，并与滨水绿化景观和市民休闲活动进行较好地结合，形成了具有历史景观特色的滨江公共活动空间。在进行滨江岸线改造的过程中，积极保留具有标志性工业景观特色的船坞、塔吊、瞭望塔等建（构）筑物，形成具有后工业历史景观特征的滨水岸线。两岸贯通将以低线漫步道、中线跑步道、高线骑行道、金线水上旅游、银线预留空轨为核心，塑造“蓝绿之上，凌波微步”的空间意向。既注重整体景观和生态系统的协调，亦能从人的行为出发，兼顾社会和生态的协同关系。

滨水景观三道贯通。慢行类生态绿道范式增加了漫步、跑步、骑行三条道的要求：①漫步道主要是指为满足人们在滨江公共空间散步需要的连续通道，是亲水性最好的公共通道，联通主要的滨江活动场地。②跑步道主要是满足人们在滨江公共空间跑步、竞走等健身活动需要的连续通道，具有一定的宽度、坡度和标识要求。③骑行道主要是指为满足人们自行车休闲骑行需要的连续通道，结合市政道路的非机动车道布置，具有一定的宽度、坡度和标识要求。对滨水空间的“三道贯通”能够极大地提升原本碎片化的滨江空间之间的连通性，但其难点主要体现在两个方面：其一，涉及的码头区域权属不一，需要多家单位共同协调，推进贯通；其二，现状滨江空间为已建成且运营成熟的大型企业办公集群和北外滩滨江绿地，慢行通道贯通设计性质为改建性设计，受场地条件的制约较多。因此，对于滨江地区各类断点，主要采用四种连通方式：①观景平台上跨，对于码头形成的空间断点，如复兴东路、董家渡路等轮渡站均在上部设公共平台，人行活动可跨越码头。②水上平台设置，如南浦大桥、卢浦大桥等个别断点利用现状高桩码头改造为水上平台实现连通。③向后绕行通道的设置，陆家浜路轮渡站、世博园区内三处水门均采用公共活动向后绕行的方式完成连接。④架设桥梁，在日晖港形成的断点，可增设步行桥梁连接现状徐汇区滨江空间，打通断点。

（3）实践启示

黄浦江两岸地区公共空间缺乏“可达性”与“连通性”是主要困局，主要地段生态景观修复过程存在如下问题：①黄浦滨江两岸综合开发导致土地所有权分裂及土地归属问题，且服务设施的质与量均不能满足需求。需要协调各土地使用权业主，对黄浦江滨江三道系统及其配套服务设施系统进行统一管理。②黄浦滨江两岸开放空间存在阻碍空间和活动连通的一些要素，如海事、轮渡、公安、环卫等各类公务码头，导致空间破碎化、其生态景观空间所能提供的各类服务使用率低。③黄浦滨江带硬化的防汛建设与游憩需求相矛盾，无法解决市民亲水需求与提高滨江两岸防汛水平之间的矛盾。同时硬化防汛驳岸的要求也为滨江生态修复造成了技术上的难题，需要在保障滨江绿地水安全的前提下应用生态技术。④不同基础设施建设目标间存在矛盾，如：协调优化沿江旅游码头、轮渡站、公务码头的设施布局与整个滨江贯通之间的矛盾。需要在不同的片区中评估现状，对不同建设目标做出相对取舍，联系整体基础设施服务系统形成完善的体系。

黄浦江滨江两岸生态景观修复不仅有客体的生物，还有表达客体的人文情怀，在生态景观修复上既要重视城市空间的需求，又要体现修复的科技和创新。生态修复本身还需要时间的检验。总体而言，该项目提升了黄浦江滨水空间复合功能，该项目实践的启示有几点：①增强城市滨江空间开放性和连通性是更新活化滨水空间的重要手段，全线贯通打开亲水景观廊道，还江河以空间，还空间以生态，打造高品质、多功能、生态可持续的人居环境，优化配置基础设施、提升场地价值。工业遗存再生利用以保留黄浦江历史风貌，强化场所记忆、增强居民归属感和认同感，以重塑工业遗址意象为策略的空间更新，让历史记忆留在现在，突出教育意义。②环境改善创造绿色活跃的滨水空间，技术创新缓解基础设施与空间功能的矛盾。以线带面推动周边地块联系的有机贯通，使生态系统结构成为一个体系，同时植根生态理念、依托新兴技术的生态新范式，从植被种植到后期养护都给予了生态的表达和诠释。通过生态、文化、社会等多方面统筹考虑的整体思维，实现滨江生态景观空间的贯通，形成综合的黄浦江滨江生态系统，通过营建生态空间、增加场地可达性的手段来激发场地活力，带动周边生态产业发展，形成依托滨江开放空间的城市复兴途径。

参考文献

[1] AERTS J C,BOTZEN W J,EMANUEL K, et al. Climate adaptation. Evaluating flood resilience strategies for coastal megacities[J]. Science, 2014, 344 (6183): 473-475.

[2] ALLEY R B, BERNTSEN T, BINDOFF N L, et al. Summary for policymakers. In : SOLOMON S, QIN D, MANNING M, CHEN Z et al. (Eds.), Climate change 2007 : The physical science basis. Contribution of working group i to the fourth assessment report of the intergovernmental panel on climate change (pp. 1-18). Cambridge : Cambridge University Press, 2007. https : //www.ipcc.ch/site/assets/uploads/2018/02/ar4-wg1-spm-1.pdf.

[3] BECKERS A, DEWALS B, ERPICUM S, et al. Contribution of land use changes to future flood damage along the river Meuse in the Walloon region[J]. Natural Hazards and Earth System Sciences, 2013, 13 (9): 2301-2318.

[4] BENEDICT M , MACMAHON E T . Green Infrastructure : Smart Conservation for the 21st Century[J]. Renewable Resources Journal, 2002, 20 (3): 12-17.

[5] BORGER G J. The Netherlands and the North Sea : A close relationship in historical perspective. In : DIETZ T, HOEKSTRA P, THISSEN F, et al. (Eds.), The Netherlands and the North Sea (pp. 13-17). Amsterdam : Aksant Academic Publishers, 2004.

[6] BRONSTERT A, NIEHOFF D, AND BÜRGER G. Effects of climate and land-use change on storm runoff generation : Present knowledge and modeling capabilities[J]. Hydrological Processes, 2002, 16 (2): 509-529.

[7] BURBY R J, DEYLE R E, GODSCHALK D R. et al. Creating hazards resilient communities through land-use planning[J]. Natural Hazards Review, 2000, 1 (2): 99-106.

[8] LOUCKS D P. GLADWELL J S. Sustainability criteria for water resource systems[M]. Cambridge: Cambridge University Press, 1999.

[9] HALLEGATTE S, GREEN C, NICHOLLS R J, et al. Future flood losses in major coastal cities[J]. Nature Climate Change, 2013, 3(9): 802-806.

[10] HEIMERL S, KOHLER B. Implementation of the EU Water Framework Directive in Germany[J]. The International Journal on Hydropower and Dams,2003,10(5): 88-93.

[11] HOUGH M. Cities and natural process (2ed edition) [M]. London : Routledge, 2004.

[12] LIAO K H , LE A T , NGUYEN K V. Urban design principles for flood resilience : Learning from the ecological wisdom of living with floods in the Vietnamese Mekong Delta[J]. Landscape and Urban

Planning, 2016, 155 : 69-78.
[13] LIU J, DIETZ T, CARPENTER S R, et al. Complexity of coupled human and natural systems[J]. Science,2007(317): 1513-1516.
[14] MILETI D S. Disasters by design : A reassessment of natural hazards in the United States[M]. Washington, D.C. : Joseph Henry Press, 1999.
[15] MULLER M. Adapting to climate change : Water management for urban resilience[J]. Environment and Urbanization, 2007, 19 (1): 99-113.
[16] RAMESH A. Response of flood events to land use and climate change [M]. Dordrecht : Springer, 2013.
[17] RESTEMEYER B, WOLTJER J, BRINK M. A strategy-based framework for assessing the flood resilience of cities-A Hamburg case study[J]. Planning Theory & Practice, 2015, 16 (1): 45-62.
[18] SCHIELEN R M J, ROOVERS G. Adaptation as a way for flood management[C]. Proceedings of the 4th international symposium on flood defence : Managing flood risk, reliability and vulnerability. Toronto, Ontario, Canada : May 6-8, 2008. https : //www.utwente.nl/en/et/wem/people-attachments/schielen/flood2008.pdf.
[19] Shandas V, Hossein P G. Integrating urban form and demographics in water-demand management: An empirical case study of Portland, Oregon[J]. Environment and Planning B: Planning and Design, 2010, 37 (1): 112-128.
[20] SHANNON K. Water urbanism : Hydrological Infrastructure as an urban frame in Vietnam. In : FEYEN J, SHANNON K, NEVILLE M (Eds.), Water and urban development paradigms. Towards an integration of engineering, design and management approaches (pp. 55-65) . Boca Raton : CRC Press, 2008.
[21] SHRESTHA B K, SHRESTHA S. Urban waterfront development patterns : water as a structuring element of urbanity. In : FEYEN J, SHANNON K, NEVILLE M (Eds.), Water and urban development paradigms. Towards an integration of engineering, design and management approaches (pp. 105-113) . Boca Raton : CRC Press, 2008.
[22] STEVENS M R, BERKE P R, SONG Y. Protecting people and property: the influence of land-use planners on flood hazard mitigation in New Urbanist developments[J]. Journal of Environmental Planning and Management, 2008, 51 (6): 737-757.
[23] STONE B, BULLEN J L. Urban form and watershed management: How zoning influences residential stormwater volumes[J]. Environment and Planning B: Planning and Design, 2006 (33): 21-37.
[24] STONE B. Paving over paradise: How land use regulations promote residential imperviousness[J]. Landscape and Urban Planning, 2004, 69(1): 101-113.
[25] TRIM P R J. An integrative approach to disaster management and planning[J]. Disaster Prevention and Management, 2004, 13 (3): 218-225.
[26] VIS M, KLIJN F, DE BRUIJN K M, et al. Resilience strategies for flood risk management in the Netherlands[J]. Interna-

tional Journal of River Basin Management，2003，1（1）：33-40.

[27] WALKER B，HOLLING C S，CARPENTER S R，et al. Resilience，adaptability and transformability in social-ecological systems[J]. Ecology and Society，2004，9（2）：3438-3447.

[28] WOLTJER J，AL N. Integrating water management and spatial planning[J]. Journal of the American Planning Association，2007，73（2）：211-222.

[29] World Meteorological Organization（WMO）and Global Water Partnership（GWP）. Integrated flood management tools series：The role of land-use planning in flood management [R]. Associated Programme on Flood Management，2016.

[30] YEO I Y，GULDMANN J M. Land-use optimization for controlling peak flow discharge and nonpoint source water pollution[J]. Environment and Planning B：Planning and Design，2006，33（6）：903-921.

[31] 陈雯，糕振砷，赵海霞，等 . 水环境约束分区与空间开发引导研究——以无锡市为例 [J]. 湖泊科学，2005，20（I）：129-134.

[32] 陈雯 . 流域土地利用分区空间管制研究与初步实践——以太湖流域为例 [J]. 湖泊科学，2012，24（1）：1-8.

[33] 黄光宇 . 山地城市空间结构的生态学思考 [J]. 城市规划，2005（1）：57-63.

[34] 黄金川，方创琳 . 城市化与生态环境交互耦合机制与规律分析 [J]. 地理研究，2003，22（2）：211-220.

[35] 聂蕊 . 城市空间对洪涝灾害的影响，风险评估及减灾应对策略——以日本东京为例 [J]. 城市规划学刊，2012，6：79-85.

[36] 邵益生 . 城市水系统控制与规划原理 [J]. 城市规划，2004（10）：62-67.

[37] 沈清基，徐溯源 . 城市多样性与紧凑性：状态表征及关系辨析 [J]. 城市规划，2009（10）：35-59.

[38] 沈清基 . 城市空间结构生态化基本原理研究 [J]. 中国人口·资源与环境，2004，14（6）：6-11.

[39] 邢忠，陈诚 . 河流水系与城市空间结构 [J]. 城市发展研究，2007（1）：27-32.

[40] 邢忠，黄光宇，颜文涛 . 将强制性保护引向自觉维护——城镇非建设性用地的规划与控制 [J]. 城市规划学刊，2006（1）：39-44.

[41] 邢忠，颜文涛 . 城市规划对合理利用土地与环境资源的引导 [J]. 城市发展研究，2005（3）：6-11.

[42] 颜文涛，黄欣 . 如何通过城市土地利用规划管理雨洪灾害——回顾与展望 [J]. 西部人居环境学刊，2018，33（6）：19-25.

[43] 颜文涛，王正，韩贵锋，等 . 低碳生态城规划指标及实施途径 [J]. 城市规划学刊，2011（3）：39-50.

[44] 颜文涛，萧敬豪，胡海，等 . 城市空间结构的环境绩效：进展与思考 [J]. 城市规划学刊，2012（5）：50-59.

[45] 颜文涛，周勤，叶林 . 城市土地使用规划与水环境效应：研究综述 [J]. 重庆师范大学学报（自然科学版），2014，29（3）：35-41.

[46] 俞孔坚，李迪华，刘海龙，等 . 基于生态基础设施的城市空间发展格局 [J]. 城市规划，2005（9）：76-80.

[47] 俞孔坚，乔青，袁弘，等 . 科学发展观下的土地利用规划方法 [J]. 中国土地科学，2009，23（3）：24-31.

[48] 岳隽，王仰麟，李贵才，等 . 基于水环境保护的流域景观格局优化理念初探 [J]. 地理科学进展，2007，26（3）：38-45.

[49] 邹钧文 . 黄浦江滨江公共空间贯通策略研究——以黄浦区为例 [J]. 城市建筑，2015（11）：55-56.

第七章

提升能效的
城市空间发展框架

由于全球碳基能源储量的有限性和需求的无限性，有些国家的能源短缺时期已经来临或必将来临，对能源系统和城市空间结构相互作用的研究越来越受到重视。城市空间结构对能量流动过程的影响，应从能源物质的源汇作用过程来理解。城市空间结构通过重新分配太阳辐射和影响人类活动对能量需求，从而直接或间接影响城市能量的流动，城市空间结构也是将来能源供应和分配系统的重要决定因素（Odum，1997）。

1 城市空间结构的能源绩效

1.1 城市结构与城市能耗的关系

每平方米每年输入地球的太阳能达到 5000000kcal，太阳辐射穿过大气层将出现衰减（多云地区衰减较大，沙漠地区衰减较少），实际每年到达地球表面的太阳能约为 1000000—2000000kcal/m^2。而自然生态系统每平方米每年需消耗约 1000—10000kcal 能量，可以通过太阳能的输入驱动自然生态系统的运转。然而，城市系统将消耗相当于自然系统的 100—300 倍能量，每平方米每年需消耗能量约 100000—3000000kcal，由于无法直接高效地利用太阳能，因此城市系统需要巨大的外部能量输入（Odum，1997）。城市空间结构主要通过影响外部环境温度从而产生不同的建筑能耗，通过影响交通出行方式从而产生不同的交通能耗，通过影响工业产品上下游关联从而产生不同的工业能耗等，探讨城市空间结构的能源绩效议题，可为通过空间策略提升能源绩效提供政策框架。

快速城市化地区改变了土地的自然地表覆盖，使地表与大气之间的水分、热量等循环过程随之改变，城市化地区空气中的颗粒物能大量吸收太阳辐射热，导致城市近地面温度高于其周边郊区或农村，形成城市热岛效应，提高了城市尤其是夏季的能源消耗。多中心城市形态（Polycentric Form）可以有效地缓解城市热岛效应，而单中心（Monocentric Form）集聚发展的城市形态容易产生较强的热岛效应。比如，雅典城区热岛效应导致城市地区建筑制冷量翻倍，空调耗能峰值提升了三倍（Santamouris et al.，2011）。

城市植被通过蒸腾作用，可以从环境中吸收大量的热量，降低周围环境的温度。植物通过光合作用，大量吸收空气中的 CO_2，减缓温室效应。绿化覆盖率与热岛强度成负相关，绿化覆盖率越高，则热岛强度越低。聚集的绿地比破碎的绿地对城市热岛效应的缓解作用好，在空间布局上形成一定规模的绿地会更好地缓解城市热岛效应，即绿地缓解热岛的规模效应（王勇等，2008）。由于水体比地面的热容量大，在吸收相同热量的情况下，水面的升温值最小，因此一定规模的水体也能够有效缓解城市热岛效应，从而降低夏季建筑制冷的建筑能耗（李延明等，2004；韩贵锋和颜文涛，2012）。

城市交通能源消耗通常可以占到城市总能源消耗的 25% 左右。统计结果显示，相同的出行距离，私人小汽车的人均能耗远高于公共交通的人均能耗（表 7-1）。尽管每种交通方式的能源消耗因地方环境因素不同而有所差异，但以私家车为主的交通模式往往是交通能源消耗的主要来源。交通能耗与交通出行距离与交通出行方式密切相关。城市结构影响城市居民出行方式、出行距离和出行频率，进而影响城市交通总能耗（Borrego and Martins，2006；Bandeira et al.，2011）。因此，通过构建高效合理的城市结构，提供舒适和快捷的城市公共交通系统，从而减少对私家车交通出行方式的依赖，是降低交通能耗的首选途径。以公共交通为导向的 TOD（Transit Oriented Development）模式，可以明显降低小汽车出行比例。纳斯里（Nasri，2014）通过对美国华盛顿特区和巴尔的摩两座城市的 TOD 开发与车辆行驶里程进行定量化的相关性研究以证实，即使两地的土地利用结构类似，生活在 TOD 街区内居民较非 TOD 街区内居民的小汽车使用率明显降低。

城市交通模式的能源消耗（MJ/ 人 · km） 表 7-1

模式	步行	自行车	轻轨	公共汽车	地铁	小汽车
生产过程能耗	0	0.5	0.7	0.7	0.9	1.4
运行过程能耗	0	0.3	1.4	2.1	1.9	4.4

资料来源：Energy conservation and emission reduction strategies. TDM Encylopaedia. 引自 UITP'S forthcoming publication，Ticket to the future：three stops to sustainable mobility.

多中心城市结构对交通出行方式和出行距离的影响较为复杂，以及由于不同地区的功能布局、城市规模、经济水平及文化因素等原因，相关研究结论具有明显区域差异。主要原因是多中心城市的各个次中心是否实现了职住平衡（孙斌栋和潘鑫，2008）。对于各个次中心能够实现就业、居住和生活服务功能平衡的多中心城市来说，居民可以在次中心附近完成几乎所有通勤交通和购物交通等出行需求，而且多中心结构的自然空间可达性更高，有利于减少休闲交通出行距离，从而降低了城市交通的总能耗。

多中心且就业与服务功能的分散布局，往往会导致中心区开发强度较低，居民平均出行距离增大（图 7-1）（Bertaud and Malpezzi，2003）。对英国城市而言，高度紧凑的城市核心发展模式是能源利用效率最高的，相较于其他形式其乘客总里程数低 20%、能源消耗比现状低 25%，第二高效的是紧凑市区和卫星城模式（图 7-2）（Rickaby，1987）。同样，针对美国蔓延式城市的形态结构，汉迪（Handy，1996）也提出类似结论，就业郊区化可能增加依赖于小汽车的短出行数量，所以多

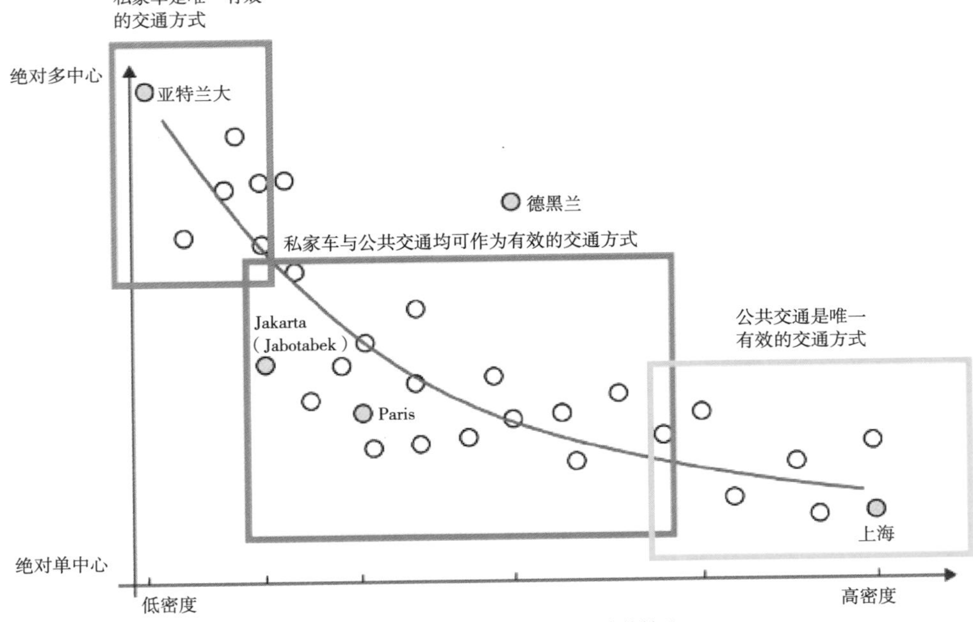

图 7-1 城市空间结构与公共交通效率的关系
图片来源：Bertaud and Malpezzi，2003.

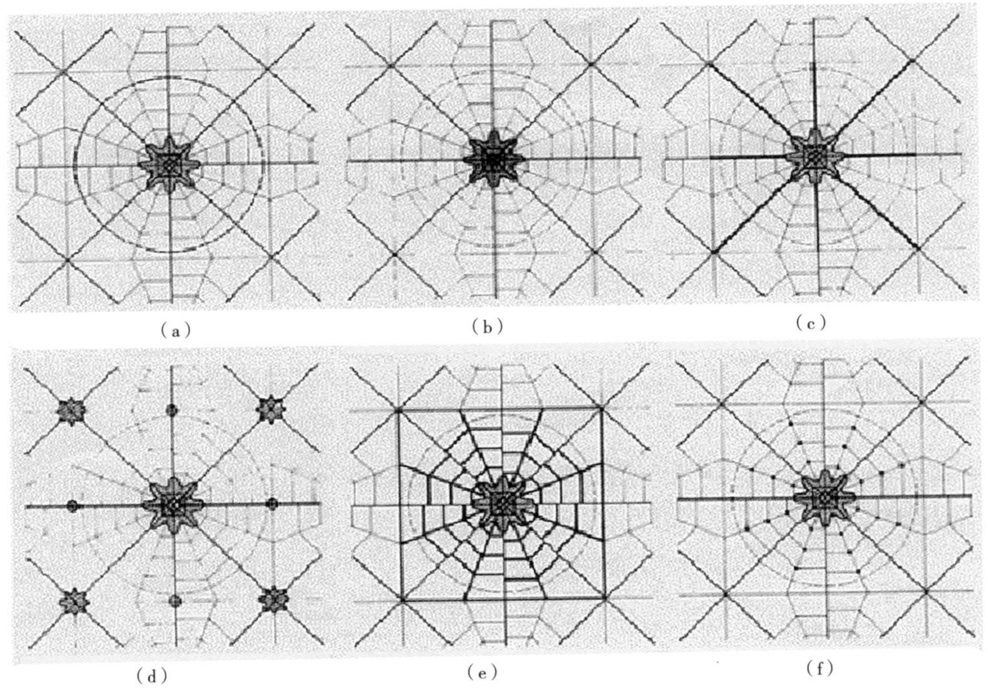

图 7-2 雷克比的六种定居模式
(a) 现状结构；(b) 模式 1：单核结构；(c) 模式 2：集中—线性结构；(d) 模式 3：多核结构（卫星城）；
(e) 模式 4：分散—线性结构；(f) 模式 5：多核结构（城乡）
图片来源：Rickaby，1987.

中心紧凑城市形态显现出更少更短的交通出行，更少的交通总能耗。而对于具有强中心特征的韩国城市而言，出现了城市功能与开发强度过分集中而带来的交通压力，以及由此产生的交通效率降低，因此，采用多中心城市结构可以有效提升交通效率（Shim，2006）。总体而言，城市结构对交通出行距离和公共交通效率有显著的影响，紧凑的建设用地形态、多样性的生活服务功能更有利于减少城市交通能耗（Chen et al.，2011；吕斌和孙婷，2013）。

对非劳动密集型工业考虑原材料及输出产品的上下游关系，可以将上下游关联的工业相对集中选址，有利于降低材料或产品运输的交通消耗。因此，非劳动密集型工业区应该选在跟货运交通系统有良好接驳的区位，按水运、铁路、公路等优先顺序选址在对外交通便捷的附近区域。对劳动密集型的工业应该整合 TOD（Transit Oriented Development）开发框架内选址适宜的区位，可以有效降低通勤交通距离和通勤交通能耗。采用循环经济理念可以促进资源利用最大化，鼓励一个工业生产后输出的“废物”成为另一个工业生产的“原料”，从而最大程度地降低工业生产过程的资源消耗和能源消耗。工业生产过程中能源梯级利用也可以很大程度上提高能源的综合利用效率，这就强调工业服务设施的集群共享。

1.2　城市密度与城市能耗的关系

人们普遍认为密度是影响城市能源绩效的城市形态最突出的属性。较高的密度通常会产生规模效率，从而节省交通能耗（Glaeser and Kahn，2010；Newman and Kenworthy，1989；Newman and Kenworthy，2006）。城市密度、通勤距离和交通能耗之间存在密切关系。高密度城市有利于发展公共交通系统，减少对小汽车的依赖，从而降低人均交通能耗。城市密度与居民生活和交通出行方式有显著关系，高密度通常伴随着更有效的公共交通服务和更好的生活服务设施，进而影响城市能耗，故高密度的城市往往具有较低的人均能耗。古蒂普迪等（Gudipudi et al，2016）通过对网格化的美国全域人口密度和能源消耗数据，研究认为人口密度增加一倍将使建筑物和公路的总能源消耗减少至少 42%，持续的城市蔓延将导致交通能耗的增加。诺尔曼（Norman et al.，2006）采用土地开发强度作为城市密度的表征指标，对多伦多两个不同建筑密度的居住区进行实证研究发现，低密度社区的地均和人均能耗都明显高于高密度社区。姚胜永和潘海啸（2009）、范进（2011）通过对国内地级市交通能耗与城市密度的相关关系研究，认为城市密度对城市交通能耗有重要影响，且存在负相关关系。

城市密度实质上是通过影响人群活动特征和出行选择，进而间接对能耗产生影响，而居住密度只能反映城市人口的居住分布却往往忽略了人群的流动。有学者在居住密度的基础上加入就业密度，采用居住环境和工作环境的复合密度测度城市形态。纽曼和肯沃斯（Newman and Kenworthy，1989）以人口密度和就业密度作为城市密度指标，通过实证的方式发现城市密度与人均能耗之间存在联系，认为高密度城市由于较短的交通出行距离和多样化的交通出行方式，其对机动交通的依赖程度越低，交通能耗越低，且能耗与密度的关系有明确的区域特征（图 7-3）。城市交通的能源消耗产生了交通碳排放（Grazi et al.，2008），基于工具变量法的统计分析，量化居民密度与交通碳排放的关系，提出每平方英里增加 500 户能够减少 15% 左右的交通碳排放量，高密度城市的碳排放往往是低密度城市的一半。

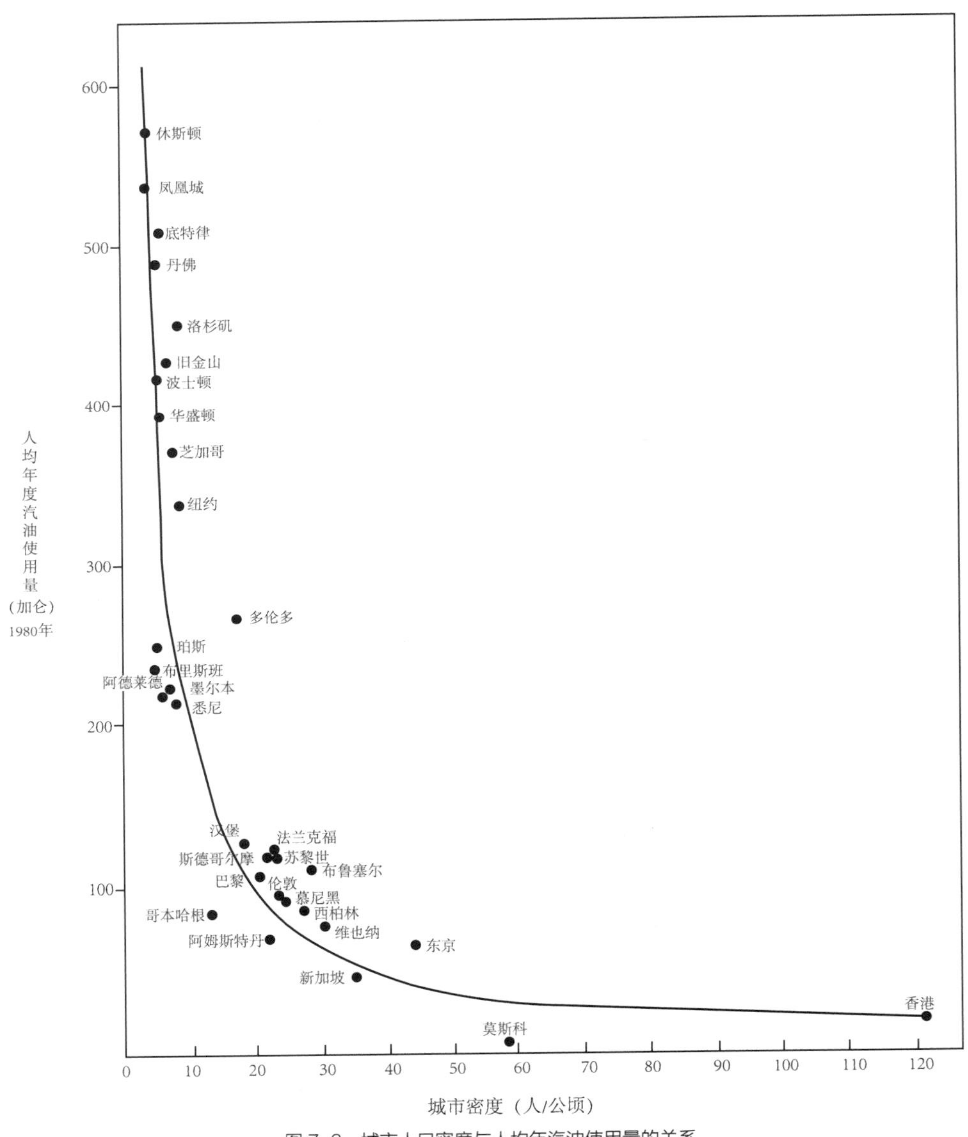

图 7-3 城市人口密度与人均年汽油使用量的关系

图片来源：Newman and Kenworthy，1989.

高密度不是降低交通能耗的充分条件，但是城市低密度发展将会刺激城市能耗的增加。因此，密度是城市交通能耗的影响因素之一，高密度为降低交通能耗提供了一个必要条件，还需将城市密度结合其他影响因素分析，才能更好地解释紧凑城市在降低交通能耗的作用。艾切尼克等（Echenique et al.，2012）通过计算英国三个地区在不同发展模式下的能源消耗，研究发现从长期来看紧凑的土地利用和交通政策对能源消耗的作用十分有限，密度增加而产生的诸如空气污染、环境拥挤等潜在环境问题，可能超过降低有限能耗所获取的效益。石井等（Ishii et al.，2010）分析了高密度、中等密度和低密度城市形态与能源消耗的相关关系，结果表明中等密度的城市更有利于节能减排，城市社会文化与居民行为习惯对能源有重要影响。霍尔登（Holden，2005）则提出尽管高密度社区往往日常通勤能耗较低，但其长距离休闲出行交通能耗较高，故提出分散化集中（Decentralized Concentration）的理念，即高密度和高混合度的多中心模式，可以在两种能耗之间取得平衡从而有效降低总能耗。因此，需要将提高密度的规划行动与其他倡议结合起来，鼓励当地居民近距离的就业、游憩、商业活动来降低交通能耗（Young and Bowyer，1996）。

城市不同功能空间的连接特征，影响甚至决定了居民出行方式的选择。新开发地区中创造更多的就业机会本身并不意味着增加当地工人的就业机会，地区劳动力结构应该与所提供的工作性质相匹配。若混合用地难以形成职住平衡，城市公交线路不合理，以及 4—6km 半径内非机动车出行环境不佳等影响因素，高密度路网和混合开发反而鼓励了小汽车的出行选择（韦亚平和潘聪林，2012）。城市居民出行距离对城市交通能耗的影响，通常只关注横向交通方式的能源消耗。密度增加将减少水平方向的交通出行距离，但会增大纵向的交通能耗。通过电梯等纵向交通运输方式，人均能耗将随着纵向高度而增加。随着城市建筑达到一定平均高度后，高密度带来短距离交通出行的节能效率，将被增加的纵向交通能耗所抵消。因此，若考虑城市的纵向交通能耗，会产生一个理论上最低交通能耗的密度或开发强度（图 7-4）（城科会和 ATKINS，2014）。

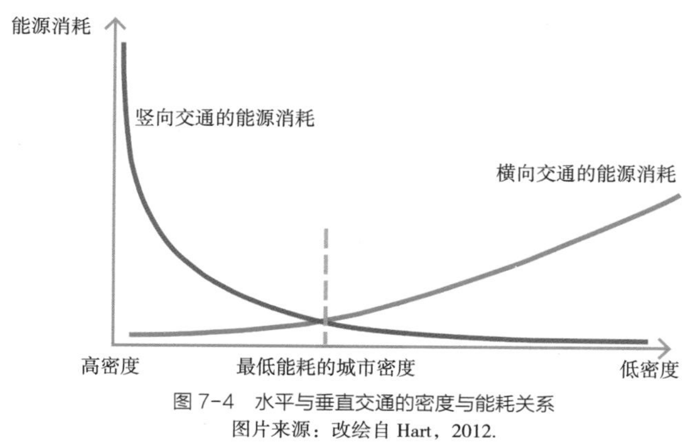

图 7-4　水平与垂直交通的密度与能耗关系
图片来源：改绘自 Hart，2012.

2 城市规模与城市能耗的关系

城市人口规模与城市能耗的相关关系近年来逐步受到关注。城市发展初期，随着城市人口规模的逐渐增大，能源需求相应增加，单位 GDP 能源消耗会迅速上升；当城市人口规模超过一定规模后，随着规模增加，由于资本、技术、人才要素进一步集聚，城市生产效率进一步提高，城市拥有更强的集聚效应和规模经济效应，要素投入增加可以促进要素边际产出的提高，单位 GDP 能耗会呈下降趋势。针对中国省会城市以及 267 个地级市的单位 GDP 能耗研究发现，城市人口规模与单位 GDP 能耗之间存在倒“U”形的非线性关系（姚昕等，2017）。针对美国城市的研究发现，城市人口规模与能源消耗之间的近似线性关系，美国大城市人均能源消耗略低于小城市，但优势并不显著（Fragkias et al.，2013）。

比较不同城市的交通能耗，随着城市人口规模的增大，人均交通能耗总体上趋于下降。也就是说，大城市在人均交通能耗低于小城市。这是因为小城市交通能耗更受其他变量的影响，特别是无法提供高效节能的大容量公共交通服务。而随着人口规模的逐渐扩大，交通能耗受到人口规模的更大影响（Shim，2006）（图 7-5）。但是，随着城市人口规模的进一步增大，正向集聚效应和规模经济效应将被其他因素抵消，比如公共交通系统接近满负荷运行，交通拥堵、出行距离增大将导致人均交通能源消耗增加（Mohajeri et al.，2015）。因此，应该存在一个相对合理的城市人口规模，可以通过提供高效便捷的公共交通体系，减少对小汽车的依赖，又没有达到交通系统的满负荷运行导致的交通拥堵问题，由于影响因素不同，相对合理的城市人口规模存在区域的差异性。

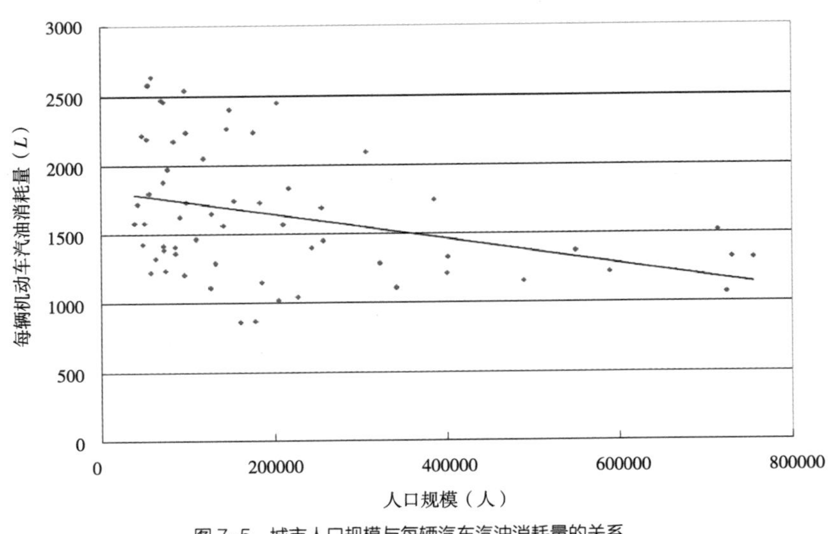

图 7-5　城市人口规模与每辆汽车汽油消耗量的关系
图片来源：Shim，2006.

对一个城市而言，城市规模增大存在两种途径：第一种是在城市人口密度不变或人均用地指标不变的情况下，只能通过用地规模的扩大，吸纳增量人口。第二种是通过存量更新内填式发展模式，提高城市人口密度，即通过降低人均用地指标实现节约用地目标，无需扩大城市用地规模，也能吸纳增量人口。上述两种途径，产生的城市交通能效存在较大的差异。第一种途径将增大人均交通出行距离，从而可能增大人均交通能耗；而第二种途径不会增大人均交通出行距离，空间集聚效应凸显，为高效公共交通服务和高质量生活服务提供条件，从而降低城市交通的总能耗。

伴随着城市化的快速提高，许多城市出现了较严重的城市蔓延与空间开发无序现象，对城市交通能耗带来了不可忽视的影响。一方面，用地扩张影响了居民的交通选择和居住选择，产生更多的城市交通、家庭等方面的能源使用；另一方面，用地规模扩大所导致的土地覆盖类型变化，产生更强的城市热岛效应，间接影响了城市能耗。城市增长对交通能耗的影响高低在于城市空间扩展模式。美国紧凑型社区比蔓延型社区户均能耗低 20%，紧凑型城市和蔓延型城市将成为影响能源消耗的重要因素（Ewing et al.，2008）。城市低密度蔓延式扩张模式会更多依赖于小汽车出行方式以及交通出行距离的增大，从而带来更高的人均交通能耗。

3 提升能源绩效的城市土地开发框架

以机动车交通为动向的大地块、宽马路、功能单一的传统城市开发模式，以及聚焦于城市用地规模增长的开发模式，将刺激城市交通能耗与建筑能耗的增加。而创建有序的城市结构和紧凑多样的用地布局，构建高效易达的公共交通系统和安全舒适的非机动化出行环境，建设基于产业协作网络的绿色工业园区，可以有效地降低城市建筑能耗、交通能耗和工业能耗。上述三个方面不是相互独立，而是需要相互协同整合，我们提出来了整合绿色空间与建设用地的城市空间结构、整合绿色交通与土地利用的城市形态结构、整合能源设施与绿色园区的产城融合结构等策略，形成提升能源绩效的城市开发综合行动框架。

3.1 整合绿色空间与建设用地的开发框架

整合绿色空间与建设用地的空间框架，为了实现两个目标：一是缓解城市热岛效应，从而降低城市建筑能耗；二是形成安全舒适的慢行路径，促进非机动车出行方式。绿色空间是生态城市建设的一项核心内容，除了保护关键物种及其栖息地外，还需考虑维护绿色空间结构的整体性。植被、风和水体是缓解城市热岛效应的主要因素，合理规划的绿色空间，不仅可以维护生物多样性，还具有重要的气候调节和空气净化功能，可以显著缓解城市热岛效应，从而降低周边建筑能耗。

明确山体林地、河流水域、高品质农田、滨水廊道、山脊线、森林斑块和生物生境等城市绿色空间元素，结合地形特征、主导风向、水文过程及其他生态要素，构建城市绿色空间网络结构（图 7-6、图 7-7）。增加绿色空间面积，特别是适当增加夏季主导风向上风向的绿色空间面积，减缓城市热岛效果更好，并可以创造更具吸引力的城市环境。绿色空间与建设用地整合的基本原则为：

- 绿色空间与建设布局相结合，采用夏季遮阳和冬季防风屏障，通过改善小气候提高建设空间的热舒适性，引导城市建设用地优化布局；
- 提出绿色空间相邻的建设用地引导与控制，制定与绿色空间相容性的公共设施用地布局，对各类公共设施的功能做出详细规定；
- 结合绿色空间网络构建居住用地与公共服务设施之间，以及居住用地与公共

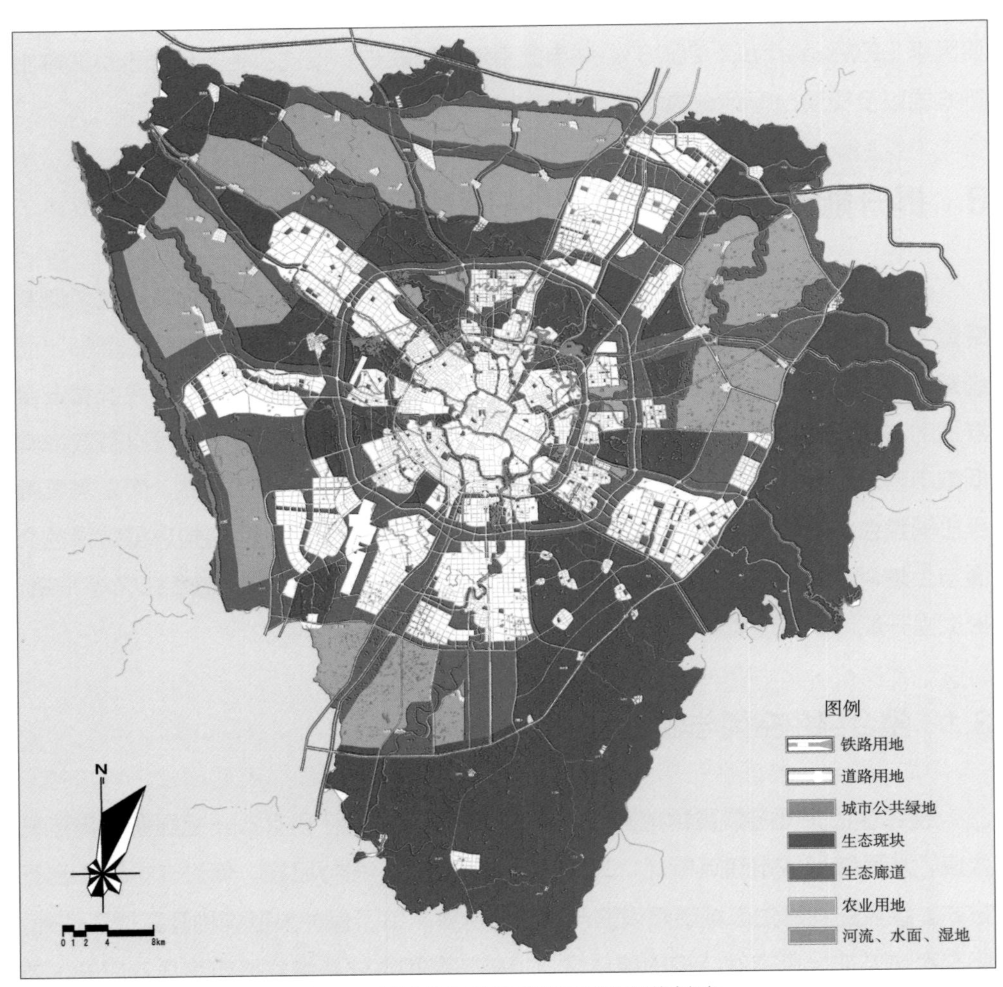

图 7-6 成都市绿色空间与建设用地的空间整合框架

图片来源：成都市非建设用地规划，重庆大学城市规划与设计研究院，2004.

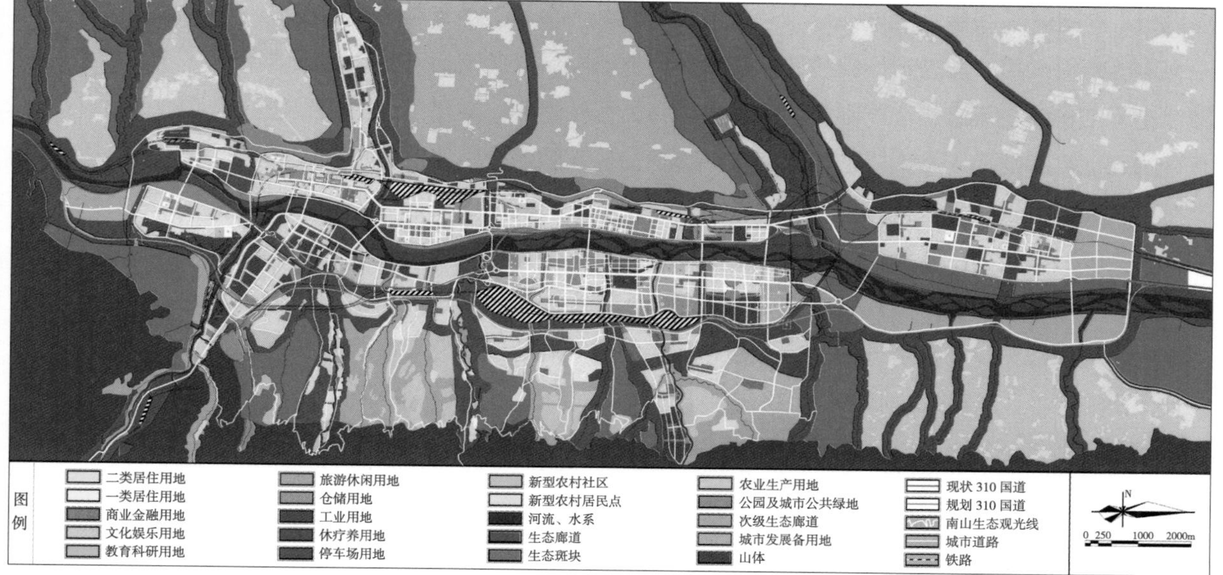

图 7-7 宝鸡市绿色空间与建设用地的空间整合框架

图片来源：宝鸡市渭河南部台塬区生态建设规划，重庆大学城市规划与设计研究院，2005.

交通站点之间的非机动车出行路径；

- 在现状城市热岛较强烈的建设空间单元上风向规划设置一定规模的带状通风廊道，引导上风向清洁风进入该区域；
- 增加绿色空间边缘区建筑的通透性，避免绿色空间周边规划建设连续实体构筑物或板式高层建筑阻挡；
- 绿色空间平面形态越复杂，植被冠层遮阴率越高，降温效果越好。城市热岛缓解效果好差次序为乔木林地、乔灌木复合型绿地、草地（孔繁花等，2013）；
- 增加高密度建成环境区的绿色屋顶面积，将绿色屋顶及小型街道绿地与城市绿色空间相连，将较小的公共空间与城市公园和区域绿色空间相连。

3.2 整合公共交通与土地利用的开发框架

城市密度、多样性和功能复合性是影响城市能源绩效的重要属性。紧凑性与复合性是生态城市空间结构的基本特征。依托现有公共交通基础设施，利用闲置空间进行内填式更新开发，促进城市中心的新发展，遏制城市盲目扩张（Naess，2005）。TOD 是以公共交通为导向的土地开发模式，通过大运量的公共交通工具、混合土地利用、较高强度开发等创造生态、宜人的城市环境。采用多中心紧凑城市形态，鼓励工业以及功能复合的服务中心与 TOD 相结合，提供高效易达的公共交通系统。并进一步将绿色空间和建设用地的整合框架与 TOD 开发模式相结合，产生有趣的协同作用，同时贯彻精明保护和精明增长的发展理念。一方面，通过确定绿色空间结构，划定增长边界限制城市过度扩张；另一方面，城市内部形成多功能复合的用地布局结构，并增强各功能间的可达性，提高服务设施邻近度和缩短职住距离，从而减少长距离出行和通勤距离，提升城市的交通能源绩效。促进空间功能的复合，即适度混合的土地利用有利于创造一个综合的、多功能的、充满活力的城市空间，尽量就近满足人们的各种需求，从而降低交通需求（吕斌和祁磊，2008）。功能有效复合以减少长距离出行为出发点，需要考虑功能之间的联系以及人的使用特征（潘海啸等，2008）。

区域与都市区空间发展以轨道或区域公共交通为导向的走廊式发展模式，调整交通供给结构，推进区域有序城镇化发展策略，从而达到节约能源的目标。建立一个与城市用地功能和开发规模层级相适应的交通网络，结合大运量交通网内的枢纽和站点的布局决定开发强度与土地使用，从而搭建起公共交通与土地利用的开发框架，形成多层级、紧凑、均衡及混合利用的高密度中心区。城市中心区通常可以分为城市中心、城市副中心或地区中心、社区中心三个层级。商业、商务、休闲及其他生活服务等功能多数集中在各级城市中心，居民可以通过公共交通到达各级城市中心，满足了居民的生活、休闲、娱乐等方面的需求（图 7-8）。在此基础上，通过将不同公交出行方式进行优化组合，增大公交的覆盖范围并强化多种公交之间的快捷换乘，形成层级清晰、功能明确的公共交通网络，发挥各类公共交通的优势（城科会和 ATKINS，2014）。

城市中心、城市副中心或地区中心集中了密度较大、功能复合的各类设施，给周边居民提供了相对集中的服务和就业机会。商业商务和服务若过度地集中在一个城市中心，将导致到达该中心的出行比例和出行距离增大，带来上下班高峰期的拥堵，城市交通能耗上升。因此城市中心的分级设置，并与轨道交通站点结合，形成多层级相对均衡的布局结构，可以为全市提供更均衡的就业和服务设施（城科会和 ATKINS，2014）。

整合公共交通与土地利用的开发框架，为了实现三个目标：一是通过优化城市交通网络，建立舒适高效的城市公共交通系统，减少对小汽车的依赖；二是可以通过沿公共交通走廊的高强度开发，有效提高公共交通客流量，减少小汽车车辆行驶里程；三是基于公共交通枢纽形成紧凑开发模式，密集和紧凑的城市开发模式可以减少热损失，提高能源的使用效率，促进建筑节能，减少冬季的供暖需求。公共交通与土地利用整合的基本原则为：

- 大城市鼓励采用多中心紧凑城市形态，将工业以及功能复合的服务中心与 TOD 相结合；

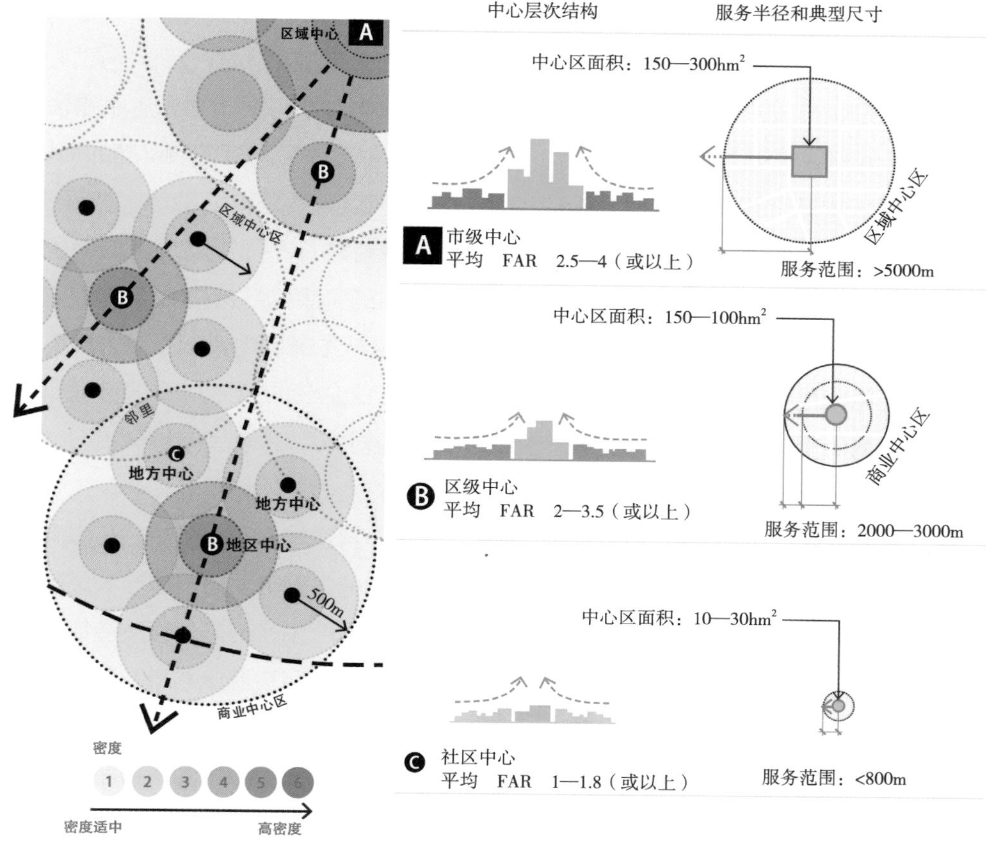

图 7-8 多中心层级结构及其服务半径
图片来源：城科会和 ATKINS，2014.

- 将绿色空间和建设用地的整合框架与 TOD 相结合，构建以绿楔间隔的公共交通走廊型的城市空间结构模式，提升建筑节能和交通节能的协同效应；
- 提供舒适和快捷的城市公共交通系统，以公共交通为导向围绕轨道交通站点进行高强度开发，提高土地利用效率；
- 将轨道交通站点 1km 范围内的地块划定为高强度混合使用的城市建设用地，并用市场杠杆支持周边商业地产开发。
- 构建安全、舒适的非机动车出行环境，创造非机动化出行空间路径条件，促进短距离步行出行方式和提高步行出行比例（潘海啸等，2008）。

由于规划实施和城市建设是长期过程，因此紧凑复合的城市不仅是一个结果，也是在过程中各阶段都应达到的目标。各阶段自身能够形成紧凑复合的结构布局；而阶段之间有延续性、连贯性、衔接性，彼此不冲突阻碍，最终形成的结构布局也是紧凑复合的结果。对于规划规模较大、规划用地地形较为复杂的城市，每个阶段的用地布局均能紧凑、混合，则布局就应由众多易于组装的“低碳模块”组成（黄明华，2012）。

3.3 提高能源绩效的工业用地布局框架

工业是城市发展的基础，城市是工业发展的载体。原材料、能源、水是影响工业布局的三个关键要素。首先，应当注重城市工业布局与现有交通设施的衔接，应该选在跟货运交通系统有良好接驳的区位。按水运、铁路、公路等优先顺序，选址在对外交通便捷的附近区域，从而降低工业原材料及产品运输产生的能源消耗。借鉴循环经济理念，一个工业企业生产后输出的“废物”成为另一个工业企业生产的“原料”，可以促进资源利用最大化和废物产生最小化，从而最大程度地降低工业生产过程的资源和能源消耗。基于不同工业企业的原材料需求特征及输出工业产品的上下游关系，将上下游关联的工业相对集中选址，有利于降低材料运输的交通消耗。

通过采用降低能源消耗、提高能源效率、利用可再生能源三个措施，可以有效提高城市能源绩效。除考虑降低交通能耗和建筑能耗外，城市层面还应当考虑改善能源结构和调整产业结构，提高城市能源效率。鼓励通过生产工艺创新改造提高能源效率，减少工业生产的能源消耗强度。强化能源阶梯利用和资源共享，工业生产过程中能源梯级利用，可以很大程度上提高能源的综合利用效率。利用风能、太阳能、生物能源等可再生能源，减少对化石能源的依赖。将能源供应结构优化与新建生态工业园布局或传统工业园区生态化转型相结合，通过能源阶梯利用，提高能源利用效率。

采用冷热电三联供方式实现能源阶梯利用，以天然气为燃料带动燃气轮机发电，发电后排出的余热通过余热回收设备向用户供暖、供冷，实现发电、供暖、制冷一体化，从而提高能源利用率。例如，重庆悦来生态城将污水厂规划为地埋式景观型污水厂，削减对周围影响的同时更重要的是为居民提供了开敞空间，形成污水厂中水—污水源热泵系统—居住区采暖制冷和污水厂中水—开敞空间植被灌溉两个循环，实现能源梯级利用和水资源循环利用（魏映彦，2017）。整合各种技术的热电冷三联供的能源中心可以与其他工业园区基础设施相结合，如废物处理设施，形成城市绿色基础设施的构成要素。

建设生态工业园区或实施传统工业园区的生态化改造，将清洁生产与生态工业整合在一个更广泛的工业供应链网络和区域基础设施网络，强化工业基础设施的集群共享，形成工业企业之间的共同协作模式，从物质流、能量流、水系统集成、技术集成、信息共享和设施共享六个方面，构建工业共生体系（表 7-2），实现物质闭环循环、能量多级利用和废物产生最小化的目标。生态工业园区建设应强调与城市功能融合，从单一生产功能的工业组团转向产城功能融合和空间协同的产业新城（曾振，2013）。对劳动密集型的工业园区应该整合 TOD 开发框架内选址适宜的区位，建设工业邻里、人才公寓、产业服务平台等生活性和生产性服务设施共享，可以有效降低通勤交通距离和通勤交通能耗。以工业生产带动园区发展，强调居住与生产就地平衡，通过完善各类公共服务配套设施，建设工业邻里中心，提升园区运行效率，形成一个集生产、居住、休闲于一体的综合性生态工业园区。

工业共生体系模式

表 7-2

类型	特点	关系特征
依托型工业共生模式	工业园区存在一家或几家大型核心企业，许多中小企业围绕它们进行运作，从而形成共生关系	依附型单向关联
平衡型工业共生关系	各企业处于对等地位，不存在依附关系，依靠市场调节，通过企业间的合作交流，维持企业运行和发展	对等合作关联
嵌套型工业共生关系	介于前两种共生模式间的关系结构，由多家大型企业通过各种业务关系形成的共生关系	多级嵌套关联

资料来源：修改自曾振，2013.

3.4　降低交通和建筑能耗的社区开发行动

社区层次实现降低交通能耗的途径包括：减少居民出行里程、降低私家车使用比例、增加公交分担率、增加非机动车出行比率。其中，增加非机动车出行和公交出行比率、提高公共交通便捷性和舒适性是降低交通能耗的主要方式。因此，社区中心及其周边地块，采用多功能混合的土地利用模式，提高邻里与社区中心的用地功能混合度。强化土地兼容性控制，发挥社区创新服务业的引导作用遵循小街区用地模式，公共服务设施服务半径不超过 800m，住区与公交站点距离不大于 500m，以在社区尺度上营造可步行性，减少总出行距离。

将慢行系统与社区绿色开放空间网络相结合，并与区域绿色基础设施形成网络，提高其可达性。通过规划设计减少热岛效应，在改善室外环境舒适性的同时，减少建筑的空调能耗。此外，实施太阳能、风能等可再生能源及废弃物回收等管理模式，提高社区尺度的能源利用效率。

提高社区层面的能源绩效，需要转变汽车主导的大尺度封闭街区的模式，回到以人为本的步行、慢行主导状态，塑造宜人的慢行环境。一是尺度与密度，步行导向的街区尺度更小，路网更密，这种尺度不仅指道路间距，也包括街道界面、道路宽度等行人步行过程中感受到的尺度，因此加密了的这部分路网以低等级道路为主，尺度小而交通量分散。二是与公交网络的衔接，在公交站点设置自行车停车区和租赁点，促进“公交 + 骑行”的换乘模式。城市层面以公共交通为主导，步行网络、骑行网络与其良好高效的衔接，作为其末端延伸网络，增强其可达性，支撑了城市层面公交导向的实现，减少了社区内的交通能源消耗。三是设施与路权，为保证慢行的选择度，诸如自行车租赁、停放设施系统需要有序设置，同时部分低等级道路可作为慢行专用，或设置专用道，提升步行安全性。四是街道设计，曲线的道路线形、较小的转弯半径以及沿慢行线路结合活动场地布置服务功能、休闲娱乐功能都能提升慢行体验，强化社区内的慢行导向。

而从建筑形态来看，多户住宅在能耗上优于单户独栋住宅。独栋住宅外表面积较大，热量受到外界影响更大，就更容易散失或吸收热量，也就意味着在蓄热与制冷上需要更高的能耗。根据美国住宅能耗数据，单户独栋的每户平均能耗是多户住宅的 2 倍，尤其与五单元及以上户数组合的多户住宅相比达到其能耗的 2.3 倍（Kaza，2010）。建筑物的布局和朝向主要通过影响太阳辐射和热量吸收来影响社区能源绩效，而建筑物朝向又受到街道走向的影响。南北朝向的建筑能最大化利用太阳辐射热量。

然而以布局和朝向为节能策略时，需要考虑地区气候等因素，因地制宜、融入自然。也正是由于不同气候条件下住宅对制冷和采暖的需求不同，能耗不同，因此建筑密度、间距、朝向等影响太阳辐射的要素，其最佳模式在各地有差异。更需要减少住宅供热能耗的地区，应使建筑朝南，适当增大间距，以中等密度发展以充分利用太阳能。而在减少住宅制冷能耗更为重要的地区，街道朝向应沿当地常年最大风向，强化通风廊道，引风入城市内部，自然通风，降低温度。除气候之外，地形地势也是地区差异性因素，顺应地势进行建筑排布、管廊布设，从而减少土方挖填，降低管网建设的能耗。根据在美国萨克拉门托市的一项研究，较之东西向的街道，南北向、西北—东南朝向以及东北—西南朝向的街道均可能导致夏季制冷用电量增加（Ko，2015）。

4　三个实践案例

4.1　英国贝丁顿零能耗社区（BedZED）

（1）案例背景

贝丁顿零能耗社区（BedZED）位于英国伦敦南部城市萨顿，由世界自然基金会和英国生态区域发展集团倡导建设（图 7-9、图 7-10）。该社区由英国著名的生态建筑师比尔·邓斯特（Bill Dunster）设计，于 2000 年建成，占地 1.65 公顷，包括 82 套公寓、2500m^2 办公和商住。社区建设目标为最大限度地利用自然能源、减少环境污染、实现零化石能源使用，能源需求与废物处理实现基本循环利用的可持续社区。

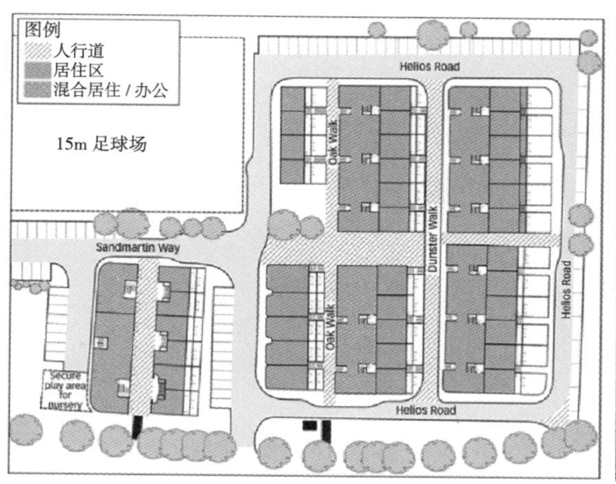

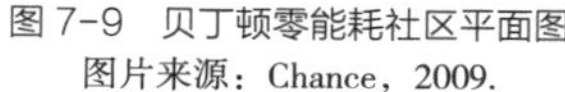
图 7-9 贝丁顿零能耗社区平面图
图片来源：Chance，2009.

图 7-10 贝丁顿零能耗社区周边环境图
图片来源：https：//www.zedfactory.com/bedzed.

（2）实践要点

同英国一般郊区住宅相比，贝丁顿零能耗社区（BedZED）必要的能源供应则采用太阳能与生物能，实现自给自足，不需要使用化石能源燃料，不会向空气中增加额外的 CO_2。住户总能源需求降低 60%，热量需求降低 90%，热水能耗降低 57%，电力需求降低 25%，用水降低 50%和普通汽车行驶里程降低 65%，因此称为“零化石能耗发展社区”（图 7-11）。除此之外，BedZED 还在水处理、废物利用、绿色交通等诸多方面有着全新创举。

绿色交通策略：通过减少居民出行比例以及控制机动车交通量的方式减少交通能耗，主要措施包括：减少机动车使用，设计住宅和办公共存模式，可以减少交通污染排放；建有良好的公共交通网络，住房离地铁仅 20 分钟的路程，有两条公路连接社区和伦敦火车站台；遵循“步行者优先”的原则，创建良好的步行环境，建

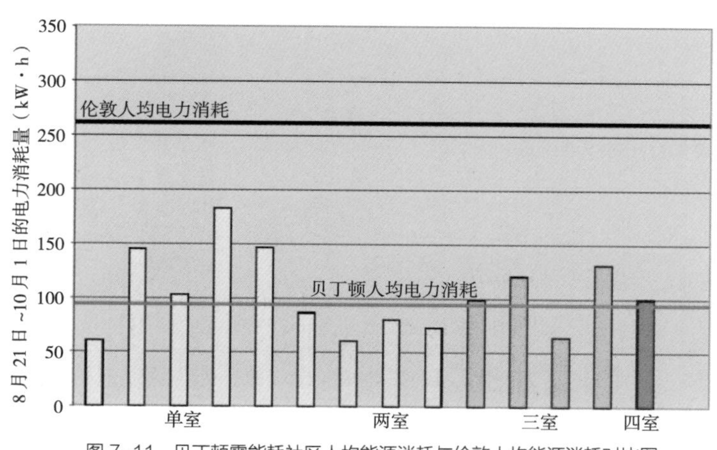

图 7-11 贝丁顿零能耗社区人均能源消耗与伦敦人均能源消耗对比图
图片来源：https：//www.zedfactory.com/bedzed.

造了宽敞的自行车库和自行车道；为电动车辆设置免费的充电站，其电力来源于所有家庭安装的太阳能光电板，组织了电动汽车公用俱乐部。

能源供应策略：使用本地产出的清洁能源替代化石能源，主要措施包括：减少化石能源的消耗，减少碳释放量。同时，使用零排放的能源供应系统，采用热电联产系统（图 7-12）。热电联产原料主要为周边地区的木材废料和邻近的速生林，燃烧过程不产生 CO_2，其净碳释放为零。根据速生林生长速度控制砍伐量和种植量，实现木材资源的平衡。采用太阳能光电板将太阳能转化为电能的同时也起着遮阳作用。采用垃圾分类并燃烧的方式，补充热能。

建筑节能策略：通过采取适宜的建筑布局以及建筑材料，最大程度地利用太阳能与天然热能，减少建筑取暖供冷能耗。主要措施包括：建筑物向南紧凑布局，被动式利用太阳能，减少热量散失；建筑保温隔热设计，建筑墙壁的厚度超过 50cm，中间还有一层隔热夹层防止热量流失，同时建筑采用储热材料，能储备多余热量；窗户选用内充氩气的三层玻璃窗，窗框采用木材以减少热传导等，降低建筑物能源使用量；屋顶上的风斗，不但可以通风，还能调节室内温度；除了零采暖设计，在 BedZED 中，还采用了自然通风系统来最小化通风能耗；此外，住宅都带有朝南的玻璃房，吸收白天热量（图 7-13）。

水资源利用措施：节约用水、利用雨水、回收污水。BedZED 采用了多种节水器具，并有其独立完善的污水处理系统和雨水收集系统。生活废水被送到小区内的生物污水处理系统净化处理，部分处理过的中水和收集的雨水一起被储存用于冲厕所。而多余的中水则通过水坑渗入场地下部的砂砾层中，重新被土壤所吸收。垃圾分类并燃烧产生热能。

（3）案例启示

首先结合地区光热特征，进行建筑与道路布局，推行绿色交通模式减少交通能

图 7-12　贝丁顿零能耗社区热电联产厂
图片来源：https：//www.zedfactory.com/bedzed.

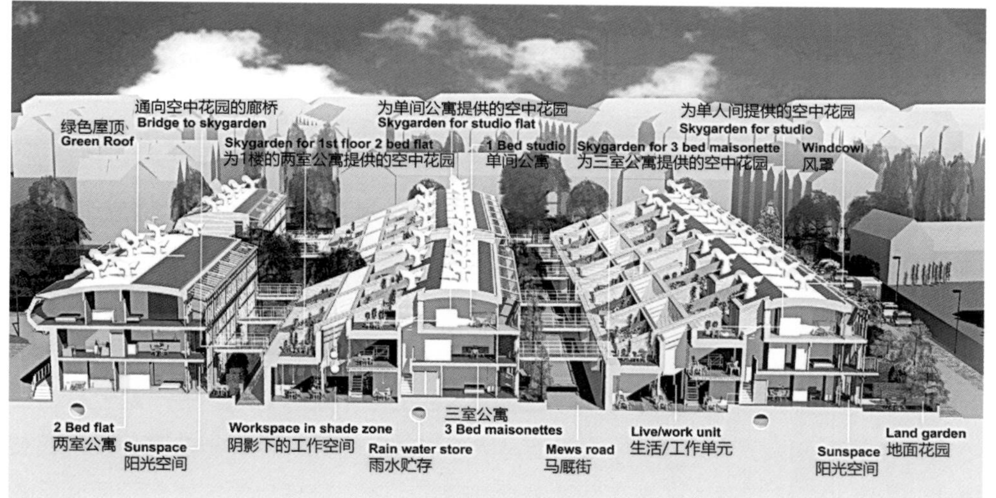

图 7-13　贝丁顿零能耗社区建筑节能示意图
图片来源：https：//www.zedfactory.com/bedzed.

耗。同时积极采用新能源，推进资源循环利用，提高能源利用效率，减少化石燃料使用。通过引入新的建造技术、节能建筑材料，减少建筑能耗。最后，还需要在社区文化交往中推进节能教育，促成节能共识，形成节能的生活方式。

4.2　瑞典斯德哥尔摩市哈马比社区（Hammarby Sjotad）

（1）案例背景

哈马比位于斯德哥尔摩市的南部，自 20 世纪 90 年代初以来已经进行了重大改造。1917 年，市政府购买了农业用地，发展为工业区。随后，土地污染和非法工业的严重污染导致该地区的退化。在 20 世纪 80 年代和 20 世纪 90 年代，由于住房需求增加、环境恶化以及靠近市中心等关键因素使该地点成为重建的焦点。1997 年，斯德哥尔摩市决定竞标 2004 年奥运会，哈马比被选为奥林匹克公园的开发地。该市还希望以环境友好的方式开发该地区，并为未来城市发展设定瑞典的标准，设定了“达到两倍好”的环境目标。1997 年，该市是参加 2004 年奥运会的入围候选地之一，但未能打动委员会，奥运会举办地被授予了雅典。然而，这座城市却决心继续推行环境目标，发展哈马比。该地区继续围绕 HammarbySjö 湖开发，完工后将包含约 1000 套公寓，可容纳约 26000 名居民。

（2）实践要点

构建哈马比模型（Hammarby Model）。哈马比模型将现有基础设施进行集成，包括水电基础设施、通信基础设施、能源基础设施以及某种程度上的蓝绿色基础设施。哈马比模型构建了完整的资源循环，从而最大程度地循环使用资源及其副产品

（图 7-14）。该模型基于许多瑞典市政当局已在使用的、经过验证的基础设施管理技术方法，管理住宅区和非住宅区的能源、废物、污水和水循环等。将能源、水和废物通过不同循环整合到更大的系统中。通过增加回收利用以及废物产生能源减少能源消耗。该模型还指导开发过程中使用适当的建筑材料，绿色屋顶和景观，以及将可再生燃料用于公共交通和汽车共享，因为这些也构成了生态循环的一部分。

模型的核心要素将包括斯德哥尔摩市已在使用的成熟基础设施技术。这些技术包括热电联产厂，通过焚烧生活垃圾产生区域供热和电力；哈马比热电厂也产生了区域供热，部分是通过热泵对废水处理厂处理后的废水进行处理，另一部分是通过燃油和电锅炉。除了 1997 年提出的哈马比模型的核心元素外，一些其他技术还被集成到模型中，包括建立一个当地的废水处理厂，改善处理后的废水和剩余污泥的质量。反过来，这将使得农业部门能够将污泥用作肥料。此外，将光伏电池、燃料电池和太阳能收集器置于房屋屋顶，以产生局部热量和电力；废水污泥将产生沼气；雨水将在当地处理；生物质将由有机家庭废物产生；而且当地会有小型风力发电厂。所有尚未得到充分验证的技术都应进行本地化，以便尽可能在本地进行生态循环（Brandt，2013）。

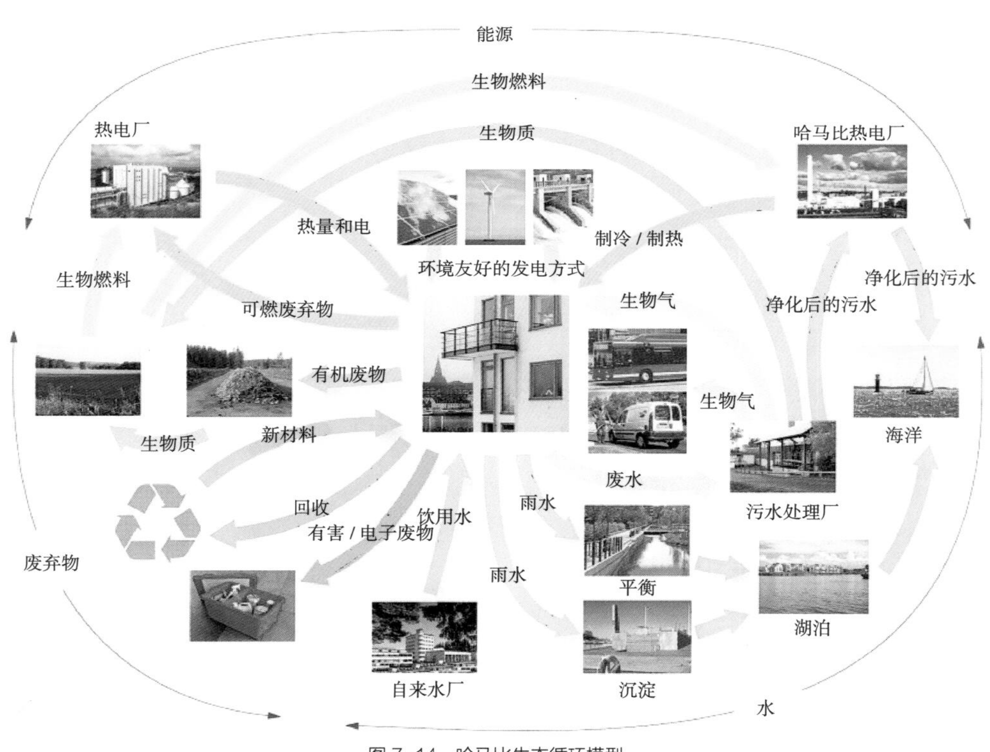

图 7-14　哈马比生态循环模型

图片来源：https：//www.urbangreenbluegrids.com/projects/hammarby-sjostad-stockholm-sweden/.

高密度开发与生态材料使用。建筑设计与绿色建造是项目的关键构建块。街道尺寸、城市街区大小、高度和建筑规模、住宅密度与内城接近，呈现高密度特征。该项目位于湖泊周围，两条东西和南北向道路为地块主要道路。街道拥有连续的立面，有助于重塑街道特色。用于建筑的生态材料和用于建筑外墙的材料必须符合环境标准，从而最大程度地利用回收材料。该策略导致增加了 2%的预算，但也以节省资源的形式获得了 25%的回报。

4.3 印度斋浦尔马欣德拉世界城

（1）案例背景

马辛德拉世界城市项目位于印度斋浦尔，占地超过 3000 英亩，是马辛德拉集团（Mahindra Lifespaces）子公司的新城开发项目。作为 C40 气候正向发展计划的参与者，斋浦尔马辛德拉世界城市致力于成为一个示范城市项目，为大规模发展项目实施缓解气候变化的战略，并在经济和环境上可行提供参考。反过来，该项目不仅应减少其现场温室气体排放，还应改善整个社区的排放状况。项目从 2008 年开始实施，预计 2028 年完成（图 7-15）。

（2）规划要点

马辛德拉世界城市通过预测能源使用与碳排放，并提出一系列能源控制措施，进行能源利用管理，提高能源利用效率。

制定碳排放基准量。确定能源使用基准作为制定实现净碳负值战略的第一步。确定马辛德拉世界城市的碳排放量指标是实现“气候积极成果”的开发项目的最低

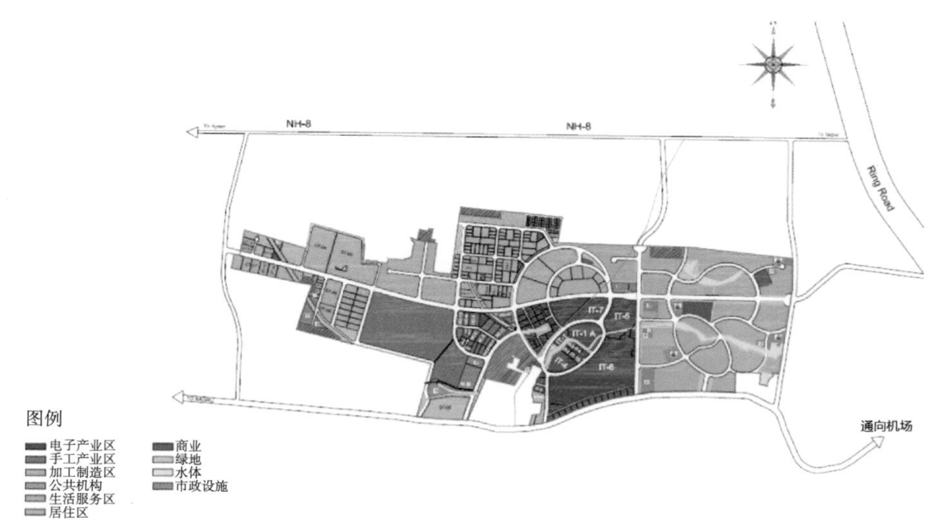

图 7-15　马辛德拉世界城市规划总平面

图片来源：http：//c40-production-images.s3.amazonaws.com/other_uploads/images/272_Mahindra_World_City_Roadmap_Summary.original.pdf?1433445233.

碳补偿要求。马辛德拉世界城市根据预测的居住和工作的居民、员工和访客活动的基准能源需求，以及各项生产活动、基础设施运营的能源基准，确定了运营能源使用、运输和废物产生的年度基准碳排放量，以确定在一切照旧的情况下项目的总基准碳影响。

节能策略。在基准能耗（碳排放）的基础上，从能源、运输、水和废物处理等方面提出相应策略，以最大程度地提高能源利用效率，减少碳排放，实现净负碳结果。①建筑与公共设施节能策略：有效利用建筑物中的能源（垂直基础设施），通过设施、建造方式提高建筑物能源利用效率；有效利用公共设施的能源（水平基础设施）；使用可再生能源（太阳能）。②废物处理节能措施。马辛德拉世界城市的废物处理节能策略以最环保和经济上可持续的方式，进行现场产生的各种废物（城市固体废物、工业废物、电子废物）的管理。由于预计在现场产生的大部分废物为城市固体废物，因此，马辛德拉世界城市的废物处理节能策略着重于减少城市固体废物及将其有效隔离和处理。城市固体废物策略包括以下行动：实施教育计划，以促进居民、雇员“减少、重复利用和再循环”废物；废物分类收集、处理；委托第三方机构收集现场隔离的纸张、玻璃、金属和塑料，以在异地回收设施中进行处理；预计 78%的城市固体废弃物是可生物降解的废物，委托第三方机构收集可生物降解的废物，以便在沼气厂进行处理和堆肥。

交通节能策略。斋浦尔马辛德拉世界城市的可持续交通策略由印度英巴克（Embarq）制定，同时也是世界资源研究所（WRI）的一项非营利性计划，该战略题为“建立可持续的非机动化战略”，建议利用“避免、转移和改善”方法为马辛德拉世界城市制定可持续的交通策略。可持续交通策略结合了多种非机动和公共运输方式，从而减少现场运输产生的能耗以及 CO_2 的排放，并着重于以下三个主要策略：通过在公交车站附近安置房屋，工作和开放空间来减少区域内的出行需求；专注于连通性，进行可步行的社区、开放空间、人行道和自行车道的集成网络开发；马辛德拉世界城市将与企业合作，通过教育、奖励措施和针对性部门战略，引导工人从私人交通转向可持续的交通方式。

其他节能措施：将目前正在建设的铁路线再延长 16km，到达斋浦尔马辛德拉世界城市，使居民和员工可以通过低碳交通方式直接前往斋浦尔及其周边地区。在周围的社区路灯中安装 LED 灯泡。该项目将取代周围地区的街道照明，减少照明的整体能源消耗，并帮助社区采用目前未使用的新的、更有效的技术。LED 路灯计划预计每年将减少近 10000t 的 CO_2。异地安装太阳能发电厂，以将太阳能出售回区域电网碳固存。提供绿地和使用本土植物：总体规划中的景观设计将整个开发过程中的绿地规定纳入其中，约占总开发面积的 10%。景观以本地植物为主，能够节约灌溉用水。支持现场员工向相邻村庄植树。迄今为止，已向邻近社区种植了 13200

棵树，在场地内已种植了10000多棵树。

（3）案例启示

使用能源绩效管理方法：通过往年数据、当地一般能源消耗数据等预测基本碳排放，再通过制定减排措施，明确减排目标，实现精准控制；通过引入新能源、调整能源结构、在建筑物与公共设施中应用新技术等措施，提高能源使用效率、减少化石能源使用；推进废物的合理处理与循环利用；紧凑开发模式，推行绿色交通模式；修复生态环境，多植树，本地植被优先，增加碳汇量、节约灌溉用水。

参考文献

[1] BANDEIRA J M，COELHO M C，Sá M E，et al. Impact of land use on urban mobility patterns，emissions and air quality in a Portuguese medium-sized city[J]. Science of The Total Environment，2011，409（6）：1154-1163.

[2] BERTAUD A，MALPEZZI S. The spatial distribution of population in 48 world cities：Implication for transition economies[R]. Washington，D.C.：World Bank，2003.

[3] BORREGO C，MARTINS H，TCHEPEL O，et al. How urban structure can affect city sustainability from an air quality perspective[J]. Environmental Modelling and Software，2006，21（4）：461-467.

[4] IVEROTH S P，JOHANSSON S，BRANDT N. The potential of the infrastructural system of Hammarby Sjostad in Stockholm，Sweden[J]. Energy Policy，2013，59：716-726.

[5] CHANCE T. Towards sustainable residential communities：The Beddington zero energy development（BedZED）and beyond[J]. Environment & Urbanization，2009，21（2）：527-544.

[6] CHEN Y，LI X，ZHENG Y，et al. Estimating the relationship between urban forms and energy consumption：A case study in the Pearl River Delta，2005-2008[J]. Landscape and Urban Planning，2011，102（1）：33-42.

[7] ECHENIQUE M H，HARGREAVES A J，MITCHELL G，et al. Growing cities sustainably：Does urban form really matter?[J]. Journal of the American Planning Association，2012，78（2）：121-137.

[8] EWING R，RONG F. The impact of urban form on U.S. residential energy use[J]. Housing Policy Debate，2008，19（1）：1-30.

[9] FRAGKIAS M，LOBO J，STRUMSKY D，et al. Does size matter? Scaling of CO_2 emissions and US urban areas[J]. PLOS One，2013，8（6）：e64727.

[10] GLAESER E L，KAHN M E. The greenness of cities：Carbon dioxide emissions and urban development[J]. Journal of Urban Economics，2010，67（3）：404-418.

[11] GRAZI F，JEROEN C J M，BERGH V D，et al. An empirical analysis of urban form，transport，and global warming[J]. The Energy Journal，2008，29（4）：97-122.

[12] GUDIPUDI R，FLUSCHNIK T，Ros A G

C, et al. City density and CO_2 efficiency[J]. Energy Policy, 2016 (91): 352-361.

[13] HANDY S L. Understanding the link between urban form and nonwork travel behavior[J]. Journal of Planning Education and Research, 1996, 15 (3): 183-198.

[14] HOLDEN E, NORLAND I T. Three challenges for the compact city as a sustainable urban form: Household consumption of energy and transport in eight residential areas in the Greater Oslo Region[J]. Urban Studies, 2005, 42 (12): 2145-2166.

[15] ISHII S, TABUSHI S, ARAMAKI T, et al. Impact of future urban form on the potential to reduce greenhouse gas emissions from residential, commercial and public buildings in Utsunomiya, Japan[J]. Energy Policy, 2010, 38 (9): 4888-4896.

[16] KAZA N. Understanding the spectrum of residential energy consumption: A quantile regression approach[J]. Energy Policy, 2010, 38 (11): 6574-6585.

[17] KO Y , LEE J H , McPherson E G , et al. Factors affecting long-term mortality of residential shade trees: Evidence from Sacramento, California[J]. Urban Forestry & Urban Greening, 2015, 14 (3): 500-507.

[18] MOHAJERI N, GUDMUNDSSON A, FRENCH J R. CO_2 emissions in relation to street-network configuration and city size[J]. Transportation Research Part D: Transport and Environment, 2015, 35: 116-129.

[19] NAESS P. Residential location affects travel behavior—but how and why? The case of Copenhagen Metropolitan Area[J]. Progress in Planning, 2005 (63): 167-257.

[20] NASRI A, ZHANG L. The analysis of transit-oriented development (TOD) in Washington, D.C. and Baltimore metropolitan areas[J]. Transport Policy, 2014 (32): 172-179.

[21] NEWMAN P, KENWORTHY J. Gasoline consumption and cities : A comparison of U.S. cities with a global survey[J]. Journal of the American Planning Association, 1989 (55): 24-37.

[22] NEWMAN P, KENWORTHY J. Urban design to reduce automobile dependence[J]. Opolis, 2006 (2): 35-52.

[23] NORMAN J, MacLean H L, KENNEDY C A. Comparing high and low residential density: Life-cycle analysis of energy use and greenhouse gas emissions[J]. Journal of Urban Planning and Development, 2006, 132 (1): 10-21.

[24] ODUM E P. Ecology : A bridge between science and society[M]. Sunderland : Sinauer Associates Inc, 1997.

[25] RICKABY P A. Six settlement patterns compared[J]. Environment and Planning B: Planning and Design, 1987, 14 (2):

193-223.

[26] SANTAMOURIS M. Energy and climate in the urban built environment[M]. Oxford：Routledge，2001.

[27] SHIM G E，RHEE S M，AHN K H，et al. The relationship between the characteristics of transportation energy consumption and urban form[J]. Annals of Regional Science，2006，40（2）：351-367.

[28] YOUNG W，BOWYER D. Modelling the environmental impact of changes in urban structure[J]. Computers，Environment and Urban Systems，1996，20（4）：313-326.

[29] 曾振，周剑峰，肖时禹．产城融合背景下传统工业园区的转型与重构 [J]. 规划师，2013（12）：46-50.

[30] 城市科学研究会，ATKINS. 低碳生态城市规划方法 [R]，2014.

[31] 范进．城市密度对城市能源消耗影响的实证研究 [J]. 中国经济问题，2011（6）：16-22.

[32] 韩贵锋，颜文涛，赵珂，等．近 20 年来重庆市主城区地表热岛的时空变化 [J]. 环境科学研究，2012，25（6）：615-621.

[33] 黄明华，王阳，王羽．紧凑式、混合型、时序性——对城市低碳总体布局模式的探讨 [J]. 国际城市规划，2012，27（6）：96-102.

[34] 孔繁花，尹海伟，刘金勇，等．城市绿地降温效应研究进展与展望 [J]. 自然资源学报，2013，28（1）：171-181.

[35] 李延明，张济和，古润泽．北京城市绿化与热岛效应的关系研究 [J]. 中国园林，2004（1）：77-80.

[36] 吕斌，祁磊．紧凑城市理论对我国城市化的启示 [J]. 城市规划学刊，2008（4）：61-63.

[37] 吕斌，孙婷．低碳视角下城市空间形态紧凑度研究 [J]. 地理研究，2013，32（6）：1057-1067.

[38] 潘海啸，汤諹，吴锦瑜，等．中国“低碳城市”的空间规划策略 [J]. 城市规划学刊，2008（6）：57-64.

[39] 孙斌栋，潘鑫．城市空间结构对交通出行影响研究的进展——单中心与多中心的论争 [J]. 城市问题，2008（1）：19-22.

[40] 王勇，李发斌，李何超，等．RS 与 GIS 支持下城市热岛效应与绿地空间相关性研究 [J]. 环境科学研究，2008（4）：81-87.

[41] 韦亚平，潘聪林．大城市街区土地利用特征与居民通勤方式研究——以杭州城西为例 [J]. 城市规划，2012，36（3）：76-84.

[42] 魏映彦，申亚．山地低碳复合城市规划策略研究——悦来生态城规划模式 [J]. 城市规划，2017，41（4）：106-113.

[43] 吴巍，宋彦，洪再生，等．国外城市形态对住宅能耗影响研究及对我国的启示 [J]. 国际城市规划，2018，33（3）：59-65.

[44] 姚胜永，潘海啸．基于交通能耗的城市空间和交通模式宏观分析及对我国城市发展的启示 [J]. 城市规划学刊，2009（3）：46-52.

[45] 姚昕，潘是英，孙传旺．城市规模、空间集聚与电力强度 [J]. 经济研究，2017，52（11）：165-177.

第八章

绿色基础设施的规划实践

快速城市化导致土地开发速度达到了前所未有的阶段，基于灰色设施的传统开发模式，对人类赖以生存的生态环境造成极大的污染和破坏（仇保兴，2010），导致和加剧了城市环境恶化。各种建设用地消耗了绿色开放空间，使自然系统破碎化加剧，生态系统服务功能降低，由此造成了自然区丧失、水资源退化、系统自适应能力降低等环境问题（李博，2009）。绿色基础设施（Green Infrastructure，以下简称 GI）可以有效解决上述环境问题（张晋石，2009），但由于城市 GI 缺乏与传统规划体系的对接，导致城市 GI 在城市开发过程中无法有效实施和管理。

由于 GI 与城市用地布局、自然和历史保护、交通和市政设施建设、城市防灾减灾等传统规划内容相关性明显，通过将 GI 和传统城市规划技术体系结合，可以为 GI 的实施提供规划技术途径。国内外对 GI 的研究主要包括功能特征、构建方法、评价体系、实施管理等（Walmsley，1995，2006；Zhang et al.，2006；Weber et al.，2006；Konstantinos et al.，2007；Hostetler et al.，2011），但较少研究 GI 与城市规划体系的相关关系，作者试图通过分析 GI 与空间规划体系之间的相关关系，探索城市 GI 的规划实施途径，为解决城市环境问题的提供系统化方法。

GI 提供了一种绿色结构以综合改善城市问题和环境问题，目的并不是孤立地为服从自然创造一个独立的网络，而是让自然融入社会，以一种弹性方式保护自然资源，让自然生态系统为人类服务，因此 GI 对实现生态城市的目标具有积极的意义。作者基于 GI 的概念、内涵、尺度和构成，研究 GI 与传统规划内容的相关性，提出 GI 与空间规划技术体系的融合途径，并结合不同尺度的项目案例，研究不同尺度 GI 的规划实施途径，探索不同尺度 GI 的规划内容和控制要素，以望对 GI 规划建设的理论与实践提供参考。

1　概念内涵及研究动态

1.1　概念界定

GI 是对应市政基础设施（如道路、管网等）和社会基础设施（如医院、学校等）等灰色基础设施概念而提出的，与生态基础设施（Ecological Infrastructure，EI）的概念基本一致。目前大致可划分为两类概念：

第一类概念将 GI 定义为具有自然环境支撑功能的绿色空间网络。如 1999 年美国保护基金会将 GI 定义为“是国家的自然生命支持系统，一个由水道、湿地、森林、野生动物栖息地和其他自然区域，绿道、公园和其他保护区域，农场、牧场和森林，荒野和其他维持原生物种、自然生态过程和保护空气和水资源以及提高美国社区和人民生活质量的荒野和开敞空间所组成的相互连接的网络”。英国的《GI 规划导则》

将 GI 定义为“一个多功能的开放空间网络，包括公园、花园、林地、绿色通道、水体、行道树和开放的乡村”。2006 年，英国西北 GI 小组认为 GI 是一种自然环境和绿色空间组成的系统，有五个主要特征：自然的或人工的空间环境、多种服务功能、不同尺度、相互连接。本尼迪克特和麦克马洪（Benedict and McMahon，2006）认为 GI 具有内部连接性的自然区域及开放空间的网络，以及可能附带的工程设施，这一网络具有自然生态体系功能和价值，为人类和野生动物提供自然场所，如作为栖息地、净水源、迁徙通道，它们总体构成保证环境、社会与经济可持续发展的生态框架。康斯坦丁诺斯等（Konstantinos et al.，2007）认为生态敏感区和兼容生态保护目标的农田、林地、生态旅游区、文化遗产区域等都是 GI 重要组成部分，注重维护生态过程的连续性和生态系统结构的完整性，与生态系统健康及人类健康有非常紧密的关系，是维持自然生命过程必须具备的“基础设施”，而不是一种可有可无的绿色空间。俞孔坚等（2001）认为它是维护生命土地的安全和健康的关键性空间格局，是城市和居民获得持续的生态服务的基本保障，这些生态服务包括提供新鲜空气、食物、体育、休闲娱乐、安全庇护以及审美和教育等。张红卫等（2009）认为 GI 由各种开敞空间和自然区域组成，包括绿道、湿地、雨水花园、森林、乡土植被等，这些要素组成一个相互连接、有机统一的网络系统，系统可为野生动物迁徙和生态过程提供起点和终点，系统自身可以自然地管理暴雨水，减少洪水的危害，改善水的质量，节约城市管理成本。第二类概念将 GI 定义为灰色基础设施工程的生态化（SG，2001；沈清基，2005），是指以生态化手段来改造或代替道路工程、排水、能源、洪涝灾害治理以及废物处理系统等问题。

综合上述概念，作者定义的 GI 是指维持人与野生生物生命健康与安全的自然环境或人工绿地系统，一个由森林、湿地、水域、草地、野生生物栖息地和其他促进人类福祉的自然区域，以及公园绿地、防护绿地、休闲绿地、水系与绿道、文化遗迹和其他人工绿色空间，以及农场和牧场等半自然开放空间共同构成的相互连接的空间网络。其中，连通性、多样性、复合性、多尺度性和适应性等是其基本特征。

1.2 内涵解析

GI 是一种能够指导土地利用和经济发展模式往更高效和可持续方向发展的重要战略，以应对大规模城市蔓延导致的全球和区域环境问题以及一系列城市问题，寻求土地发展与保护并重的模式。构建 GI 的目标是实现人与自然和谐关系，即在满足人类增长需求的同时，维护和保护好空间环境对生命的持久支撑能力，强调社会、环境和经济目标的综合效益。GI 的内涵主要表现为：在环境层面上，GI 具有维持自然生态过程、保护空气和水资源的功能，如在吸纳雨水和地表径流、减轻雨洪危害、沉积物保持、水质净化、碳汇作用、吸收氮磷等污染物质等方面发挥了重要的环境支撑功能（Benedict and McMahon，2006；付喜娥和吴人韦，2009；李开然，2009）；在生物多样性保护层面上，GI 实施为避免蔓延式发展导致的栖息地消失、退化和物种入侵提供了条件，通过引导人类集聚区远离重要的栖息地以及保护连接栖息地的关键廊道，最终将使生物多样性得到有效保护（俞孔坚和张蕾，2007；刘娟娟，2012）；在社会层面上，GI 的构建离不开人的参与，尤其是大众的参与，比如屋顶绿化、雨水花园管理、乡土植物应用等，这使得生态、环保、节水节能的概念能够对公众产生深远的影响，促进公众的绿色生活模式；在文化层面上，GI 可以为人们提供游憩空间，承载文化的保护与传播、空间审美和环境教育等功能；在经济层面上，GI 具有生物生产和提供食物等功能，其环境支撑功能可以有效减少灰色基础设施的投入，其引发的休闲游憩活动可为地方经济提供活力；在安全防护层面上，GI 的构建在促进城市快速发展的同时，可以有效避让城市突发性灾害的危险区，并为人们提供防灾避难空间。

1.3 国内外研究动态

GI 具有促进生态系统健康、生物多样性保护和传承区域文化等功能，重点实现维持生态系统结构的完整性和主要生态过程的连续性，对于国家乃至地区间的生态安全格局构建具有更加明显的作用。国内外主要从功能特征、评价体系、构建方法等方面研究 GI 的相关问题。

康斯坦丁诺斯等（Konstantinos et al.，2007）运用绿色基础设施规划促进生态系统和人类健康，并提出绿色基础设施规划的概念框架；霍斯泰特勒等（Hostetler et al.，2011）通过创建绿色基础设施达到保护城市生物多样性的目标；沃姆斯利（Walmsley，1995）认为城市绿色基础设施具有强大的塑造城市形态的作用；席林和洛根（Schilling and Logan，2008）针对美国老工业城市的收缩现象，提出了将废弃土地转换为宝贵的城市绿色基础设施模型，提升城市环境品质，激发城市的活力；张晋石（2009）认为构建 GI 目标是建立一个空间框架，为城市和区域的土地利用规划提供一种绿色结构以改善城市问题和环境问题，其目的并不是孤立地服从自然、为野生动物创造一个独立的网络，而是让自然融入社会，以一种弹性方式保护自然资源和城市本体的安全，让自然生态系统为人类服务；张红卫等（2009）认为 GI 理论能够指导城市和区域生态环境的规划和管理，GI 的体系构建经常是跨越行政边界的，因此能够促进相关政策制定的宏观性和科学性；李咏华和王竹（2010）认为 GI 网络框架与技术细节可转化为相关地方标准以支持国家与区域尺度的主体功能区划与生态功能区划。对 GI 的评价研究主要采用价值评估方法和风险评估方法，麦克唐纳等（McDonald et al.，2005）分析 GI 的不同目标之间的冲突及其消解策略，采用设定目标的价值评估方法和风险评估方法，分析 GI 网络中的土地使用方式转变的动力和概率，确定 GI 网络的优先保护地区。

GI 的构建方法主要包括基于垂直生态过程的叠加分析法、基于水平生态过程的空间分析法、基于图论的分析法、形态学空间格局分析法四种方法。张利权等（Zhang et al.，2006）基于景观格局指数和网络分析方法提出生态网络规划方法，颜文涛等（2007）将综合适宜度评估结果形成的绿色空间结构作为确定区域开发建设的依据；沃姆斯利（Walmsley，2006）通过基于垂直生态过程的适宜性分析方法，将综合适宜度评估结果形成的绿色空间结构作为确定区域 GI 的依据；韦伯等（Weber et al.，2006）在 GIS 技术支持下采用最小阻力面模型，提取连通各“网络中心”最适宜的“连接通道”，通过基于水平生态过程的空间分析方法，构建了区域 GI 网络；俞孔坚等（2001）通过分析自然过程、生物过程和人文过程，基于对多种过程的景观安全格局的整合，提出了生态基础设施的规划方法；孔繁花等（Kong et al.，2010）基于图论和重力模型，研究每个绿色空间相对重要性，确定城市绿色空间网络；威克姆等（Wickham et al.，2010）运用形态学空间格局（Morphological Spatial Pattern Analysis，MSPA）分析方法研究国家 GI 网络；裴丹（2012）对上述 GI 的四种构建方法进行对比评价，认为四种方法各有优劣。

对 GI 的实施管理方面的研究，发达国家对 GI 实施更侧重于关注城市内外绿色空间的质量，注重大范围内的网络建设，并对 GI 在维护城市景观、提升公众健康、降低城市犯罪等方面的作用展开了一系列的规划实践，如美国州级生态网络（成为美国国土生态空间、国土空间利用、生态网络建设和防灾减灾的重要体系）、欧洲跨国项目（连通阿尔卑斯山和喀尔巴阡山脉的野生动物通道）、荷兰国家生态网络、波兰国家生态网络、“西雅图 2100 开放空间”网络等，但是由于对城市尺度的 GI 投资不足，导致缺乏建设城市 GI 的实践经验（Young，2011）。国内 GI 建设主要集中在城市区域，如广州番禺片区生态廊道控制性规划、宝鸡市渭河南部台塬区生态建设规划、深圳市基本生态控制线规划、上海市基本生态网络规划，主要包括区域生态空间结构、基本生态网络空间、生态空间规划控制等内容，均是对绿色基础设施规划实践的有益探索。

2　GI 的尺度和构成

2.1　GI 的尺度

GI 是一个框架系统，大到国土范围内的生态保护网络，小到社区的雨水花园。因此，GI 可分为区域尺度、城市尺度和社区尺度三个层级。区域尺度的 GI 主要作用是体现该尺度战略性的环境和社会资源，为维持区域生态系统结构的完整性提供空间支撑；主要包括国家自然保护区、国家徒步旅行网络、国家森林公园、文化娱乐走廊、重要江河水系廊道等；实施重点是确定最高等级的要素和路径，提取那些有可能从整体上高质量改善区域生态环境的要素和跨越行政边界的路径，建立 GI 发展策略，形成区域的公共环境政策。

城市尺度的 GI 主要作用是从质量上提高城市环境整体效益，为地区生态过程连续性提供空间支撑；主要包括大型城市公园、郊野公园或森林公园、地方自然保护区、重要的河流走廊、重要的休闲路线、湖库和河流水域、大型湿地、农场和林地、城市慢行网络、游憩场地等；实施重点是为城市休闲、游憩和美化提供环境空间，为保护生物多样性提供足够的绿色空间，考虑各个要素的连接，使其在纵向和横向两个层面实现与周边区域 GI 的衔接。

社区尺度的 GI 主要作用是通过环境特征增强社区的归属感，提升社区的环境品质；主要包括社区花园、街道景观、私家花园、小型水体和溪流、屋顶花园、社区雨水花园、下凹式绿地、雨水滞蓄设施等；实施重点是为休闲、游憩和美化提供环境空间，强调社区基础设施工程的生态化，有潜在价值的微观生态设施的保护和治理改善，也是 GI 规划的重要组成部分，通过对私人花园的有效利用、雨水系统的整治和管理等，达到 GI 的累积效应，在这一尺度上，公众参与和组织协作极为重要。

2.2　GI 的构成

从网络结构上，GI 是由枢纽（或称中心控制点、网络中心）和连接通道（或称连接廊道）组成的天然与人工化绿色空间网络系统（Opdam et al.，2006）。“枢纽”是野生动植物的主要栖息地，同时也是整个大系统中动植物、人类和生态过程的“源”和“汇”，包括自然保护区、森林公园、风景名胜区、生产性土地、城市公园和社区公园；“连接”是联系各个枢纽的带状区域，促进生态过程流动，包括生物保护廊道、河流廊道、缓冲绿带、景观连接体（张晋石，2009）。

从系统结构上，可以将 GI 分为相互联系的六个系统：城市（或区域）游憩系统、生物生产系统、环境净化系统、生物栖息地系统、可持续水系统、生态化防护系统。其中城市（或区域）游憩系统主要包括城市和社区公园、景观连接体等人工化绿色开放空间，具有文化传承和保护、空间审美和环境教育等功能；生物生产系统主要包括农田、林场、牧场等生产性用地，具有生物生产和提供食物等功能；环境净化系统主要包括自然和人工湿地、生态化的环卫设施等，具有净化水质、保护空气和土壤的环境支撑功能；生物栖息地系统主要包括自然保护区、森林公园和小型生境单元等，具有生物多样性保护的功能；可持续水系统主要包括河流、湖泊、库塘以及周边的缓冲区域，具有维持自然水文过程、纳污净化、保持环境容量等功能；生态化防护系统主要包括防护绿带、组团绿带、防灾避难绿地等，具有防灾减灾、安全保护等功能。

3 GI 与传统规划内容的相关性

基于景观生态学途径构建的 GI 网络，如果没有在传统规划内容中得到体现，在实施过程中可能存在一些技术性障碍（裴丹，2012）。作者分析 GI 与土地使用、自然与历史保护、市政基础设施、城市防灾减灾四项传统规划内容之间的相关性，结合 GI 的类型和特征，探索通过传统规划编制途径，有效引导 GI 网络的实施。

3.1 GI 与土地利用的相关性

GI 要素分析和格局构建应该作为土地利用规划的第一步，通过现状分析与价值评估，确定保护区和恢复区（即 GI 的“枢纽”和“连接通道”）、发展区（保护区以外用地），指导“禁止建设区”“限制建设区”和“适宜建设区”的划定，制定相应的空间管制措施。维护关键的自然过程、生物过程、人文过程的连续性和生态系统的完整性是判别和划定禁建区的科学依据，在这个意义上，禁建区与城市和区域的 GI 网络具有较大的关联性，基于 GI 网络安排各项建设用地，以达到城市土地利用的全覆盖。GI 为我们的土地保护提供了一种精明的解决办法，因为它以一种与自然演替过程相契合的方式寻求土地发展与保护并重的模式，即 GI 同时促进了精明增长与精明保护，它强调土地开发、城市增长以及市政基础设施规划的需求，不同于传统的开放空间规划途径。因此，GI 能够引导城市拓展方向、空间总体布局和功能安排，关注土地利用的整体效益，能够有效引导和影响土地发展模式；而土地使用规划为 GI 的实施提供空间物质载体，是实施 GI 的关键途径，GI 与传统规划用地中的五类用地具有较大的相关性（表 8-1）。

GI 系统与用地分类的相关性　　表 8-1

用地类型		GI 系统					
大类	中类	生物生产系统	环境净化系统	生物栖息地系统	可持续水系统	生态化防灾系统	休闲游憩系统
自然保护与保留用地、农林用地	水域和湿地	●	●	●	●	◎	●
	林草地	●	●	●	◎	●	●
	其他自然保留地	◎	◎	●	◎	◎	◎

续表

用地类型		GI 系统					
大类	中类	生物生产系统	环境净化系统	生物栖息地系统	可持续水系统	生态化防灾系统	休闲游憩系统
公共管理与公共服务用地	文化设施用地	○	○	○	○	○	●
	文物古迹用地	○	○	○	○	○	●
商业服务业设施用地	娱乐康体用地	○	○	○	○	○	●
公用设施用地	供应设施用地	○	◎	○	◎	○	○
	环卫用地	○	●	○	◎	○	○
	防洪用地	◎	◎	◎	◎	●	◎
绿地与广场用地	公园绿地	○	◎	◎	◎	◎	●
	防护绿地	○	◎	◎	◎	●	◎
	广场用地	○	○	○	○	○	●

注：●表示强相关，◎表示一般相关，○表示不相关。
资料来源：作者自制

3.2 GI 与自然和历史保护的相关性

GI 建立的目标之一就是建立和保护自然生态网络，以保护生物多样性和生物栖息地。GI 强调“枢纽”之间的连通性，确定关键的栖息地斑块和潜在区域，为物种迁移提供廊道和踏脚石，可为生物多样性保护提供重要的框架。建立连通各栖息地斑块的景观格局，保证自然过程的连续性和生态系统的完整性（裴丹，2012），在更大范围内保证生物生存、觅食、迁徙等自然过程的发生，有利于生物多样性保护；利用最小阻力模型分析其从栖息地向外的空间运动过程，找到控制物种扩散活动的关键廊道和保护空白地区，确定生态保护区和生态修复区。恢复河道形态和河网结构的自然性，保护具有水源涵养功能的林地和湿地等自然区域，重视水要素对城市空间结构的支撑和限制作用，维持城市自然水文循环过程，可以减轻城市水环境恶化趋势（Ali et al.，2011；颜文涛，2012）。GI 可以将全部文化遗产、历史遗存、乡土遗产等有价值的历史文化区域作为保护对象，确定需要保护、恢复和强化的历史区域，分析保护对象的人文演变过程和遗产体验的人文活动过程，将分散的历史遗产保护地通过历史步道、带状公园、河流廊道等 GI 通道连接起来，构建具有城市记忆的连续的文化遗产网络，确保文化遗产保护的完整性和历史信息感知的连续性，可以采用叙事方法保存原有的历史记忆，形成市民对城市空间的场所感或认同感，促进形成独特的空间精神和健康的生活模式（周恒和杨猛，2010）。

3.3 GI 与交通和市政基础设施的相关性

在宏观层面，GI 为交通和市政基础设施的格局提供引导，交通和市政基础设施的规划布局应维护 GI 格局的连续性与完整性，不应破坏濒危野生动物的生存空间和迁移路径，区域性交通走廊应建设动物天桥和地下通道等生物防护措施，沿河应降低道路等级，并考虑交通走廊与河流的顺应关系等；GI 与自行车交通系统和步行交通系统结合，为人们提供游憩空间，为交通和市政走廊提供防护绿地。通过构建促进慢行出行的 GI 网络，可减少小汽车出行数量，有利于降低城市的交通能耗。在微观层面，GI 包括灰色基础设施工程的生态化，如采用 GI 管理雨水，通过河流水域、河滨缓冲带、湿地塘、雨水花园、透水地面、绿色屋面、植被浅沟、下凹式绿地、过滤护道、渗透沟渠、植被缓冲带等绿色元素，结合雨水径流路径，构建的绿色空间网络，可以有效地管理暴雨水，减少洪水内涝的危害和改善水质，并可减少对雨水管道和硬化调蓄设施等灰色基础设施的需求等，不仅实现了灰色基础设施系统自身的生态化，它们的累计效果也有利于 GI 环境保护目标的实现（颜文涛等，2011）。

3.4 GI 与城市防灾减灾的相关性

GI 网络是城市防灾工程的重要组成部分，可以为城市减灾防灾提供格局引导、场地和技术支撑，如城市 GI 具有较强的调蓄洪水和减轻内涝的作用，并可以为地震火灾提供城市的疏散通道和避难场地。分析城市雨洪过程，通过径流分析和淹没分析确定雨洪影响区域，计算区域的潜在蓄洪量，确定可调蓄洪水的自然湿地和低洼地，将洪泛区、蓄滞洪区和防洪保护区规划为 GI 的“枢纽”，保护和恢复城市河道水系廊道的连续性，提出基于雨洪调控目标的 GI 格局（俞孔坚等，2005）；建设相应的雨水下渗 / 过滤和滞留 / 溢流设施，结合绿地建立蓄滞雨水的空间，可有效地减少径流总量和削减径流洪峰，综合利用雨洪、补给地下水、减轻城市河流的洪峰压力，降低城市洪涝的危害（颜文涛等，2011；颜文涛等，2012）。在城市区域进行地质灾害勘察和危险性评估，引导地质灾害点或灾害路径如山地冲沟成为城市绿色廊道，制定减缓灾害的空间管制规划，将突发性地质灾害的直接影响区划为禁止建设区，成为区域 GI 网络的组成部分。依托 GI 网络中的大型开放空间、公园绿地和绿色廊道等，建立城市的疏散通道和避难场地；在灾害发生前，城市绿地空间可作为防灾演习和防灾教育的场所，在灾害发生时，城市绿地可作为疏散、转移、避难的空间，在灾害过后一段时间内，城市绿地可作为修建家园、复兴城市的活动据点及安抚人们心灵的后花园；建立包括铁路防护林、高压走廊隔离带、工业组团卫生隔离带、污染源防护带等防护绿带系统，预防这些设施对人类造成的危害。

4 GI 与空间规划技术体系的融合

将不同尺度的 GI 与不同层次的空间规划技术体系结合，将区域尺度、城市尺度和社区尺度的绿色基础设施分别跟区域规划、总体规划、详细规划融合，可以在不同层次的规划中有效实现 GI 的规划目标、规划内容和战略重点（图 8-1）。GI 导向的空间发展策略可以应对传统规划的被动环境保护问题，有利于寻求保护和发展的平衡，基于 GI 网络引导空间发展方向，实现土地利用的整体效益和精明保护的目标。

4.1 区域 GI 与区域规划的融合

区域规划重点解决空间发展方向、协调城镇空间布局、区域生态环境保护、区域性重大基础设施布局等问题，确定生态环境、土地和水资源、能源、自然和历史文化遗产保护等方面的综合目标和保护要求，提出空间管制策略，划定重点开发区、限制开发区和禁止开发区，关键控制要素为产业和区域性设施（胡序威，

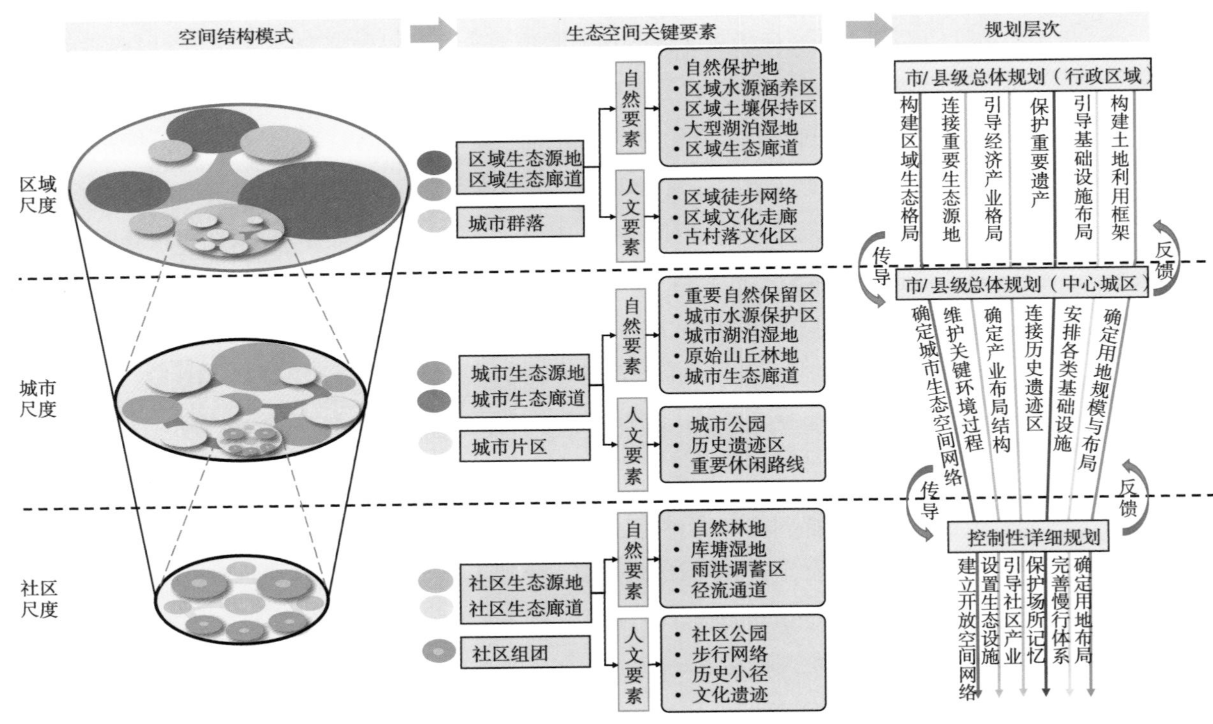

图 8-1 多尺度 GI 与多层次空间规划的关联耦合技术路径

图片来源：作者自绘

2006；武廷海，2007；颜文涛等，2011）。区域 GI 为区域性设施的重要组成部分，可为区域生态环境保护和主体功能区划确定提供整体空间框架，体现了该尺度战略性的环境和景观资源，为确定弹性适应空间和刚性约束空间提供依据。区域规划的部分强制性内容包括自然保护区、大型湖泊湿地、区域性水源保护区、区域性蓄滞分洪地区、退耕还林（草）地区以及其他生态敏感区等自然资源的保护和利用，以及国家徒步旅行网络、跨行政边界的文化娱乐走廊等人文资源的保护和延续，上述内容也是区域 GI 的主要组成部分，目标都是保护和发展这些自然和人文资源。

具体融合途径：①确定区域 GI 网络设计目标和要素。例如战略目标是良好的水量和水质，就应把流域和水资源特征作为区域 GI 要素，包括大型湖泊湿地、区域性蓄滞分洪地区、地下水补给区、水源涵养区等 GI 网络元素；②评价区域 GI 要素，构建区域 GI 网络。通过 GIS 技术生成和提取生态“汇集区”和“廊道”来构建区域 GI 网络，分析区域 GI 网络元素的生态风险，确定区域 GI 网络的保护等级，根据 GI 网络结构的重要性进行分级控制；③明确区域 GI 网络的生态功能，提出 GI 的生态建设分区，确定生态保护区和生态修复区，尤其是连接各类重点保护区的廊道，需要进行保护性修复，使其更加充分发挥其生态服务功能；④减少区域交通对 GI 网络的破碎化和片段化。区域交通等线性区域基础设施对区域 GI 连通性影响明显，区域交通等线性基础设施的布局要尽量顺应 GI 网络，在规划区域交通线路的时候，加入基础设施生态化的内容；⑤基于 GI 网络确定区域生态化空间结构。GI 作为一种重要自然和人文资源，是区域城镇发展的支撑性要素，可以引导城市功能定位和区域重点产业战略布局（如区域 GI 可为旅游业等第三产业的布局和功能提供环境支撑），结合主体功能区划和生态功能区划，从区域的资源环境基本特征、发展需求和限制因素出发，合理定位城市发展方向，确定区域性低碳生态化空间结构模式，采用不同的发展策略分类分区引导城市依据生态理念发展，推进区域有序城镇化发展战略（李迅等，2010）。

4.2 城市 GI 与总体规划的融合

总体规划重点解决城市规模、总体布局、市政和社会基础设施、重要自然和人文资源等问题，明确适建区、限建区和禁建区，关键要素为土地和设施（颜文涛等，2011）。城市 GI 可提高城市环境整体效益，为保护城市重要自然和人文资源提供空间框架，为该尺度的空间管制策略提供依据。总体规划的部分强制性内容包括城市风景区、城市湖泊湿地、水源保护区以及其他生态敏感区等控制开发区域，以及城市市政基础设施、文化遗产保护、城市防灾工程等，而关键生物栖息地、城市湖库湿地、河流水系、城市历史文化遗产等是城市 GI 的主要组成部分，GI 概念的加入，增强了自然和人文系统的联系，增加城市整体的自然、经济、社会效益。

具体融合途径：①确定城市 GI 生态目标和社会目标。分析社会、经济和生态的各种数据信息，建立基础数据库；②根据城市 GI 设计目标，选择城市 GI 要素。评估城市 GI 网络元素的组分、质量和功能，寻找潜在的城市 GI 元素，包括关键生物栖息地、城市风景区、城市湖泊湿地、水源保护区、河流水系、城市历史文化遗产以及其他环境敏感区等；③连接城市 GI 网络元素，构建城市 GI 网络格局。依据城市 GI 网络格局和功能确定建设用地布局和建设用地规模，划定适建区、限建区和禁建区，确定城市空间拓展方向，明确空间总体布局和功能分区，有效利用土地资源，控制城市的无序蔓延；④市政和社会基础设施布局应顺应城市 GI 网络。尽量减少对 GI 的破坏，将灰色基础设施融入自然环境中，提出灰色基础设施工程的生态化内容，通过累积效应，实现生态化目标。

4.3　社区 GI 与详细规划的融合

详细规划重点解决用地功能的组织，制定各项规划控制条件，关键要素为土地、设施和建筑控制（颜文涛等，2011）。社区 GI 通过环境特征增强社区的归属感，提升社区的环境品质，形成社区空间支撑结构。详细规划的部分强制性内容包括土地使用控制、环境容量控制、建筑建造控制、基础设施配置、历史文化保护等，而自然山体林地、小型水体和溪流（如水库、水塘）、小型湿地（如低洼地）、径流通道、历史步道和文化遗迹等是社区 GI 的主要组成部分，通过将社区 GI 网络与城市和区域 GI 网络连接，提升社区的活力和场所感。另外，社区 GI 的生态承载力为合理确定社区建设容量提供依据。

具体融合途径：①确定社区 GI 网络设计目标，明确人文社会环境层面和生物物理环境层面的目标，强调休闲游憩目标和绿色出行目标，列出社区资源环境详细目录清单；②选择社区 GI 元素，包括自然山体林地、小型库塘水体、湿地、水系和径流通道、社区公园、雨水花园、下凹式绿地、历史步道和文化遗迹等，评估社区 GI 元素的质量和功能，寻找潜在的维持水文过程、生物过程和人文过程的生态结构，连接社区 GI 元素，构建社区 GI 网络，将社区 GI 与城市和区域 GI 网络连接，将城市和区域 GI 的服务功能导入社区内部；③基于社区 GI 网络确定建设用地布局结构，划定保存区、保护区和发展区，明确用地选择和功能安排，提出社区发展的环境容量，有效利用土地资源；④结合社区 GI 网络中的绿色慢行体系配置社会服务设施，提出社区灰色基础设施工程的生态化措施，如雨洪利用的生态化途径，能源系统、固体废弃物系统等基础设施生态化内容。

5 四个实践案例

5.1 成都市绿色空间网络规划实践

（1）案例背景

以成都市区 3681km^2 为重点研究区域。规划对象为非城市建设用地，对城市生态环境有重大影响的城市建设用地也纳入规划范围。规划主要针对以下问题：在城市化加速发展的进程中，成都市区土地利用结构不合理，城市呈现单中心圈层蔓延连片扩展的现象。城市空间发展与自然演进的时空过程出现失衡，与生态基底脱节错位。有价值的生态环境资源遭到破坏，自然生态空间严重破碎化，威胁生态安全。城乡发展脱节，"三农问题"突显，农村居民点散乱，农业生产低效，农村发展乏力，土地资源浪费。城市环境问题加剧，城市出现空气污染、噪声污染、水污染以及热岛效应等问题，生物多样性与景观多样性急剧下降，城市非建设用地与建设用地之间缺乏协调。生态空间功能不明确，导致该区域的生态系统服务难以支持成都安全健康的发展。

（2）规划策略

从市区和中心城区层次提出了规划策略。其中，市区层次的规划策略：①建立以绿色空间网络为载体的区域生态环境支持系统，建立生态空间格局，构建基于灌区水系空间的绿色空间结构；②优化区域整体空间格局，引导城镇健康有序发展，优化确定城镇开发边界和建设用地规模；③保护关键性的生态廊道和斑块，形成区域绿色空间网络格局，优化并高效获取绿色空间的生态系统服务功能；④明确绿色空间网络的生态功能，控制和引导城镇建设空间的土地用途和开发强度，为合理利用土地资源提供依据；⑤促进区域城乡关系整体协调，引导大都市边缘区村镇社区的合理建设和农村经济的产业转型。

中心城区层次的规划策略：①根据绿色空间规划目标，选择中心城区绿色空间网络要素，连接城市绿色空间网络元素，构建中心城区绿色空间网络格局；②依托绿色空间确定中心城区组团式空间结构模式，引导城市空间拓展方向，高效利用土地资源，控制中心城区的无序蔓延；③依托城市绿色空间实现生态环境保护和雨洪管理路径，改善城市空气质量和降低热岛效应，营造城市特色空间；④协同匹配绿色空间的生态服务供应和城市社区的生态服务需求，为提升社区独特的环境品质和增强社区发展的适应性提供空间框架。

（3）布局结构

由纵横交错的生态廊道和生态功能单元有机地构建起来的绿色生态网络体系，具有整体性和系统内部高度关联性。成都市区层次，生态功能单元较为均匀地分布

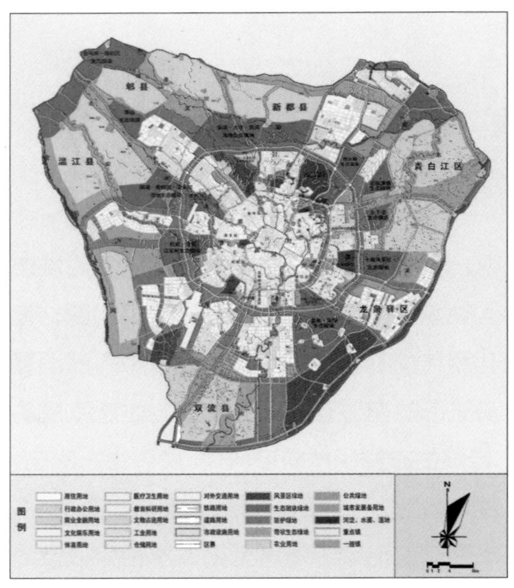

图 8-2 成都都市区绿色空间网络布局结构
图片来源：成都市非建设用地规划，重庆大学城市规划与设计研究院，2004.

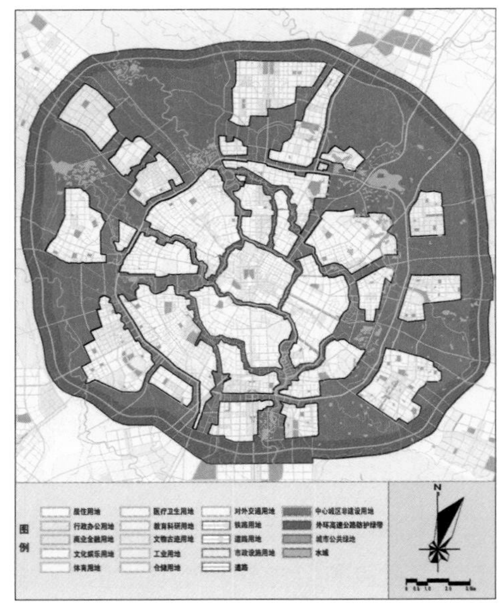

图 8-3 成都中心城区绿色空间网络布局结构
图片来源：成都市非建设用地规划，重庆大学城市规划与设计研究院，2004.

在市区，特别是绕城高速以内，生态单元尽可能均匀布局，生态单元之间要有连接的廊道系统，生态廊道间隔距离保持在 3km~5km 左右，共同构成绿色空间网络结构体系。自然保护功能的区域、带有自然原始特征的林地、生物多样性较高的湿地以及一些历史文化遗迹区域成“斑块”状散布在市区，与地表水有密切关系的区域、与成都市城市通风有密切关系的区域，成“廊道”状态贯穿成都市区，其中跟灌区水系一致的水系廊道为西北至东南走向，跟主导风向一致的通风廊道为东北至西南走向。形成绿隔环绕、绿楔入城、绿廊交织的“两环八斑十三廊”的成都市绿色空间布局结构（图 8-2、图 8-3）。

5.2 广州番禺片区生态廊道控制性规划实践

（1）规划目标

番禺片区规划面积为 450km^2，位于广州中心区的边缘，不合理的开发在一些环境敏感地段已经造成了严重的损害，一些重要的生态服务功能已经开始退化。针对上述问题，确定广州番禺片区生态廊道网络规划目标：对番禺片区生态廊道用地实施有效的控制管理，保护廊道内具有特殊价值的生态敏感地，维护区域生态安全格局与生态平衡要求；合理利用土地资源，控制廊道内建设区土地使用性质与建设强度；优化城市空间格局和用地布局，规避城市建成区域的无序发展和恶性扩张所造成的生态损失和土地浪费；促进区域内城乡关系的整体协调，维持区域范围内城市生态系统和其他生态系统的相对完整性；推进以城市物质空间为依托的社会、经济、文化等子系统的协调发展，增强城市内在活力和发展潜能。

（2）多层次生态定位

从四个层次明确广州番禺片区生态廊道网络的生态定位：①第一层次：保护番禺片区内的生态敏感区域、自然特性明显区域和物种富集区域，作为城市区域中必不可少的组成部分；尽量维持番禺地区的自然山水形态、界定自然地域界线，形成丰富的大地景观层面，营造区域特色风貌。②第二层次：以生态廊道结构引导优化广州城市空间发展形态，通过对番禺片区生态用地的具体控制，形成一直贯通到广州大城市中心区的生态廊道系统（由山脉、水体、森林、农田、公园、郊野、湿地等自然保护区和大型生态性用地有机构成），合理建构大广州城市生态空间格局，防止各个组团之间任意蔓延“摊大饼式”无序发展的必要屏障——保证大广州整体空间布局的有机完整性。③第三层次：通过生态廊道规划控制和引导，以线、面生态的保护与优化，带动整个省域的生态环境质量总体优化，增强广东省在全国的生态环境竞争力。加强地域范围内城乡生态系统以及生物保护体系的内在有机联系，以生态为基础，整体协调社会、经济、环境、文化各方面的发展，达成区域、城乡发展的整体协调，维持区域范围内的生态完整性。④第四层次：番禺区在整个珠江三角洲处于核心的位置。为了维持更大区域范围内的生态平衡，应建立广州、深圳、珠海、佛山、中山和香港、澳门城市连绵区的生态安全格局，构筑珠江三角洲区域“三纵三横”的生态大廊道，番禺区正处于这一“生态大廊道”的核心区域，对这些区域的控制将直接关系到大区域的整体生态格局和未来该区域的生态安全。

（3）生态廊道网络结构模式

结合番禺地区自然条件和环境现况，生态空间格局采用集中与分散相结合的“斑块—廊道”开放性网络型生态空间结构模式。以核心自然斑块为基础、以结构性廊道为依托，通过“斑块—廊道”的枝状分形深入城市建成区。番禺片区生态廊道网络的基本格局确定为：以本区范围内空间相对完整、生态服务功能较强的自然或半自然生态功能单元为基础，自然山系、基本农田、水系和城市绿廊为依托，按照“斑块—廊道”基本模式建构开放性网络结构。将生态要素融入城市空间体系，最大限度地延伸廊道区的生态服务功能。根据生态廊道内关键生态过程的差异性，将生态廊道类型分为生物廊道、水系廊道、通风廊道、景观廊道四种类型。其中，生物廊道满足各个斑块之间物种沟通和种群基因交换需求，也就是各类动物在斑块之间迁移时生存所必需的带状自然地。水系廊道为按地形、地貌状况，自然或人工形成的溪流、江河的水系及其周边岸线区域。通风廊道主要促进城市内部空气流动，是便于清新空气输入、污浊空气排出的带状开敞地带。景观廊道主要促进人工环境与自然景观相融合，是保证城市景观均好性而开辟的带状生态空间。

（4）总体布局与规划控制

番禺片区生态廊道网络构建方法和规划布局：①确定区域生态廊道网络要素，主要包括鸟类自然保护区、沿海滩涂湿地保护区、自然原始特征的山丘林地区（如湖滨湿地、河滨湿地、滩涂湿地）、自然景观区与文化景观区（如具有历史人文特征的古村落文化区）、优质水田、地表水源涵养区、洪水海潮威胁区域等（图 8-4）；②采用“斑块—廊道”相结合方法构建区域生态廊道网络结构，划定 14 个重要的

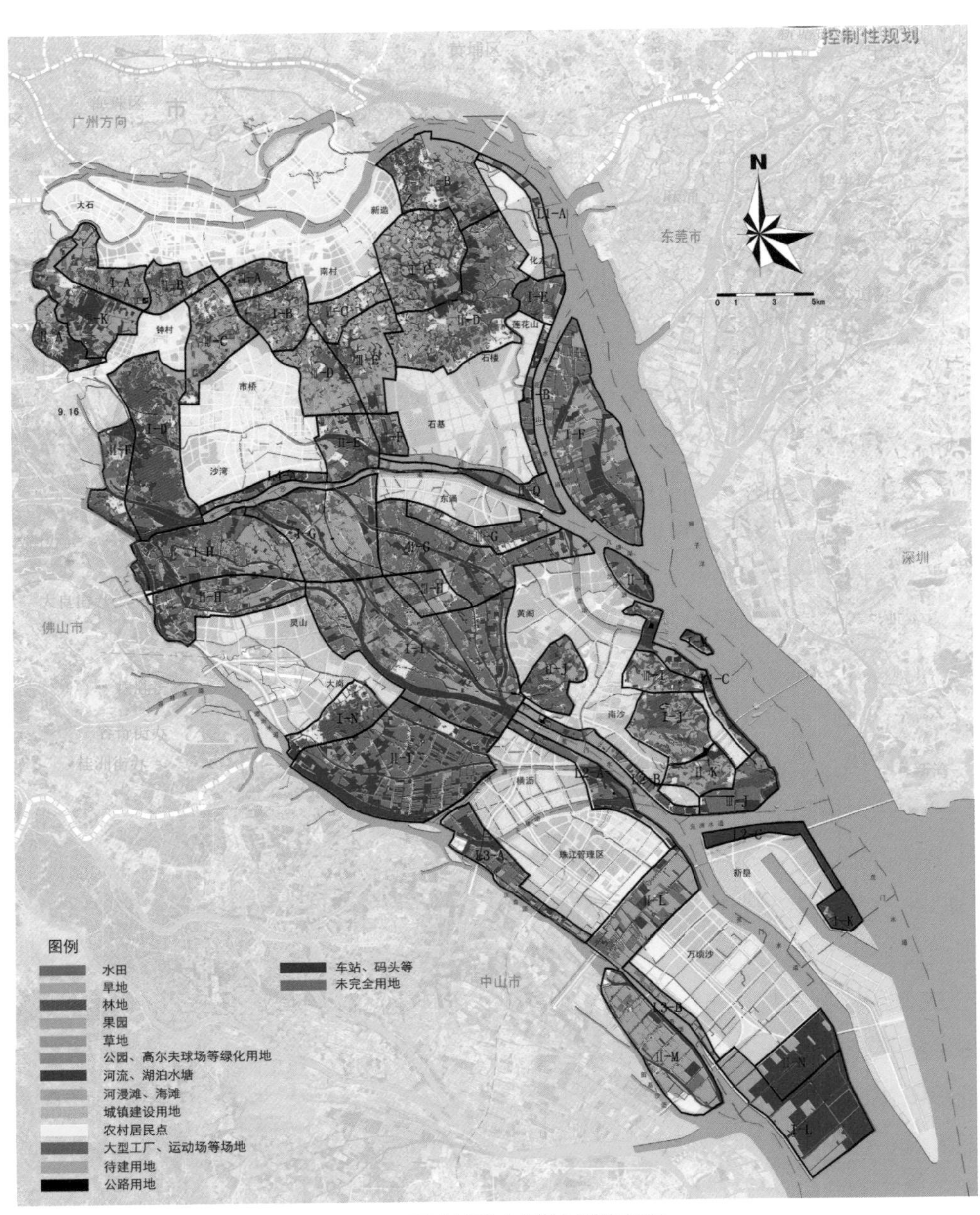

图 8-4　番禺地区生态廊道土地利用现状

图片来源：广州番禺片区生态廊道控制性规划，2003.

复合性生态功能区“斑块”（由 7 类城市生态功能单元组合形成）和 5 条重要的“结构性廊道”（不同的廊道和斑块往往包含这 7 种生态功能的某几类单元，形成三横三纵的空间形态）；③将区域生态廊道网络斑块划分核心保护区、生态缓冲区、建设协调区三级功能区，并提出相应的规定性指标、指导性指标和建设导引；④根据禺片区生态廊道网络规划目标，确定生态廊道网络的生态服务功能，优化调整生态廊道网络的土地利用类型（图 8-5—图 8-7）。

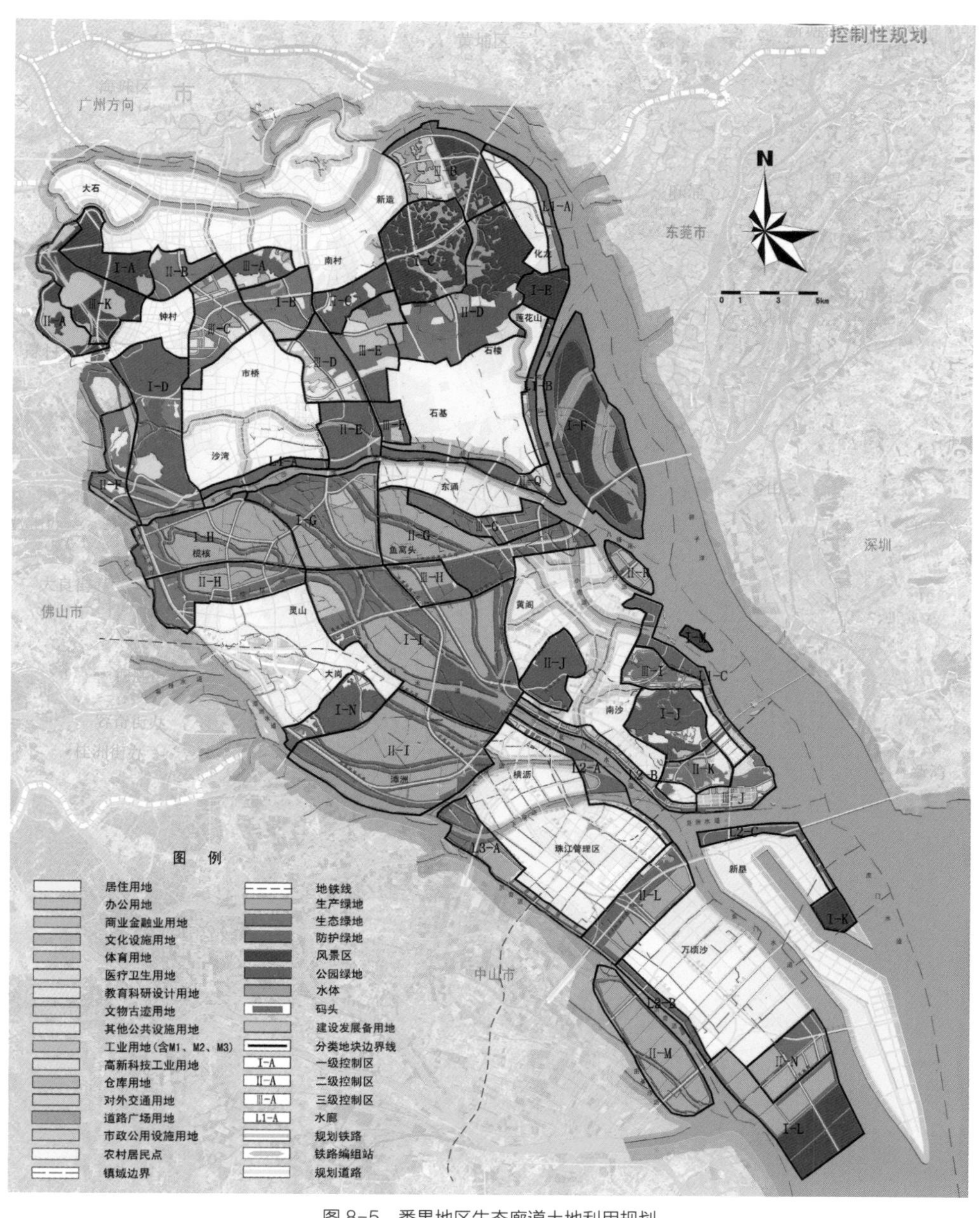

图 8-5 番禺地区生态廊道土地利用规划
图片来源：广州番禺片区生态廊道控制性规划，2003.

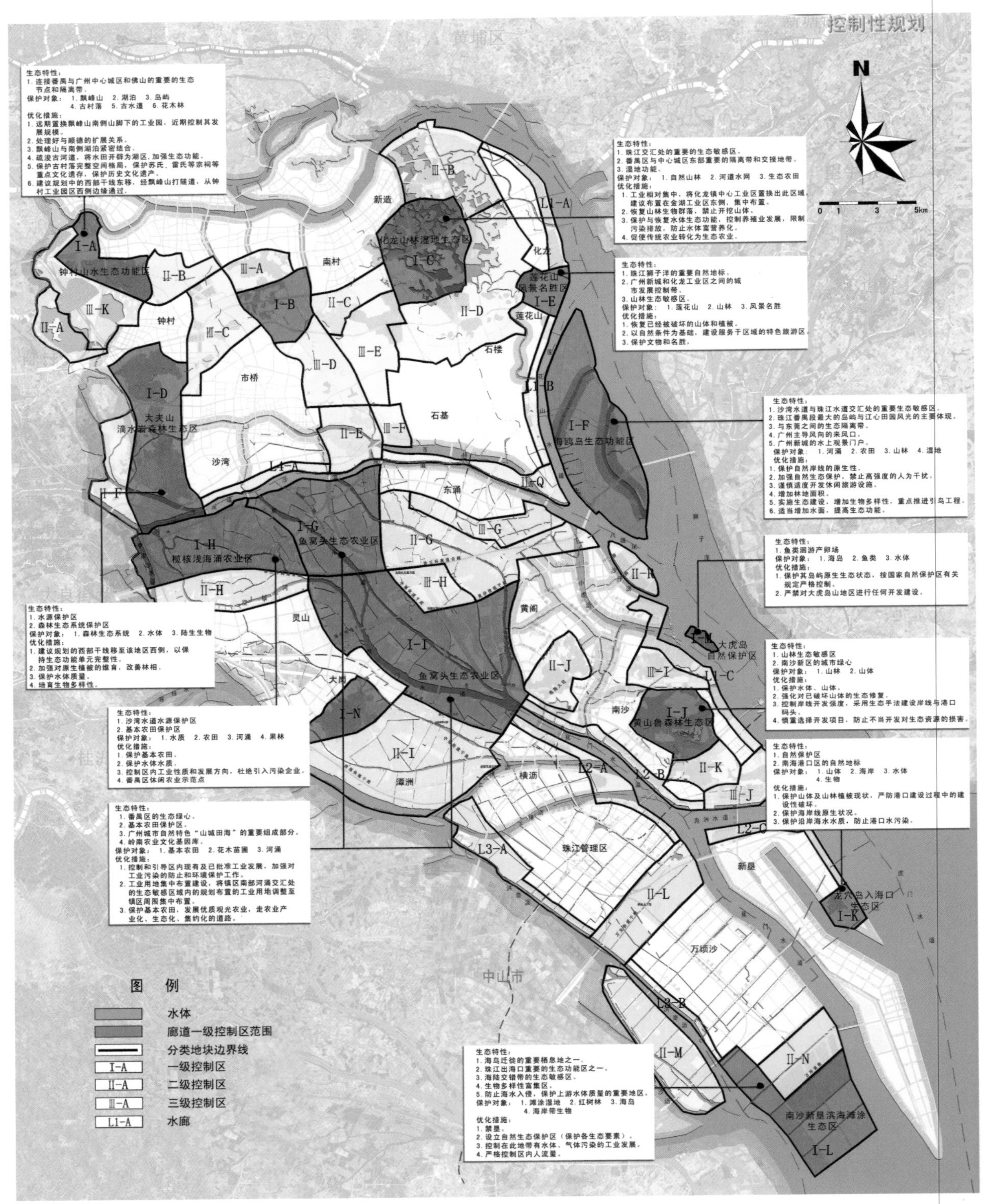

图 8-6 生态廊道一级控制区分布及控制导引

图片来源：广州番禺片区生态廊道控制性规划，2003.

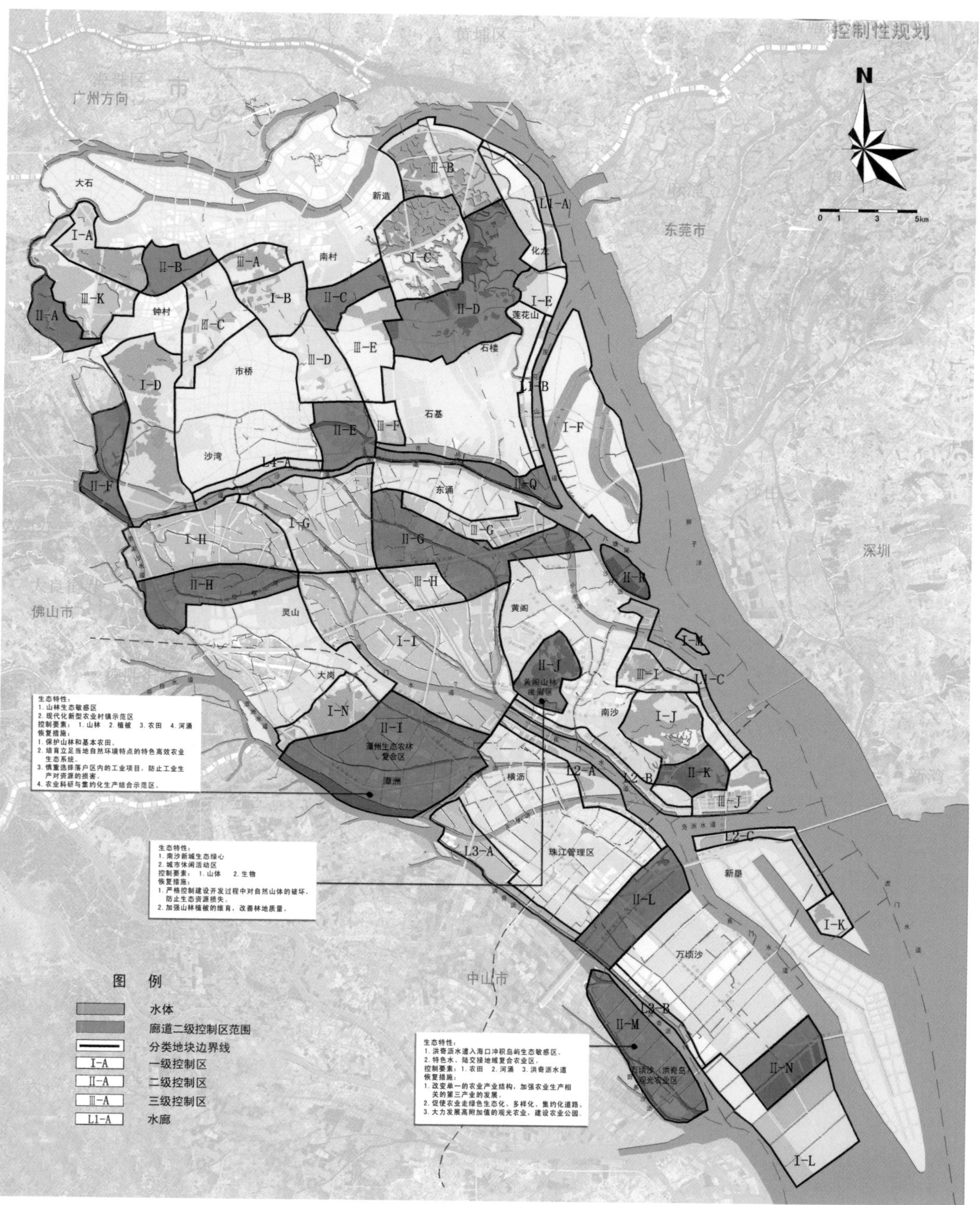

图 8-7 生态廊道二级控制区分布及控制导引

图片来源：广州番禺片区生态廊道控制性规划，2003.

5.3 宝鸡市渭河南部台塬区生态建设规划

（1）案例背景

宝鸡市渭河南部台塬区位于秦岭北麓自然保护区与城区间的过渡地带，是秦岭北麓自然保护区的门户，对于保护区的保护具有重要的作用，在城市开发和生态旅游的热潮中，渭河南部台塬区生态环境正面临着新的冲击和挑战。要保护秦岭北麓宝鸡段的生态环境，首先需要正确引导渭河南部台塬区的建设和发展，使其生态环境良性发展，因此需要针对该地区存在的突出问题，围绕生态环境保护的目标和任务，编制更加详细的、具体的、切实可行的、操作性更强的规划进行指导，以便在开发建设过程中做到生态建设和管理措施到位，从而有效地保护生态环境。规划区位于宝鸡市南侧和秦岭北麓，生态环境资源丰富但相对脆弱，是秦岭北麓自然保护区的门户，现状城市建设已经危及生态资源，急需一种有效保护生态资源、支撑城市建设的方法，规划区面积约 105km^2。

（2）创新理念

不同于传统的建设用地规划，首先从规划区所处区域的生态基底现状分析出发，通过建立维持区域良好生态环境的城市非建设用地构架，选择并反控城市建设用地的扩张。以维育规划区所处秦岭北麓良好生态环境所必须保护的生态用地数量与空间形态为指向，结合宝鸡城区南郊发展需求，促进城市与自然和谐共融的良性发展，是可持续与城乡统筹发展观在规划领域的具体体现。针对规划管理盲区所导致的城乡结合地带、生态保护地带的混乱的情况，为城市有序扩张、城乡有机融合、生态有效保护进行了积极探索。在整合建设空间与生态空间的城乡统筹的绿色发展框架基础上解决“城郊三农问题”，推动城乡统筹发展。提出依据城市生态空间用地的生态服务功能、生态容量及生态承载力，确定区域特殊生态条件与生态功能要求下的合理开发容量。

（3）规划目标

确定规划区 GI 网络规划目标：优化空间格局和用地形态，避免规划区无序发展所带来的城市生态损失和土地资源的浪费，引导规划区合理有序发展；建立以 GI 网络为载体的城市生态环境支持系统，建立生态安全体系和格局，引导城市健康持续发展；保护关键性的生态廊道和斑块，形成特有的生态系统格局，发挥其高效的生态服务功能；明确 GI 网络生态功能，控制和引导城市建设用地的使用性质和开发强度，为合理利用土地资源提供依据；促进规划区内的城乡关系整体协调，引导村镇合理建设和农村经济转型（颜文涛，2007）。

（4）规划结构

宝鸡市台塬区 GI 网络构建方法和规划实施途径：①确定宝鸡市台塬区 GI 网络

要素，主要包括土地利用类型、河流水系、滨水廊道、山脊线、森林斑块和其他生境等，评估每个网络元素的组分、质量和功能；②连接 GI 网络元素，构建以结构性廊道为依托、“三横五纵”的宝鸡市城市 GI 网络格局（图 8-8），依据宝鸡市城市 GI 网络格局和功能确定建设用地布局和建设用地规模；③确定城市空间拓展方向，明确空间总体布局和功能分区，有效利用土地资源，控制城市的无序蔓延（图 8-9）；④廊

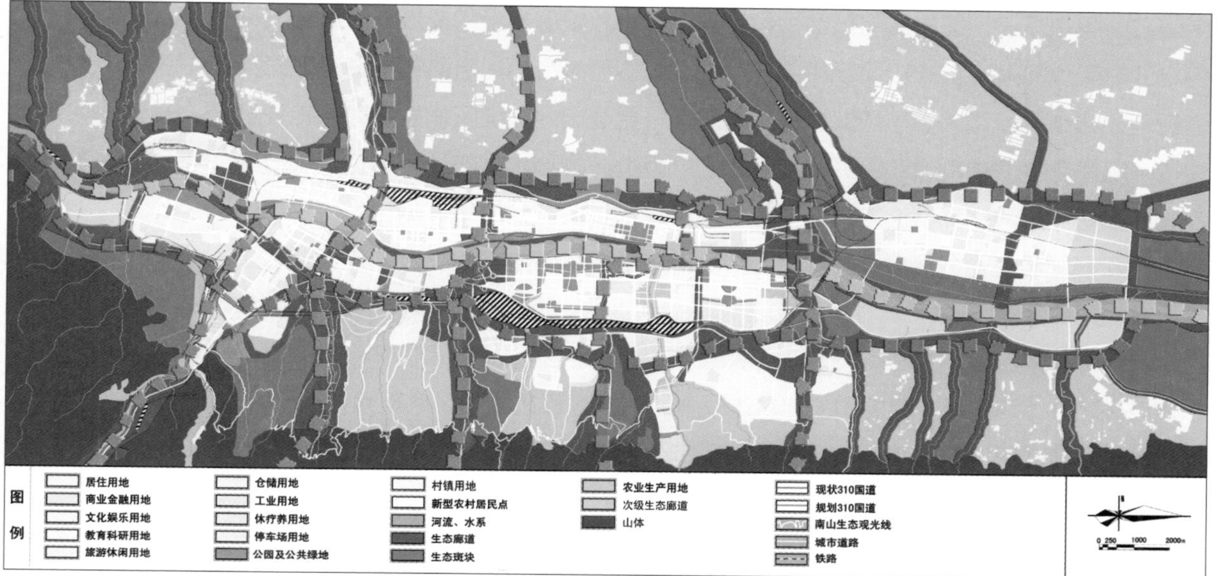

图 8-8　宝鸡市城市 GI 网络格局示意

图片来源：宝鸡市渭河南部台塬区生态建设规划，重庆大学城市规划与设计研究院，2006.

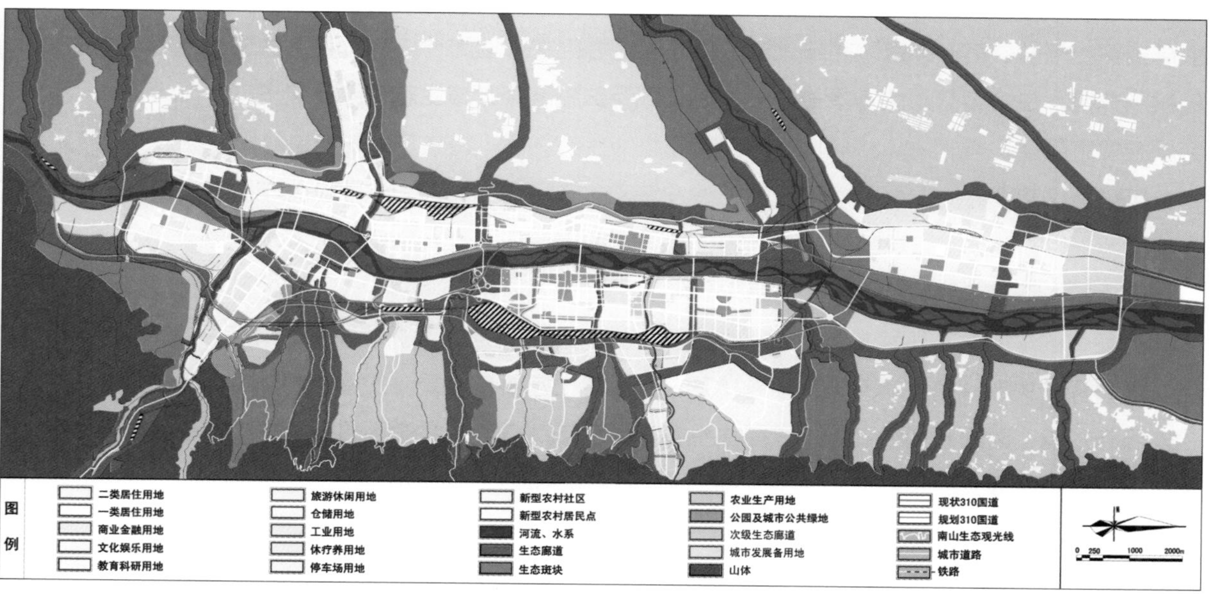

图 8-9　整合 GI 的宝鸡市土地利用规划示意

图片来源：宝鸡市渭河南部台塬区生态建设规划，重庆大学城市规划与设计研究院，2006.

道系统包括生物廊道、水系廊道、通风廊道、景观廊道四种类型，分二级控制。根据不同廊道类型、等级、现状及生态功能综合确定其控制宽度。

5.4 贵州仁怀市南部新城生态城市设计实践

（1）案例背景

仁怀县城建设严重制约了茅台酒厂的用地发展，镇区产生的废气、固体垃圾和污水没有有效的处理方式和固定的收集设施，对生产茅台酒的自然环境造成了极大的破坏，城市建设与生态环境保护之间的矛盾非常突出。南部新城建设为保护关键性的水源涵养区创造机遇。保护和恢复西山的植被，控制水土流失，避免由于传统农业开发对盐津河水环境的影响。南部新城建设通过实施生态城策略，为保护西山和鱼鳅河野生动植物栖息地，建立中心控制点（栖息地）之间的关键连接通道和踏脚石，为维持野生动植物种群的健康和多样性提供机遇。通过展现酒文化内涵和特征，优化南部新城的空间结构，为形成良好的城市空间特色提供机遇。仁怀市中心城区总体结构为“一城三片、组团发展、融山融水”的网络城市格局，分别为中枢片区、茅台片区和南部新城，南部新城规划区面积约 18km^2。

（2）规划目标

规划建设国家酒文化产业高地，承担城市酒文化体验和休闲养生度假功能，与茅台镇茅台生产基地同时构成仁怀市第二、第三产业的支撑点，提高仁怀市城市综合竞争力，形成中国酒文化旅游休闲基地。以茅台酒资源为载体，深入挖掘仁怀酒文化和红色文化资源，体现多元地域文化特色，以酒文化体验和生态旅游产业为核心，形成集观光旅游、度假旅游、商务旅游、会议展览等相关产业为一体的超强产业集群和产业链，引领和带动其他相关产业的发展；保护和维育区域生态资源，突出其区域的生态服务功能，保护水环境和野生动植物的生态环境，将生态保护与生态旅游有机结合；充实和完善区内各项设施，建设集文化、科普、教育、休闲、生产服务功能为一体的低碳生态新城。

（3）规划策略

仁怀气候环境为白酒酿造提供了特殊的微生态环境，是其他酿酒环境所无法“克隆”的酿酒微生态环境。因此在南部新城开发过程中一定要考虑城市建设对局部气候环境的影响。因此规划设计的重点是生物多样性保护、水环境保护、风环境的有效利用以及特色文化空间结构的重塑。提出如下规划策略：①整合绿色开放空间，优化空间格局和用地形态，避免规划区无序发展所带来的城市生态损失和土地资源的浪费，引导规划区合理有序发展；②合理配置建设用地，基于精明增长理念，促进规划区健康高效发展，为新城的合理发展提供科学的决策依据；③建立以绿色基础设施网络为载体的城市生态环境支持系统，基于精明保护理念，引导城市健康持续发展；④保护关键性的水源涵养区和野生动植物的种源地（栖息地），以及栖息地之间的关键连接通道和踏脚石，形成遵从自然过程的生态结构，有效维育喀斯特峰丛洼地的生态空间结构，保障生态服务功能的正常发挥。

（4）整合 GI 的规划布局

为了维护茅台酒原产地的生态环境，确保茅台酒特殊生产用水以及酿造环境的安全，提出生态城市规划策略，减缓和避免传统开发建设对茅台酒原产地气候环境和水环境的影响，维护区域水环境和生态系统的健康，科学指导南部新城的开发建设。贵州仁怀南部新城 GI 网络构建方法和规划实施途径：①结合新城水环境保障的需求目标，通过构建基于湿地塘链系统的 GI 网络，调节城市水量和改善城市径流水质，维持和保障健康的鱼鳅河水生生态系统（图 8-10）；②构建基于生境单元的 GI 网络，首先保育西部低山自然植被、东部鱼鳅河河流及峡谷生境，通过河溪水系、道路绿廊、沟谷生态走廊等，将上述大型植被斑块有机联系起来，通过生态廊道向城市内部延伸，形成自然生境延伸的良好绿色空间。其次，梯度保留孤立峰丛，作为生境网络体系的“踏脚石”，以纵向生态走廊（西部低山、东部鱼鳅河、中部湿地塘链生态序列、城市人工绿带）、横向生态屏障（北部盐津河谷、南部分水岭低山），构建完整、自然、和谐、安全的生态空间网络，在野生生物和市民之间建立一个 GI 网络体系（图 8-11）；③构建基于通风廊道的 GI 网络，使城市开放空间形成良好的网络，注意与主导风向结合，成为城市的通风走廊，缓减夏季热岛效应（图 8-12）；④针对生物过程、水文过程、小气候过程等各个过程，综合生物多样性保护、水环境保护和风环境利用的空间规划，构建综合 GI 网络：以盐津河谷、北部临谷峰丛、西部低山、鱼鳅河谷及峰丛系列、内部孤立峰丛为重要生态源地（动植物栖息地和水源涵养地），以其他山地、林地和湿洼地为斑块，通过河流水系、径流通道、林荫道、步行道等线性元素建立连接廊道，构建南部新城网络状绿色基础设施，维护区

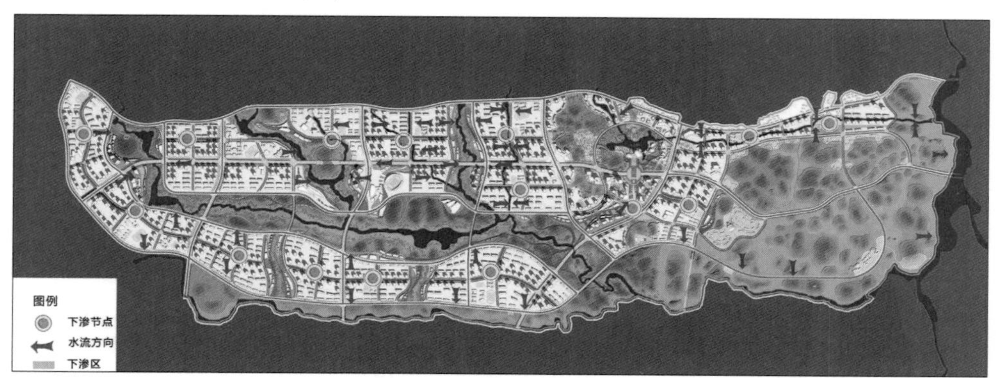

图 8-10　基于可持续水管理的 GI 网络

图片来源：贵州省仁怀市南部新城总体城市设计与控制性详细规划，2011.

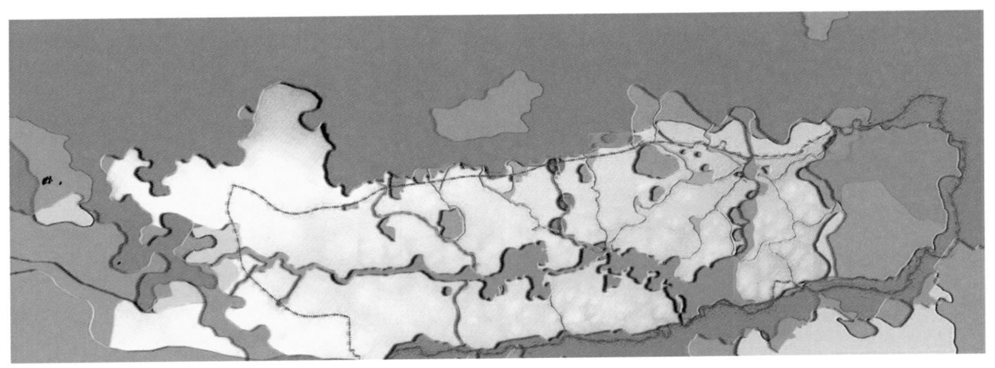

图 8-11　基于生物多样性保护的 GI 网络
图片来源：贵州省仁怀市南部新城总体城市设计与控制性详细规划，2011.

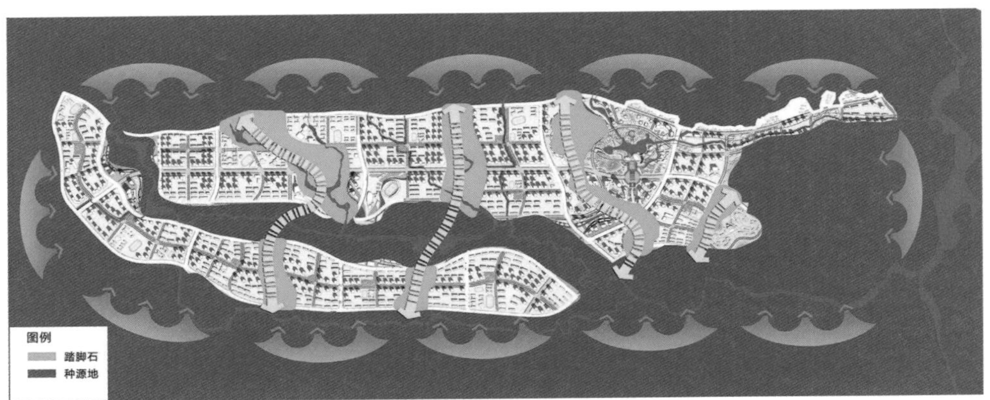

图 8-12　适应小气候过程的 GI 网络
图片来源：贵州省仁怀市南部新城总体城市设计与控制性详细规划，2011.

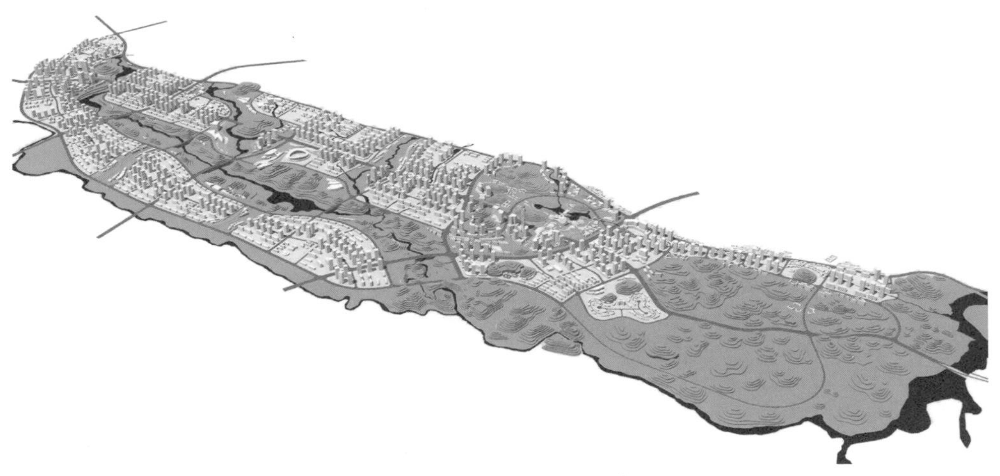

图 8-13　南部新城综合 GI 网络结构
图片来源：贵州省仁怀市南部新城总体城市设计与控制性详细规划，2011.

域自然、生物和人文过程的健康和安全（图 8-13）；⑤建立促进慢行交通的绿色开放空间，倡导“公交—步行”交通体系。基于低冲击开发理念，提出环境保护策略，将 GI 网络系统和游憩 / 文化网络系统有效融合（图 8-14、图 8-15）。

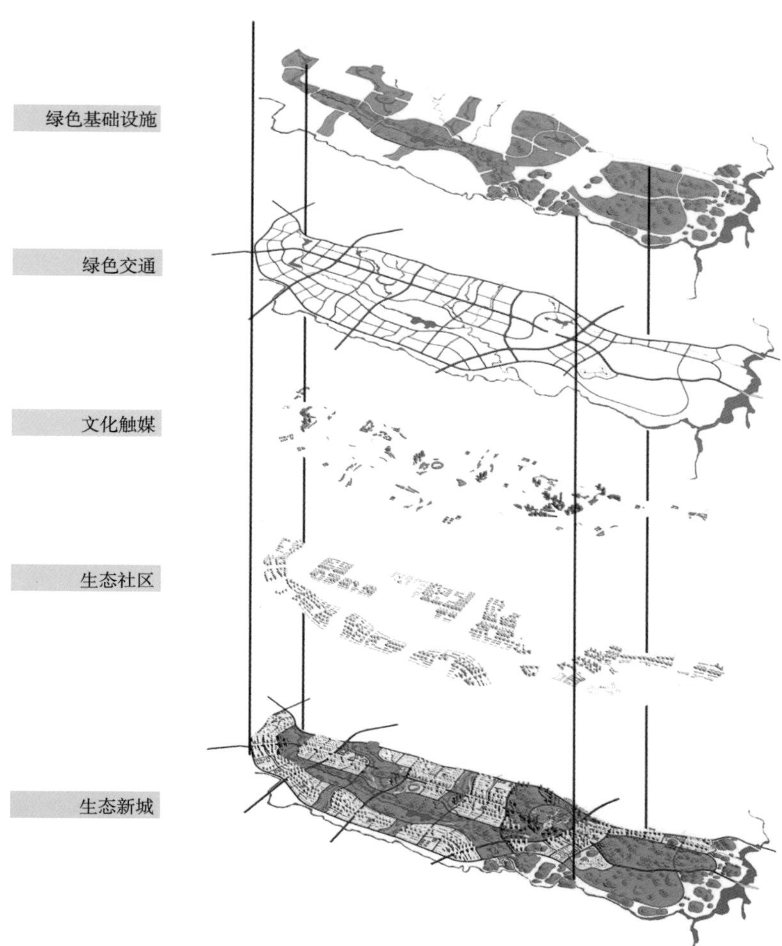

图 8-14　南部新城生态城市形成示意
图片来源：贵州省仁怀市南部新城总体城市设计与控制性详细规划，2011.

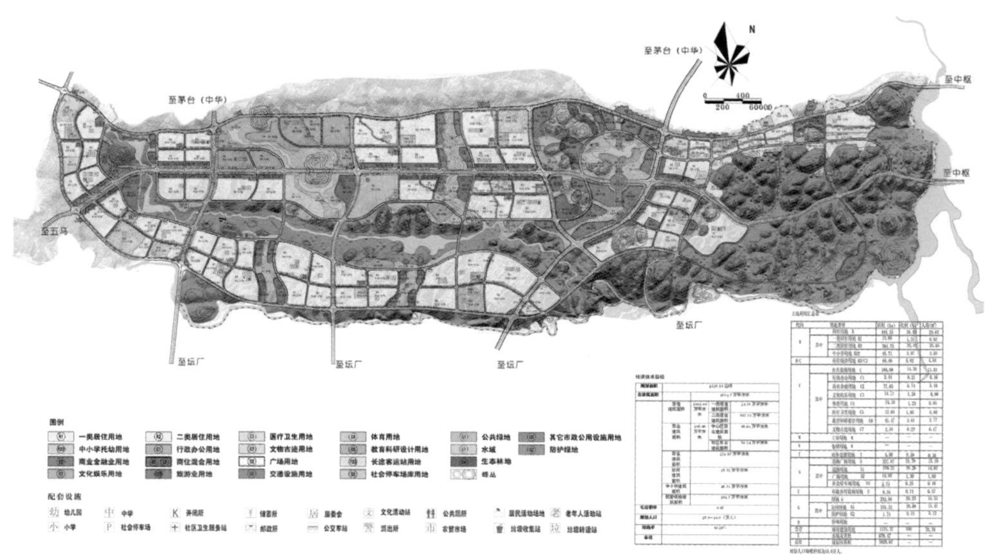

图 8-15　南部新城土地利用规划
图片来源：贵州省仁怀市南部新城总体城市设计与控制性详细规划，2011.

参考文献

[1] ALI M, KHAN S J, ASLAM I, et al. Simulation of the impacts of landuse change on surface runoff of Lai Nullah Basin in Islamabad, Pakistan[J]. Landscape and Urban Planning, 2011, 102 (4): 271-279.

[2] BENEDICT M A, McMahon E T. Green Infrastructure: Linking communities and landscapes[M].Washington, D.C.: Island Press, 2006.

[3] HOSTETLER M, ALLEN W, MEURK C. Conserving urban biodiversity? Creating green infrastructure is only the first step[J]. Landscape and Urban Planning, 2011, 100 (4): 369-371.

[4] KONG F, YIN H W, NAKAGOSHI N, et al. Urban green space network development for biodiversity conservation: Identification based on graph theory and gravity modeling[J]. Landscape and Urban Planning, 2010, 95 (2): 16-27.

[5] TZOULAS K, KORPELA K, VENN S, et al. Promoting ecosystem and human health in urban areas using Green Infrastructure: A literature review[J]. Landscape and Urban Planning, 2007, 81 (3): 167-178.

[6] McDonald L, ALLEN W, BENEDICT M, et al. Green infrastructure plan evaluation frameworks[J]. Journal of Conservation Planning, 2005, 1 (1): 12-43.

[7] Paul Opdam, Eveliene Steingrover, Sabine van Rooij. Ecological networks: A spatial concept for multi-actor planning of sustainable landscapes[J]. Landscape and Urban Planning, 2006, 75 (1-3): 322-332.

[8] SCHILLING J, LOGAN J. Greening the rust belt: A green infrastructure model for right sizing America' s shrinking cities[J]. Journal of the American Planning Association, 2008, 74 (4): 451-466.

[9] The Sheltair Group Resource Consultants Inc (SG). Green Municipalities : A guide to green infrastructure for Canadian municipalities[R]. [2001]. https : //data.fcm.ca/documents/tools/PCP/A_Guide_to_Green_infrastructure_for_Canadian_Municipalities_EN.pdf.

[10] WALMSLEY A. Greenways and the making of urban form[J]. Landscape and Urban Planning, 1995, 33 (1-3): 81-127.

[11] WALMSLEY A. Greenways: multiplying and diversifying in the 21st century[J]. Landscape and Urban Planning, 2006, 76 (1): 252-290.

[12] WEBER T, SLOAN A, WOLF J. Maryland' s green infrastructure assessment: Development of a comprehensive approach to land conservation[J]. Landscape and Urban Planning, 2006, 77 (1-2): 94-110.

[13] WICKHAM J D, RIITTERS K H, WADE T G, et al. A national assessment of green infrastructure and change for the conterminous United States using morphological

image processing[J]. Landscape and Urban Planning，2010，94（4）：186-195.

[14] YOUNG R F. Planting the living city：Best practices in planning green infrastructure——Results from major U.S. cities[J]. Journal of the American Planning Association，2011，77（4）：368-381.

[15] ZHANG L Q，WANG H Z. Planning an ecological network of Xiamen Island（China）using landscape metrics and network analysis[J]. Landscape and Urban Planning，2006，78（4）：449-456.

[16] 仇保兴．建设绿色基础设施，迈向生态文明时代——走有中国特色的健康城镇化之路[J]. 中国园林，2010（7）：1-5.

[17] 付喜娥，吴人韦．绿色基础设施评价（GIA）方法介述——以美国马里兰州为例[J]. 中国园林，2009（9）：41-45.

[18] 胡序威．中国区域规划的演变与展望[J]. 城市规划，2006（增刊）：8-12.

[19] 李博．绿色基础设施与城市蔓延控制[J]. 城市问题，2009（1）：86-90.

[20] 李开然．绿色基础设施：概念，理论及实践[J]. 中国园林，2009（10）：88-90.

[21] 李迅，曹广忠，徐文珍，等．中国低碳生态城市发展战略[J]. 城市发展研究，2010，17（1）：32-39.

[22] 李咏华，王竹．马里兰绿图计划评述及其启示[J]. 建筑学报，2010：26-32.

[23] 刘娟娟．构建城市的生命支撑系统——西雅图城市绿色基础设施案例研究[J]. 中国园林，2012（3）：116-120.

[24] 裴丹．绿色基础设施构建方法研究述评[J]. 城市规划，2012（5）：84-90.

[25] 沈清基．《加拿大城市绿色基础设施导则》评价与讨论[J]. 城市规划学刊，2005（5）：98-103.

[26] 武廷海．新时期中国区域空间规划体系展望[J]. 城市规划，2007（7）：39-46.

[27] 颜文涛，王正，韩贵锋，等．低碳生态城规划指标及实施途径[J]. 城市规划学刊，2011（3）：39-50.

[28] 颜文涛，萧敬豪，胡海，等．城市空间结构的环境绩效：进展与思考[J]. 城市规划学刊，2012（5）：50-59.

[29] 颜文涛，邢忠，叶林．基于综合用地适宜度的农村居民点建设规划[J]. 城市规划学刊，2007（2）：67-71.

[30] 俞孔坚，李迪华，潮洛濛．城市生态基础设施建设的十大景观战略[J]. 规划师，2001（6）：9-17.

[31] 俞孔坚，李迪华，刘海龙，等．基于生态基础设施的城市空间发展格局[J]. 城市规划，2005（9）：76-80.

[32] 俞孔坚，张蕾．基于生态基础设施的禁建区及绿地系统——以山东菏泽为例[J]. 城市规划，2007（12）：41-45.

[33] 张红卫，夏海山，魏民．运用绿色基础设施理论，指导“绿色城市”建设[J]. 中国园林，2009（9）：28-30.

[34] 张晋石．绿色基础设施——城市空间与环境问题的系统化解决途径[J]. 现代城市研究，2009（11）：81-86.

[35] 周恒，杨猛．作为一种规划工具的城市事件——斯图加特园艺展与城市开放空间优化[J]. 城市规划，2010（11）：63-67.

第九章

促进绿色经济的
绿色基础设施

对欧盟城市可持续与绿色发展的 GREEN SURGEGREEN SURGE 项目进行深入分析与总结，对于我国生态城市的绿色经济战略实践具有一定的启示作用。欧盟研究与技术发展框架计划（The Seventh Framework Programme for Research and Technological Development，以下简称“FP”）始于 1984 年，该计划由欧盟成员国共同参与，是欧盟投资最多、内容最丰富、市场目标最明确的科研与技术开发计划，主要解决当前最具基础性、前瞻性、预竞争性的科技难题（谭启平，2014）。FP7 是欧盟委员会第七个 FP，为期 7 年（2007—2013 年）。FP7 以促进欧洲经济增长、竞争力、就业需求和生活质量为主要目标，由合作计划（Cooperation）、原创计划（Ideas）、人力资源计划（People）、研究能力计划（Capacities）4 个专项和 1 个核心研究计划（Nuclear Research）组成，总经费达到 505.21 亿欧元。合作计划是其中最大的专项，正视欧洲的社会、经济、环境、公共卫生和工业挑战，服务公共利益，支持欧盟与其他国家的国际合作项目并提供支持。合作计划涵盖健康、农业和渔业的生物技术、纳米材料技术、能源、环境（含气候变化）、交通（含航空）、社会经济与人文科学、空间、安全等十大研究主题，其中，GREEN SURGE 就属于其“环境（含气候变化）”主题中的一个项目（European Commission，2007）。

1　欧盟城市可持续与绿色发展项目

GREEN SURGE，全称为“绿色基础设施和城市生物多样性促进城市可持续发展和绿色经济”（Green Infrastructure and Urban Biodiversity for Sustainable Urban Development and the Green Economy），旨在促进绿色基础设施和城市生物多样性对城市可持续发展和绿色经济建设的积极作用，由欧盟 11 个国家的 24 个合作伙伴（主要以大学为主，也包括部分政府机构、研究机构以及公司）联合参与（GREEN SURGE，2018a）。GREEN SURGE 通过识别和测试绿色基础设施与生物多样性、城市人类和绿色经济的内在关联，应对与土地利用、气候变化、人口变迁以及人类健康相关的城市挑战。它可以为绿色基础设施规划和实施提供坚实的证据基础，探索环境、社会和经济生态系统服务与当地社区更好地联系起来的潜力（GREEN SURGE，2018b）。

1.1　GREEN SURGE 研究目标与行动计划

GREEN SURGE 的工作涵盖“地方—城市—区域”三个层面，其研究目标包括：①倡导城市绿色基础设施规划建设，为整合促进生物多样性和生态系统服务提供策略，并适应当地环境；②运用生物文化多样性（BCD，Biocultural Diversity，后文有详细阐释）理念，制定促进社会生态一体化和地方参与绿色基础设施建设的治理政策；③评估生物多样性和生态系统服务的综合服务价值，提升真实市场对推动绿色基础设施发展的能力。

GREEN SURGE 的五大行动计划主要包括：①在“地方—城市—区域”层面开发和测试“城市绿地—生物多样性—城市人类—绿色经济”相互关联的途径；②采用创新的生物文化多样性观点，为绿色基础设施规划和实施提供坚实的基础，制定成功的参与式治理安排，探索将环境、社会和经济生态系统服务与当地社区更好地联系起来的潜力；③在五个城市（德国柏林、瑞典马尔默、斯洛文尼亚共和国卢布尔雅那、苏格兰爱丁堡和意大利巴里）组建和实施学习实验室（Urban Learning Labs，ULLs），该组织涉及多方利益相关者，包括研究者、决策者、企业、非政府组织和社区利益集团等，有助于在不同利益者或地区之间推广规划、治理和估价方法；④制定一系列介绍、推广绿色基础设施的规划手册、政策简报，开发欧洲和地方级门户网站，建立数据库等；⑤选取值得借鉴的做法，为决策者、规划者和其他利益相关者提供准则。

1.2 GREEN SURGE 研究方法

项目通过整合（Integrative）、迭代（Iterative）和跨学科（Transdisciplinary）的过程，开发和实施 GREEN SURGE 的方法和工具。从比较欧洲案例、综合良好的做法、建立五个城市学习实验室三个层次提出研究方法，策略性地选择代表欧洲不同情况的城市。GREEN SURGE 将在合作学习联盟（Learning Alliances，LAs）中开展工作，这是一种特定类型的多利益相关者参与、旨在高度复杂和不可预测的情况下加强共享学习和理解的过程。因此，GREEN SURGE 将结合一个基于共同框架的科学驱动方法，以及一个在地方一级采用自下而上的知识或基于经验的方法（GREEN SURGE，2018b）。

1.3 GREEN SURGE 研究框架

GREEN SURGE 被组织成 8 个差异但相互关联的工作包（Working Packages，以下简称“WP”）。这些工作包都包含一套明确的目标、任务、关键阶段和交付成果。WP 包含 8 项具体工作（图 9-1），城市绿地及其价值评估作为生物文化多样性（BCD，Biocultural Diversity）的资源，将生态系统服务（Ecosystem Services，ESS）（WP2—WP4）交付给城市绿色基础设施的规划和治理（Urban Green

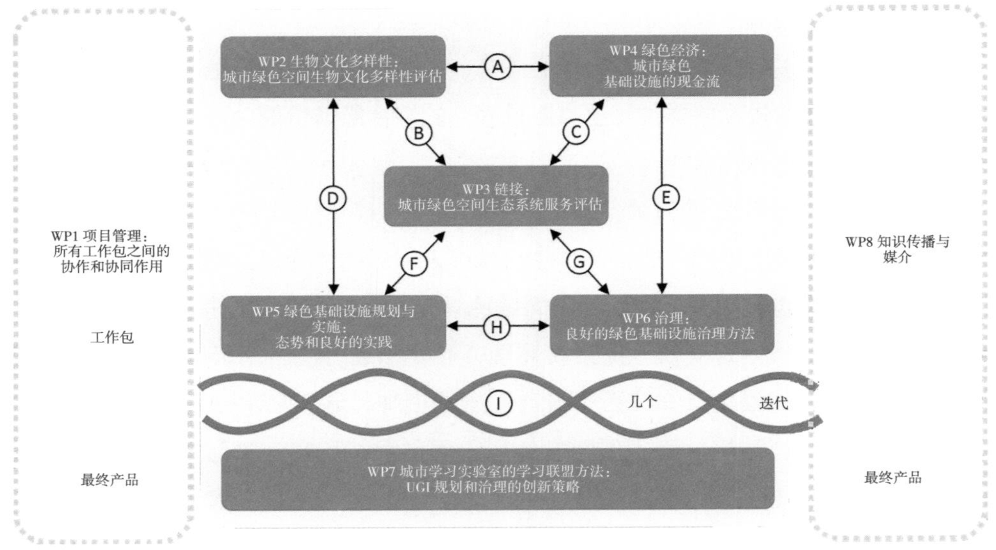

图 9-1 GREEN SURGE 研究框架
图片来源：改绘自 https：//greensurge.eu/working-packages/.

Infrastructures，UGI）(WP5—WP6)。在双重反馈（Double-Feedback）的学习过程中，将 WP2—WP6 的科学驱动方法与 5 个城市学习实验室的基于经验的学习联盟（Learning Alliances，LA）方法（WP7）相结合。项目管理由 WP1 安排，传播和知识经纪是 WP8 的工作重点（GREEN SURGE，2018c）。

2 GREEN SURGE 的理念创新

2.1 城市生物文化多样性

GREEN SURGE 在 WP2（评估生物文化多样性，Assessment of Biocultural Diversity）中开发和应用创新的跨学科方法，将生物多样性与文化多样性联系起来，制定了城市生物文化多样性的研究框架，并通过该框架在城市的多个尺度（从物种到生态系统）上来检验不同文化和社会经济背景的居民群体如何与城市绿色基础设施及其相关的生物多样性相互作用（GREEN SURGE，2018d）。

GREEN SURGE 认为 BCD 是生命的多样性在其多样的表现形式，及其与系统之间的相互作用。城市生物文化多样性强调文化群体在价值体系、文化习俗、社会机制（语言、规范、制度）及知识方面，与不同生物多样性水平相关的差异。其中，文化多样性被界定为信仰、价值观、实践、语言、规范、制度和知识的多样性（Vierikko et al.，2014）。

（1）BCD 研究框架

BCD 概念描述的更像是一个文化与生物多样性相互作用的过程，其中包括实践与价值的相互作用。GREEN SURGE 将 BCD 的研究框架划分为三大支柱。一是具有文化意义的生物多样性。作为研究起点，讨论不同的人如何使用、感知或关注与不同类型的绿色基础设施相关的生物多样性，以及生物多样性如何受到文化多样性的影响和塑造。特别强调不同的文化团体如何评价和使用生物多样性。二是生物多样性的文化实践。文化实践指的是个人、文化团体或组织所开展的实践。支柱二强调研究不同的文化实践和机制，以及它们如何影响文化与生物多样性之间的相互作用，如何在地方、景观和城市尺度塑造生物多样性。三是跨学科的生物与文化研究。研究者、政策制定者和公民团体之间的知识的相互作用和共同创造是 BCD 研究的基石，不仅是信息收集的基础，而且是对前两个支柱进行交互式分析和批判性辩论的基石（Vierikko et al.，2014）。以欧洲城市地区为例，GREEN SURGE 制定了三大研究支柱（图 9-2）。

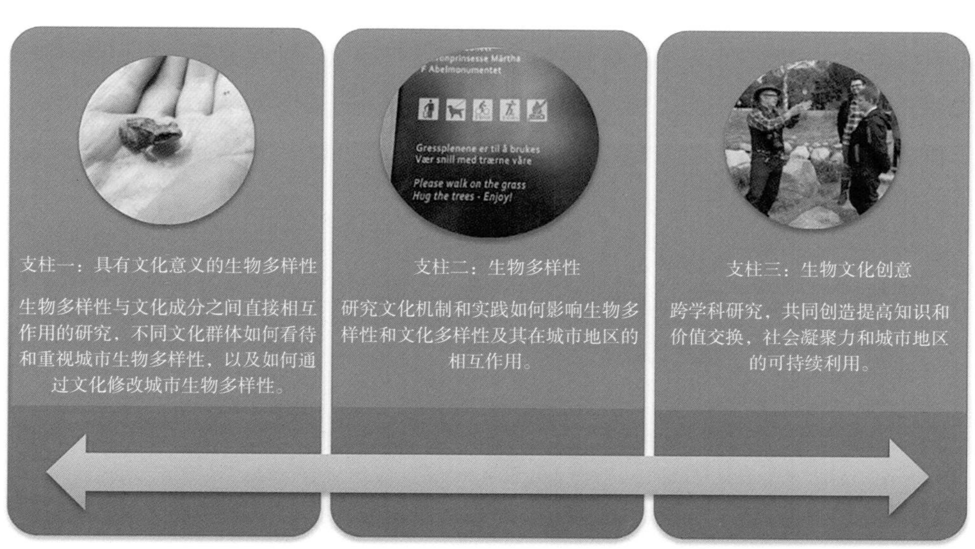

图 9-2　城市 BCD 跨学科研究的三大支柱

图片来源：改绘自 Vierikko et al.，2014.

（2）欧洲城市的 BCD 评估层次和评估方法

通过 BCD 研究框架，GREEN SURGE 通过 3 个研究层次评估了欧洲城市不同类型绿色基础设施相关的 BCD，同时量化绿色基础设施的组成内容（表 9-1）。

欧洲城市地区绿色空间的生物文化多样性评估　　表 9-1

评估层次	评估方法	初步结论
第一层次：文献综述	通过对城市绿色基础设施生物多样性认知和估价的文献回顾，评估欧洲一级的 BCD	研究揭示了欧洲城市研究的重点领域。大部分关于城市自然观念和价值评估的研究集中于生态系统层面，还没有系统地纳入社会人口和文化特征。因此，这一阶段的研究结果清楚地表明，在城市评估中将生物和文化多样性联系起来的机会不足
第二层次：空间分析	通过对泛欧地理信息系统数据的空间分析对 BCD 进行评估，并对 5 个 ULL 城市以及东欧代表城市罗兹进行了比较	研究发现在不同的城市，城市绿地和森林地区分布也不尽相同。一些城市内部的绿地面积相对较少，一些城市绿地面积分布更广或更为均匀。分析还表明，在这样一个广泛的空间尺度上数据是非常不一致的，使得总体空间分析仍然困难
第三层次：现场调查	通过在 5 个 ULL 城市进行的实地调查评估 BCD，了解不同社会和文化背景的人们如何在城市绿色基础设施中认识、重视和利用生物多样性	通过实地考察，GREEN SURGE 研究组对受访者感知、价值评估和使用的模式，社会人口和文化背景以及它们之间的联系进行了分析。研究结果表明，大多数居民明确表示，生物多样性水平高（公园、荒地等）、中等（森林）的城市绿地有助于提高城市生活条件

资料来源：整理自 https://greensurge. eu/about/.

2.2　绿色基础设施生态系统服务评估

GREEN SURGE 在 WP3 中研究了各种类型的绿色基础设施与其提供的生态系统服务，以及它们对生物多样性、人类健康和福祉、社会凝聚力和绿色经济的影响（GREEN SURGE，2018e）。生态系统服务（Ecosystem Services，以下简称“ESS”）是人类从自然或生态系统过程的功能中获得的好处（图 9-3）。

图 9-3　生态系统服务的组成
图片来源：改绘自 Cvejić et al.，2015.

GREEN SURGE 将城市 ESS 主要分为四大类，分别是供应服务、调节服务和文化服务（表 9-2），以及栖息地和支持服务（图 9-4）（Cvejić et al.，2015）。

城市生态系统服务分类

表 9-2

服务分类	描述	
供应服务	物质或能源的产出	
	原材料	为燃料和建筑物提供多种材料
	淡水	在全球水文循环中发挥重要作用，起调节水的流动和净化的作用
	食物	为种植粮食提供条件
	药材	为制药行业提供用作传统药物和原料的植物
调节服务	调节和净化服务	
	气候调节和空气净化	生态系统调节空气质量、提供遮阴、影响降雨和水的可用性、去除大气中的污染物
	碳汇和碳存储	储存和隔离温室气体，从大气中去除 CO_2，提高生态系统适应气候变化影响的能力
	减缓灾害影响	创造缓冲自然灾害的缓冲区，可以缓和极端天气事件或自然灾害
	水质净化	可过滤动物和人类产生的废物，并作为周围环境的天然缓冲剂
文化服务	休闲游憩与自然体验服务	
	娱乐、身心健康	
	旅游	
	文化、艺术和设计的审美与启发	
	精神体验和地方感、具有宗教意义的地方	

资料来源：Cvejić et al.，2015.

城市绿色基础设施由不同的城市生态系统组成，这些生态系统提供各种生态服务，不同类型的生态服务对人类福祉的各个组成部分有不同的影响（图 9-4）（Nastran et al.，2015）。我们可以观察到城市和自然环境的相互依存和链接，GREEN SURGE 及许多研究者已经意识到城市绿地对于城市居民福祉的重要性。不同类别的生态系统服务以不同强度影响人类福祉，人类福祉的组成部分包含如下方面：

1）安全：安全的环境和对生态压力的抵御能力，如抵御干旱、热岛效应、洪水和害虫的能力。

2）优质生活的基本材料：获得维持生计的资源（包括食品和建筑材料）或购买它们的收入。

3）健康：包括充足的食物和营养，避免疾病，清洁和安全的饮用水，健康的自然环境和清洁能源，以及舒适的户外环境。

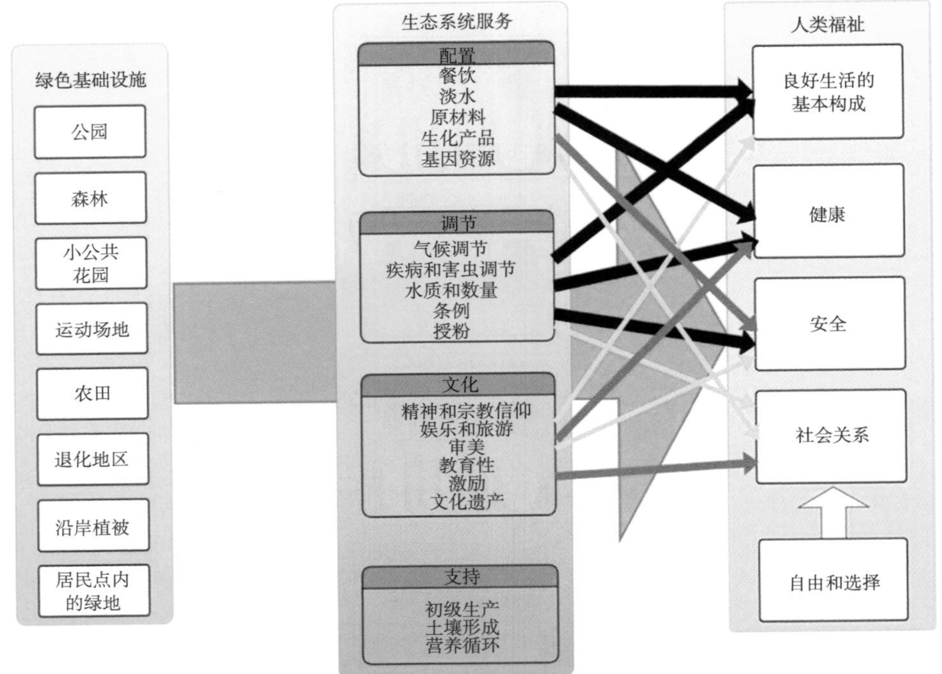

图 9-4　生态系统服务、城市绿色基础设施和人类福祉之间的联系
图片来源：Cvejić et al.，2015.

4）良好的社会关系：包括社会凝聚力、相互尊重、良好的性别和家庭关系，以及帮助他人和为孩子提供服务的能力。代表着美学和娱乐价值的实现，表达文化和精神价值的能力，从自然界观察和学习的机会，社会资本的发展，在资源基础不足的情况下避免紧张局势和冲突。

5）自由和选择：通过提升城市绿色基础设施生态系统服务的实践过程，为社区居民提供社会参与和自主选择生态系统服务的机会，为持续维持城市绿色基础设施的功能提供保障。

GREEN SURGE 通过大量的文献综述、数据分析、案例研究以及实地调查，制定了城市绿色基础设施在城市环境中的综合概念（共计 40 类），GREEN SURGE 将其定义为 UGI 组件，从大型公园、城市林地、绿地和街道树到私人绿地（如花园、屋顶、墙壁和家庭绿化）等绿色组件，以及湖泊、河流、河岸等蓝色组件（Haase et al.，2015）。

2.3 绿色经济——绿色基础设施作为经济实体

联合国环境规划署（UNEP）将绿色经济定义为“（一个经济体）改善人类福祉和社会公平，同时大大减少环境风险和生态脆弱性”（UNEP，2011）。GREEN SURGE 在 WP4 中将其定义为“一个旨在改善人类福祉和社会公平的经济，同时显著降低环境风险和生态脆弱性。简单而言，绿色经济强调低碳、资源节约和社会包容”（Andersson et al.，2015）。绿色基础设施至少可以从四个方面促进绿色经济，包括提升经济竞争力、商业机会、经济效益（减少成本）和城市环境质量。GREEN SURGE 的任务之一就是寻找将城市绿色基础设施产生的生态系统服务纳入实际经济系统的方法。

尽管绿色基础设施具有重要的生态系统服务价值，但由于与其产生的收益之间的关系未得到承认，实施主体并未获得与其所提供服务相匹配的好处，例如城市或利益相关者从中取得利益，并将其返还至养护和管理上。我们较容易建立生态系统服务的供应和需求之间的成本—收益关系，但是付出成本的实施主体却没有获得收益。GREEN SURGE 发现，问题关键不在于人们不愿意支付使用费用，而是，他们已经为生态系统服务付费，但是这些资金并没有流回到生态系统服务的维护上。城市或利益相关者自由获取洁净空气或享受自然体验等，实际上是一个典型的搭便车问题。

GREEN SURGE 合作伙伴 Triple ME 开发了融资生态系统服务模式（FES，Financing Ecosystem Services model），该模式关注真实货币和其他人力投资等实际交易，提供了一种向自然融资的新方式。通过跟踪与绿色基础设施或具体相关的商业营业额来建立真实资金流，利用商业活动和物业价格的地理分布来分配与绿色基础设施维护相关的资金流量。绿色经济真正的挑战，应该是用真实的资金去保护和发展绿色基础设施、其他自然地区以及生态系统服务。

在 WP6 中提出一个权利和义务体系，用以帮助规范和寻找保护绿色基础设施的财务安排。GREEN SURGE 将权利定义为“只有在所述组织同意履行义务的基础上，授予该组织继续使用与绿色基础设施和生态系统服务相关联的特定空间、产品或服务的特许权”。特许权只能在接受方履行某些义务时给予，通常由地方政府授予。例如，商业组织要求获得权利（如将咖啡馆的户外区域扩展到公园），则可以在同意开展或资助规定的养护和维护活动的条件下批准许可。该许可将受到其保护和维护义务的约束，在不符合条件的情况下可以撤销该许可。特许权有许多类型，比如商业、公共建设、灰色基础设施临时使用绿色基础设施。GREEN SURGE 还讨论是否可以设计一个制度，允许在绿色基础设施土地上实现商业利益，而不会影响到平等地获得绿色基础设施服务。以及如何建立一个财务系统，以确保有限资金可以再投资在绿色基础设施上。

3 GREEN SURGE 的实践创新

GREEN SURGE 在 WP5 中通过对欧洲城市地区绿色基础设施规划现状进行评估及研究，制定了规划新方法。绿色基础设施规划被理解为一种战略规划方法，旨在设计和管理城市地区绿色和蓝色空间网络，以提供广泛的生态系统服务。GREEN SURGE 指出，其核心方法如下：

1）整合——结合绿色和灰色基础设施：将绿色基础设施与灰色基础设施相互联系，通过整合更多功能来保持甚至改进传统方法，促进形成更为有效的基础设施系统。这些系统可以提供更多功能，并激发解决当地问题的创新方案。因此，应寻求与其他城市基础设施的一体化和协调，如建筑设施、交通基础设施和水管理系统等。

2）连接——创建绿色基础设施网络：加强不同绿色基础设施之间的联系，以增强社会连通性（更好的可达性）、生态连通性（植物和动物的紧密联系）或非生物连通性（水文调节或改善气候），为人类、生物多样性或适应气候变化提供服务。

3）多功能——提供多种生态系统服务：多功能代表了绿色基础设施提供多种生态、社会文化和经济效益的能力。将不同的功能相互交织或结合，可以增加绿色基础设施的服务能力，同时创造协同效应，减少和权衡不同绿色基础设施功能之间的冲突。

4）社会融合——协作和参与式规划：规划过程对所有人开放，并融入各方的知识和需求，特别关注弱势群体。通过发现和平衡不同相关者的利益，可以实现更高水平的服务能力和更加普适的利益均衡（Hansen et al.，2016）。

过去地方政府主要负责绿色基础设施的治理。但人们已经认识到，基层社区、企业和其他非政府利益相关者也需要参与决策过程。治理过程应体现正式和非正式机构集体决策的规则和机制，使得利益相关者能够影响和协调彼此之间相互依存的需求和利益，以及与不同环境的相互作用。通过 GREEN SURGE 对不同城市治理方式的研究分析，提炼出了六种绿色基础设施的创新治理策略（表 9-3）（Ambrose-Oji et al.，2016）。

同时，为了理解治理策略的成败，GREEN SURGE 提出追溯治理策略的关键要素。

1）资源和权力：治理成功最重要的因素是资源的可用性，个人的专业知识和能力是许多基层的强大资产，政府应组织其参与治理。另外，政府与社区、公民之间的相互信任也十分重要。

绿色基础设施的创新治理　表 9-3

治理类型		策略描述
	城市社会资本	战略规划工具，邀请基层和公民个人参与场所及空间规划，通常包括整个城市
	绿色枢纽	实验性，年轻和富有创造力的联盟或社会企业将各种网络和知识联系起来，以开发基于社区的新型解决方案
	基层举措	针对相对较小规模公共用地，由当地居民自主开展和维护的举措
	共同治理	城市与公民或基层之间的权利在各个角色之间进行合作。通常通过多个参与者的参与来实现高度的制度化和灵活性
	基层组织	社会企业或非政府组织动员社区行动，在共同治理和基层举措之间集中力量
	绿色交易	市政府为企业提供明确的维护或开发义务，以换取正式使用该空间的生态、社会和经济价值来获得商业利润的权利

资料来源：Ambrose-Oji et al.，2016.

2）游戏规则：城市政府主导规划是基层参与的重要背景，正式和非正式规则的灵活性对于成功协作至关重要。

3）社会网络：城市政府形成与其他非政府组织的良好关系，以及与当地社区的所有部门建立网络联系的力量均至关重要。另外，与非政府组织在同一领域工作的“横向”网络可以有助于发展专业知识和技能或促进生态监测。

4）话语语境：关于规划和公民参与的主要话语是定义协作和信任的重要因素之一，利益相关者引入不同的愿景和目标，因此需要找到共同点来建立沟通。需要将基层的言辞纳入主流语境，并符合正式法律法规中使用的主导语言（Ambrose-Oji et al.，2016）。

4　GREEN SURGE 的相关启示

仅从生态保护角度进行绿色基础设施管理，无法触及深层次社会问题，难以解决当前保护与发展之间的尖锐矛盾（叶林等，2014）。而绿色基础设施相关规划则都偏重于相对确定的自然环境和空间形态问题，对社会、文化、经济、人口等不确定问题较为忽视。同时，主要还是自上而下的绿色基础设施治理模式，规划技术上更多采取生硬的“一刀切”式的被动保护方式，忽视了绿色基础设施的复合功能，也忽视了绿色基础设施其他相关利益者的声音，虽然现在各类规划高举公众参与的旗帜，但更多流于形式，并没有具体落实，对于具体规划的帮助相对有限。另外，目前对于绿色基础设施还未有统一适用的分类标准，不利于绿色基础设施统一的建设和管理（叶林等，2018）。

GREEN SURGE 基于绿色基础设施，展开对生物多样性、人类以及绿色经济之间关系的研究，可以为我们提供以下几个方面的启示：

第一，创新性地提出生物文化多样性（BCD）的研究框架，促进社会生态一体化。深入提炼绿色基础设施生态系统服务能效，探索将其与社会、人口等更好地联系起来的创新潜力。BCD 更像是文化和生物多样性如何相互作用的一个关于价值和实践的过程，是重新发现社会生态记忆的创新方式。作为世界文化大国，文化内涵丰富多样，可借鉴 BCD 这一概念框架，用以确定多样文化在生物多样性内如何相互作用，以及不同文化背景下生物多样性的维持机制。

第二，城市绿色基础设施生态系统服务（ESS）评估，促进了绿色基础设施与社会文化、人类健康、绿色经济以及环境气候之间的联系，有利于促进城市绿色基础设施复合功能的发展，同时加强绿色基础设施与城市社会的联系，非常有利于融合建设用地与非建设用地之间较为割裂的关系。

第三，GREEN SURGE 提出 FES 方法（融资生态系统服务模式），提供了一种“从城市绿色基础设施释放现金流”的创新方法，有助于通过绿色基础设施价值评估并与可持续的商业计划进行整合，使得绿色基础设施生态系统服务的真正价值得到体现。而其提出的“权力和义务”体系，则可以帮助规范和寻找保护绿色基础设施的财务体系，达到绿色经济的可持续性。

第四，GREEN SURGE 所总结的六大创新治理方法，也为我国的绿色基础设施治理提供了一些新思路。城市绿地配置涉及社会公平与社会正义议题，需与新参与者（无论是公民、非政府组织还是企业）合作，引入新的分配机制。权利关系非常复杂，特别是在共同治理安排中，这也涉及环境正义。创新治理和权力重新分配不可避免地涉及明确或隐含地引入新的分配机制，应依据不同的社会、文化、环境、政治背景进行分析，基于当地特定场景，提出适当的治理方法。

参考文献

[1] ANDERSSON E，KRONENBERG J，CVEJIĆ R，et al. Integrating green infrastructure ecosystem services into real economies[R]. [2015-10-26]. https：//www.researchgate.net/publication/327261427_INTEGRATING_GREEN_INFRASTRUCTURE_ECOSYSTEM_SERVICES_INTO_REAL_ECONOMIES.

[2] Ambrose-Oji B.，Buijs A，Gerőházi E.，et al. Innovative governance for urban green infrastructure：A guide for practitioners[R]. GREEN SURGE project Deliverable 6.3，University of Copenhagen，Copenhagen. [2016-01-31]. https：//www.e-pages.dk/ku/1337/html5/.

[3] CVEJIĆ R，ELER K，PINTAR M，et al. A typology of urban green spaces，ecosystem provisioning services and demands[R]. [2015-05-13]. https：//www.e-pages.dk/ku/1334/html5/.

[4] EUROPEAN COMMISSION. FP7-tomorrow's answers start today[R]. [2007-01-15]. https：//ec.europa.eu/commission/presscorner/api/files/document/print/en/speech_07_9/SPEECH_07_9_EN.pdf.

[5] GREEN SURGE. About the project-green infrastructure and urban biodiversity for sustainable urban development and the green economy[EB/OL].（2018-10-18）. https：//greensurge.eu/about/.

[6] GREEN SURGE. Project partners[EB/OL].（2018-10-18）. https：//greensurge.eu/partners/.

[7] GREEN SURGE. Working packages[EB/OL].（2018-10-19）. https：//greensurge.eu/working-packages/.

[8] GREEN SURGE. WP2. Assessment of biocultural diversity[EB/OL].（2018-10-20）. https：//greensurge.eu/working-packages/wp2/.

[9] GREEN SURGE. WP3. Functional linkages（led by UBER）[EB/OL].（2018-11-03）. https：//greensurge.eu/working-packages/wp3/.

[10] HAASE D，KABISCH N，STROHBACH M，et al. Urban GI components inventory milestone 23[R]. Euopean commission：Brussels，Belgium，2015.

[11] HANSEN R，ROLF W，SANTOS A，et al. Advanced urban green infrastructure planning and implementation[R]. [2016-03-31]. https：//ign.ku.dk/english/green-surge/rapporter/D5_2_Advanced_Urban_Green_Infrastructure.pdf.

[12] NASTRAN M，ŽELEZNIKAR Š，CVEJIĆ R，et al. Links between ecosystem services，urban green infrastructure and well-being[EB/OL]. 2015. https：//www.researchgate.net/profile/Mojca-Nastran/publication/304284517_Linkages_between_ecosystem_services_urban_green_infrastructure_and_well-being/links/576b910a08aef2a864d21533/Linkages-between-ecosystem-services-urban-green-infrastructure-and-well-being.pdf.

[13] UNEP. Towards a green economy：Pathways to sustainable development and poverty eradication——A synthesis for policy makers[R]. 2011. https：//www.unep.org/greeneconomy.

[14] VIERIKKO K，NIEMELA J，ELANDS B，et al. Conceptual framework for biocultural diversity milestone 20[R]. EU FP7 project GREEN SURGE，Wageningen University，2014.

[15] 谭启平.《欧盟研究、技术开发及示范活动第七框架计划》及其参考借鉴价值[J]. 科技与法律，2014（4）：656-673.

[16] 叶林，邢忠，颜文涛，等. 趋近正义的城市绿色空间规划途径探讨[J]. 城市规划学刊，2018（3）：57-64.

[17] 叶林，邢忠，颜文涛. 山地城市绿色空间规划思考[J]. 西部人居环境学刊，2014，29（4）：37-44.

第十章

整合生态系统服务的空间规划框架

生态系统服务是指人类直接或间接从自然生态系统获取利益，从而维持人类自身的生存并满足人类福祉。生态系统的供给服务、调节服务和文化服务与人类生活生产直接相关，生态系统的支持服务是为保障其他生态系统服务功能有效发挥的基础（MEA，2005）。随着城市化水平的不断提高，城乡土地利用类型、格局以及强度的变化，对生态系统过程产生重要的影响（Lambin et al.，1999；傅伯杰和张立伟，2014），导致生态系统服务功能与服务水平的受损与退化。城乡规划可以通过对城乡土地利用的控制或调节，改变城乡生态系统组分、结构和过程，进而影响着城乡空间的生态绩效。近年来国外学者已经开始将生态系统服务纳入城市土地利用规划分析、模拟与决策中。卡因等（Kain et al.，2016）比较两种土地利用情景下的八种城市生态系统服务[①]并发现其间存在巨大差异，这些差异取决于生态系统服务供给要素，认为基于生态系统服务的规划决策，不仅要关注土地利用，更要关注内在的复杂社会、经济、文化因素（Kain et al.,2016）。伍德拉夫和本多尔（Woodruff and BenDor，2016）分析了美国两个州的综合规划，对比两个规划与生态系统服务结合的程度，包括目标制定、事实基础、政策及公众参与过程，发现将生态系统服务纳入土地利用规划，能提高相关利益主体对生态保护的重视程度，并可以将生态系统服务连接到多目标的社区发展规划中。国内学者主要从城乡法定规划的环境影响评价方面展开研究，以生态系统服务价值为评价指标，对比分析城乡土地利用现状和规划前后的生态系统服务价值变化，评价城乡土地利用规划的环境影响（王娟等，2007）。另外有学者采用不同用地的生境价值提出了城市生态系统服务的可视化评价方法（罗静茹，2016）。

基于生态系统服务价值的城乡规划环境影响评价，评价结果通常不具有明确的空间特性，对城乡土地利用规划方案的完善作用有限。因此，若将生态系统服务融入传统城乡土地利用规划框架中，在目标制定、规划分析、规划编制和规划实施等规划过程中，权衡生态系统服务功能的时空分布，优化城乡空间的生态系统结构，将生态系统服务主动关联到城乡发展的安全生存、健康生活和产业定位等基本需求，才能更好地理解生态保护的社会价值。作者提出的土地利用规划范畴限定在城乡规划语境下，探讨生态系统服务需求（与建设行为有关）和供应（与生态保护行为有关）的协调问题，通过识别和量化分析生态系统服务类型和服务水平，尝试构建引入生态系统服务的城乡土地利用规划概念框架，提出生态系统服务与传统城乡土地利用规划的融合途径，探索通过城乡规划实现保障和提升生态系统服务功能的目标。

---

① 八种生态系统服务分别为：食品供应、能量供应、减缓城市热岛效应、空气质量调节、碳封存、雨洪滞留、体育娱乐、精神娱乐。

1　当前城乡规划面临的生态保护困境

生态系统服务本质上是人类生存发展所必需的、从自然生态系统获取利益与福祉的产品与生存环境。基于社会经济发展目标的土地利用方式，应该涵盖人类从生态系统获取持续的服务（傅伯杰和张立伟，2014）。通过分析城乡土地利用与生态系统服务的相互关系（图 10-1），有利于更好地理解现行规划路径在保护生态环境方面的困境，可为土地利用生态规划提供清晰的认知视角。

1.1　土地利用与生态系统服务的关系辨识

生态系统服务与城乡土地利用的相互关系表现在两个方面（图 10-1）：一方面，生态系统服务类型与服务水平的变化，以及人类对生态系统服务需求的变化，将对城市发展与土地利用变迁产生重要的影响。例如，水运为区域生态系统服务的重要功能之一，成为开封城兴衰演替的关键因素之一。由于对京杭大运河水运服务功能需求的降低，对大运河沿线城市功能和土地利用变迁产生了重要的影响。为了满足都江堰内江流域的城市用水和灌溉需求，鱼嘴外江口修建现代水量节制闸降低了外江流域可获得的生态系统供给服务（灌溉用水量），从而对外江流域的传统土地利用方式产生潜在而深远的影响。另外，经济全球化与科学技术进步，改变了人类获取生态系统服务的传统生产方式，常常为了短期利益而摒弃原有的特色产业，产业布局规划没考虑区域生态系统的供给服务和调节服务水平，降低地方应对全球经济和

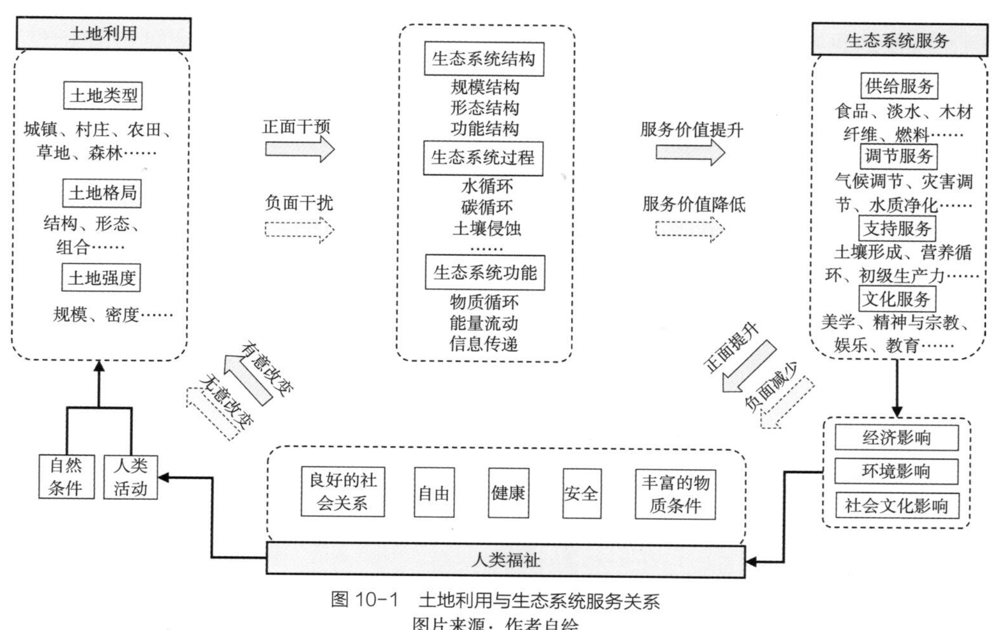

图 10-1　土地利用与生态系统服务关系
图片来源：作者自绘

环境变迁的适应能力[①]。另一方面，土地利用通过影响生态系统结构和过程，可以对生态系统服务产生正向或负向的作用。土地利用变化通过改变生态系统结构，影响物质流动、能量交换、水循环、土壤侵蚀与堆积、物种繁殖与迁徙过程等生态过程。如城市化地区人类活动对生态过程的影响较为严重，其生态系统调节和支持服务能力，通常不如生态结构相对完整的非建设用地。但是，土地利用对生态系统服务也存在正向的影响作用。通过构建合理的土地利用格局，可以促使某些生态过程获得更好的连续性，从而提升生态系统服务功能。如基于公园绿地、道路绿地与河流水系等要素构建的生态系统网络，能显著提升生态系统的调节与支持服务水平。瑞典克里斯蒂安斯塔德·温特瑞克（Kristianstads Vattenrike）湿地社区确定的芦苇制品传统特色产业，在湿地保护区中规划布局紧凑的建设用地，维持湿地植物的人类刈割行为，达到持续的季节性更替状态，避免湿地生态系统向森林生态系统演替，有效地维持该湿地生态系统的综合服务功能，保障该湿地社区居民的健康生存。

1.2 传统城乡规划技术面临生态保护的困境

国内传统城乡规划技术是通过采取“划定生态与环境严格控制区域”（《城乡规划法》第十三条和《城市规划编制办法》第三十条）、“划定禁建区、限建区和适建区，安排生态用地”（《城市规划编制办法》第三十一条）等方式，确定生态敏感区，提出生态空间管制措施，实现生态与环境保护和建设的目标。这类被动式生态保护的传统规划路径，没有清晰回答生态环境保护“为何”（供应主体）、“为谁”（需求主体）、“谁为”（管理主体）等问题。由于缺乏分析生态系统为人类福祉提供哪类服务，以及缺乏考虑哪些主体（社会群体或生物群落）通过持续获取服务而得以安全健康地生存，这些对生态系统服务具有内在社会价值（使用价值和非使用价值）的认知局限，将影响决策者及相关利益主体对生态保护的重视程度，导致承载关键生态服务功能的非建设用地面临功能异化和管理失控等困境。面对生态系统为人类福祉提供服务的认知缺失问题，以生态系统服务为媒介，分析土地利用影响人类福祉的作用机制，在规划过程中形成针对生态系统服务需求的行动路径，可为提升生态系统服务的城乡土地利用规划框架构建提供切入途径。

2 引入生态系统服务的空间规划概念框架

融合生态系统服务的城乡土地利用规划框架，应在识别生态系统服务的供需主

① 转引自：吕西安·费弗尔，朗乃尔·巴泰龙．大地与人类演进：地理学视野下的史学引论 [M]. 高福进，任玉雪，侯洪颖，译．上海：上海三联书店，2012：407，408。

体基础上，量化测度生态系统服务的供应类型和供应水平，分析各类主体对生态系统服务的需求类型和需求水平，研究生态系统服务与城乡规划目标的关联性，从规划分析、规划内容、土地管制政策和公众参与机制四个方面，尝试构建引入生态系统服务的城乡土地利用规划概念框架（图 10-2）。

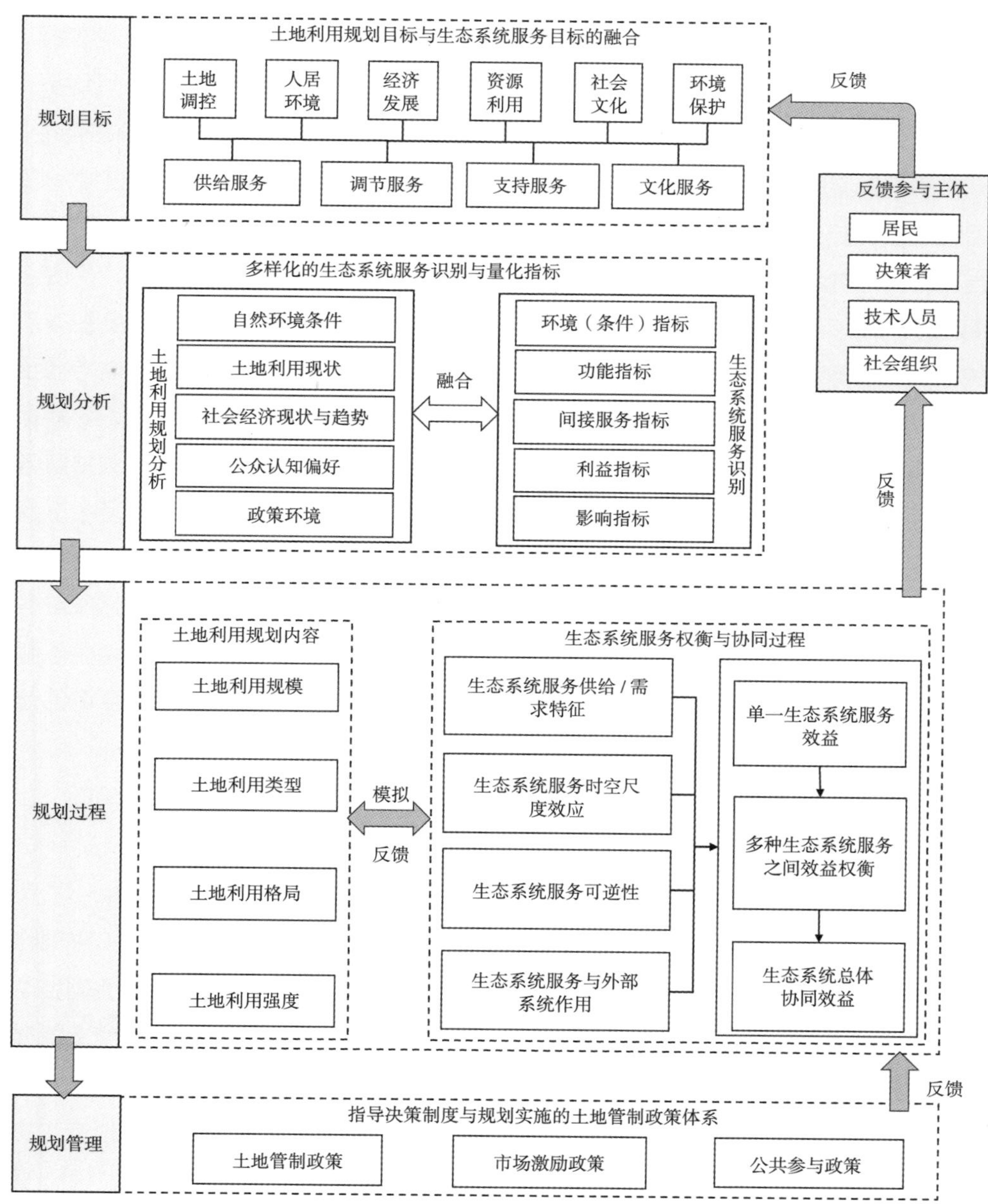

图 10-2 融入生态系统服务的土地利用规划概念框架
图片来源：作者自绘

2.1 结合生态系统服务识别与量化的规划分析

通过研究生态系统的结构和过程，分析生态系统服务类型与时空特征，量化测度生态系统服务的供应水平，以城乡土地利用规划与控制为手段，保障和提升生态系统服务功能。人类安全生存和社会发展依赖于生态系统服务的供应能力，可以通过采用空气和水质净化量、调节水量、控制侵蚀量、营养物吸收（吸附）量、重要栖息地保持量、水源供给、生物产品生产、健康娱乐效用量、文化美学价值等指标，测度和评估不同类型生态系统服务的供应水平。从四个方面进行规划分析：①量化测度生态系统的供给服务水平，分析生态系统供给服务的类型及其时空分布特征，从生态系统服务供需平衡的视角，评估区域发展的资源支撑条件，为引导区域发展目标和产业定位提供分析方法。②量化测度生态系统的调节服务水平，分析大气、土壤和水环境承载力的时空变化特征，从空间发展与环境容量的关联视角，评估空间发展的环境约束特征，为空间布局结构生态化提供分析方法。③量化测度生态系统的文化服务水平，评估生态系统传递文化服务的能力，探讨生态系统对维持社会网络和增强地方感知的内在社会价值，为确定文化空间结构提供分析视角。④量化测度生态系统的支持服务水平，分析生态系统结构和过程对持续保障各类支持服务的韧性能力，评估自然保护区边际价值的变化特征，为确定保护区范围以及生态系统空间结构提供重要依据。在量化测度基础上，再采用情景模拟法，分析社会系统对生态系统服务的需求类型和需求层次，研究不同土地利用情景下的生态系统服务的空间特征及相互关系（李鹏等，2012），通过城乡土地利用规划与控制将生态服务需求转变为消费，基于生态系统服务供需关系视角，提高获取生态系统服务的效率和质量，更好地保障和提升人类福祉。

2.2 融入生态系统服务权衡与协同的规划内容

由于各类生态系统服务存在复杂的、动态的、非线性的竞争关系和协同作用，人类在消费某一类生态系统服务时，可能会影响（增加或减少）其他类型生态系统服务的提供。人类在获取某类生态系统服务时，应在不同时空尺度上权衡与其他生态系统服务的互竞关系（Bradford and D' Amato，2012；李双成等，2013；Bennett et al.，2009）。权衡的根本是价值判断，难以同时获得所有生态系统服务最大化的城乡土地利用空间结构（Woodruff and BenDor，2016）。基于多种生态系统服务权衡后的价值选择，才能制定理性的土地利用规划方案和引导控制策略，满足多方利益主体对生态系统服务的需求（戴尔阜等，2016；颜文涛等，2012）。

引入生态系统服务权衡与协同的城乡土地利用规划，涉及空间性、时间性、可逆性以及对外部系统干扰四个方面（李鹏等，2012；李双成等，2013；傅伯杰和于丹丹，2016），包括以下的规划内容：①权衡不同空间尺度的各类生态系统服务的竞争关系和协同作用，确定能够支持生态系统服务权衡后的城乡土地利用空间结构。通过界定生态系统服务供需主体的空间范围和作用强度，理解不同时空尺度社会主体的需求特征，解析土地利用变化（土地利用类型、强度和规模）对于生态系统服务的供需影响机制，确定空间主导功能和生态空间结构。②基于需求主体和需求水平的动态变化特征，权衡生态系统服务的代际竞争关系，确定土地利用的近期和远期规划方案。各类生态系统服务对时间响应速率不同，基于不同类型生态系统服务的时变特性，寻找满足近期与远期的生态系统服务需求的平衡点。例如需要权衡短期增大粮食生产的供给服务和长期水质净化的调节服务或其他支持服务之间的关系。③识别生态系统服务的供应单元和需求单元，通过确定生态系统的供需服务传输特征和连接路径，构建保障生态系统服务的绿色基础设施网络（邹锦等，2014）。不同的供需传输特征将决定不同的空间连接路径，例如水源供给服务的传输需要线性水道基础设施的连接路径，休闲娱乐和美学体验等文化服务的传输需要各种通信或交通等基础设施的连接路径，支持服务的传输需要绿色生态廊道的连接路径。④理解土地利用变化对于生态系统服务的可逆性影响，寻找可逆性恢复和不可逆性变化之间的平衡点，有利于支持可持续发展的土地利用政策。考虑需求侧土地利用与开发对周边或区域生态系统服务的干扰影响，对外部系统干扰权衡分析后，寻找负外部效应较小的土地利用规划方案。

2.3 保障公平发展权和提升生态系统服务的土地管制政策

保障公平发展权和提升生态系统服务，需要确定有效的土地管制政策和规划实施工具。土地管制政策可以通过土地利用的传导作用，影响生态系统服务的权衡与协同（Bryan，2013）。提升生态系统服务的土地管制政策，涉及供应单元和需求单元的行为管制措施，根据不同的服务类型制定相应的政策标准。在前述方法确定的土地利用规划方案基础上，针对生态系统服务供需单元，设置土地利用叠加管制层，明确功能标准和管制主体。一方面，针对生态系统服务供应区设置环境叠加管制层，明确环境管制主体和管制目标，制定环境资源和提供生态系统服务的详细目录，评估资源价值和生态服务价值，明确大类保护管制政策，提出行为类型和行为等级控制、主要管制内容和具体控制手段等中类政策，主要控制各类开发或保护行为对生态系统服务供应的影响。另一方面，针对生态系统服务需求区设置环境性能绩效管制层，明确大类开发管制政策，采用产生的外部环境影响作为管制的依据，明确开放空间比例、不透水面积率、植被绿化、土壤保持、水体保护、生物物种保护、污染控制等环境绩效标准，控制各类开发或保护行为对生态系统服务的影响。

规划实施工具可以分为以下两种类型：第一种类型是通过政府购买土地所有权、使用权或地役权，保护重要生态系统服务的有效供应，将生态系统服务视为政府提供的公共产品。第二种类型是确定发展权转移政策工具，即通过将生态系统服务供应单元内的发展权转移至需求单元，在保障公平发展权的前提下，保护关键的生态系统服务功能。由于涉及不同类型生态系统服务价值及开发转移量的问题，需要针对不同的供应单元（开发发送区）和需求单元（开发接受区）建立详细的发展权实施标准。

2.4 强化社会学习与适应性管理的规划参与机制

不同利益主体对生态系统服务的价值评估与分配存在很大差异，尤其是在决策制定者与利益相关者或直接依赖者之间的差异。因此，需要通过社区成员的广泛参与过程，梳理生态系统服务分配的社会公平性。首先，城乡规划需从技术理性向社会理性转变，只有协同权衡各类主体对生态系统服务的价值判断，才能形成各类利益主体相对一致的环境共识，避免因实施过程产生的社会阻力而引起的规划失效问题，才能保障城乡生态规划有效地实施。其次，城乡土地利用规划需要了解社会网络及其内在治理逻辑，深入分析并理解各类利益主体构成及其诉求与偏好。由各类主体构成的社会系统，通过各自生产或生活方式，对维持或改变区域生态系统服务功能产生重大影响。在城乡土地利用规划实践中，引导社会系统各类主体行为模式，是维护生态系统服务功能的关键。第三，生态系统管理需要重视公众参与机制的公平性。各类行为主体有效和公平地参与生态规划实施过程，是维持和提升生态系统服务功能的制度保障（颜文涛和萧敬豪，2015）。公众参与政策包括针对服务主体的信息公开内容、参与形式、意见反馈以及监督机制等程序性规定。通过讲座、会谈、工作坊等方式强化知识共享；通过网络平台共享生态环境信息资源；通过多种方式强化政府、开发商、社区居民及社区工作者之间的信息交流与反馈，从而清晰地展示生态系统服务的权衡过程，以创建共同的未来视角和培育环境共识。

总体而言，社会网络建构对形成环境共识的意义重大，是主动调节主体行动的社会基础。关联社会网络的社会学习过程，影响着个体认知和社会行为模式，有助于各类主体更好地理解生态系统服务的时空动态变化特征，逐步形成社会—自然过程相互调适的适应性管理模式，产生维持生态系统服务功能的内生社会动力，实现持续地维护生态系统服务功能的目标。

3 如何将生态系统服务融入空间规划

土地利用变化是生态系统服务的主要驱动因素，可以通过城乡土地利用规划与管理有效地保障生态系统服务的供应能力，满足生态系统服务消费主体的需求。生态系统服务的供给和需求，依赖于不同时空尺度上的自然生态和社会过程，都存在着一定的尺度效应（傅伯杰和张立伟，2014）。反映在城乡规划层面上，大尺度、周期长的规划更关注供给和支持服务，而较小尺度、周期短的场地规划，则更关注调节和文化服务。作者通过将生态系统服务与不同尺度的城乡土地利用规划相融合，探索保障重要生态系统服务水平的城乡规划路径，改善和提升人类福祉（图 10-3）。

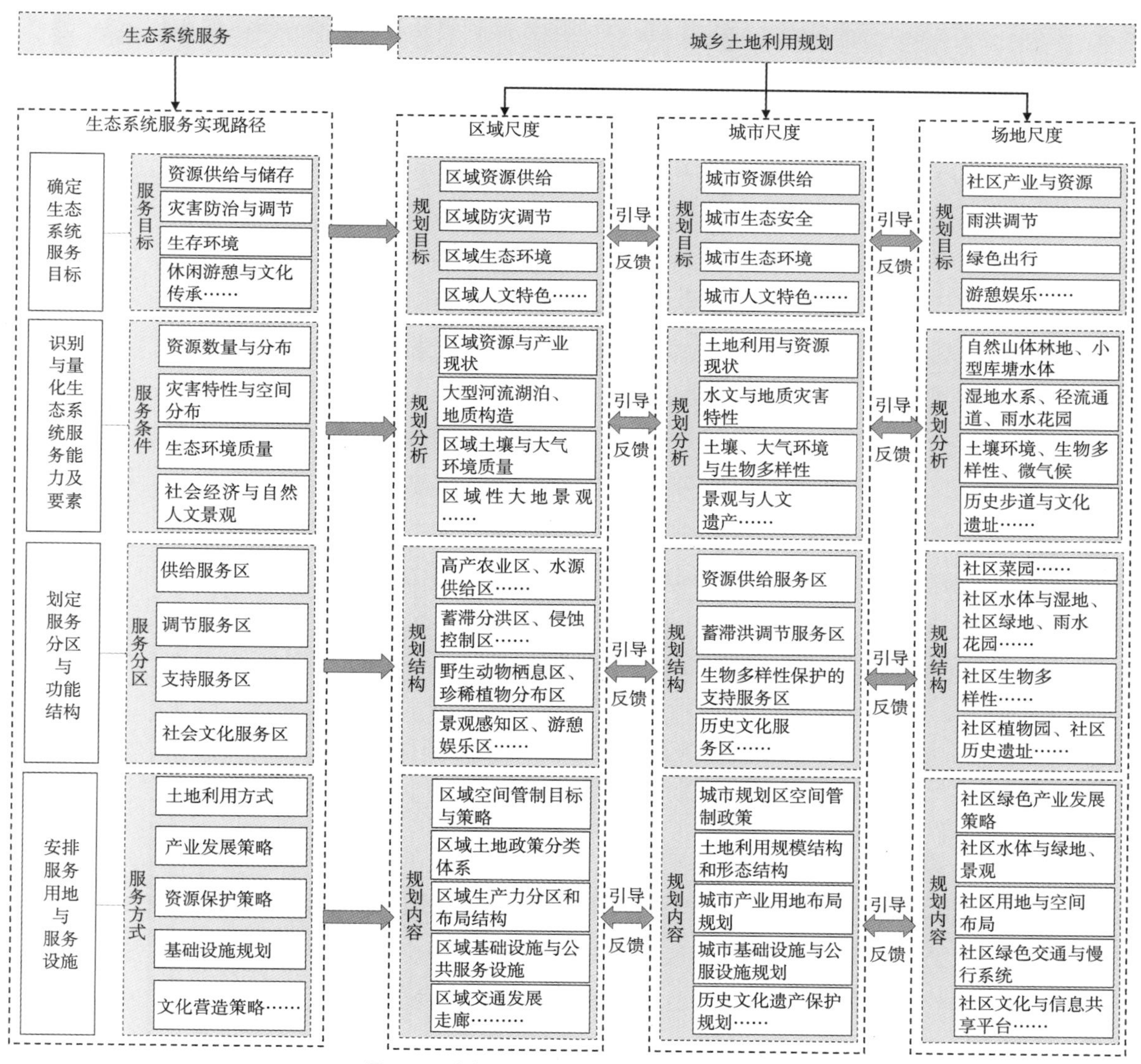

图 10-3　生态系统服务与空间规划体系的融合途径
图片来源：作者自绘

3.1 生态系统服务融入区域规划的策略

区域规划主要解决区域经济分区和产业布局结构、城镇主导职能和空间发展方向、区域生态环境保护、区域基础设施布局等问题（颜文涛等，2011）。区域生态系统服务与区域规划融合策略如下：①将区域发展目标与区域生态系统服务功能和服务水平相结合，划分区域经济分区和明确产业发展布局，确定城镇职能分工和空间结构。例如，基于生态系统的粮食生产、林业资源、药材资源、渔业资源等供给服务功能，可以提出特色产品加工业的发展目标，确定区域生产力布局及产业分区，引导区域特色产业发展方向；基于生态系统的健康娱乐、美学体验、科学教育、文化多样性和地方感知等文化服务功能，可以提出特色旅游产业发展目标和发展方向。另外，产业发展布局还需考虑基于生态系统调节服务的环境承载力，引导城镇发展和产业结构布局。②识别和评估区域生态系统服务价值，权衡生态系统服务间的竞争关系和协同作用，平衡生态系统服务的供需关系，基于生态系统服务的供应单元，划定生态系统服务功能一级分区和二级分区，确定区域生态空间结构。如供给服务区可以划分为高产农业区、水源供给区、矿产采掘区、动植物资源供给区等二级分区，调节服务区可以划分为蓄滞分洪区、侵蚀控制区、安全防护区、环境净化区等二级分区，文化服务区可以划分为景观感知区、游憩娱乐区、历史文化遗产区等二级分区，支持服务区可以划分为野生动物栖息区、珍稀植物分布区、大型湖泊湿地区等二级分区。③依据不同生态系统服务的功能分区确定土地利用政策，制定区域空间管制目标和策略。依据不同类型生态系统服务分区，构建区域土地政策分类体系，提出分区的管制目标、准入产业、行为引导和开发控制等政策。④确定生态系统服务供需连接路径，构建获取生态系统服务的基础设施网络。根据生态系统服务分区的发展与保护目标，确定区域基础设施，引导区域生态化空间发展模式，有效组织非建设用地（生态系统服务供应侧）和建设用地（生态系统服务需求侧）的空间协同关系，优化区域土地利用规划方案，提高获取生态系统服务的效率。

3.2 生态系统服务融入城市规划的策略

城市规划主要解决城市性质规模和发展方向、市政和社会基础设施布局、自然与人文历史保护、城市灾害防治等问题（颜文涛等，2011）。城市生态系统服务与城市规划的融合策略如下：①评估城市尺度的生态系统服务功能与服务水平，提出结合供给服务的城市产业布局规划，结合支持服务的城市基础设施规划，结合文化服务的历史文化遗产保护规划等。基于生态系统服务供需平衡，引导城市空间拓展方向和空间布局结构，提升城市环境品质和营造城市特色。②划分城市生态系统服务分区，明确生态系统服务分区的主导功能。基于生态系统服务分区的主导功能，对城乡用地结构与设施布局进行总体安排与部署，形成合理的城乡土地利用规划方案，避免规划超过生态系统的服务阈值，引导合理的城市空间结构。通过城市土地利用规划完善和维持生态系统结构的完整性和过程的连续性，如河流廊道修复、绿色开放空间网络重建、灰色基础设施的生态化改造、生物栖息地修复等，有效提升生态系统服务功能。③依据城市生态系统服务类型和服务价值，考虑有效获取服务并减少开发行为对服务的影响，提出合理的城市土地利用规模结构和形态结构，制定城市规划区空间管制政策。明确分区管制内容、管制手段和管制目标等保护策略，提出行为类型、行为级别和许可规定等行为控制策略。

3.3 生态系统服务融入场地规划的策略

场地规划重点解决场地尺度的用地功能组织、规划控制条件制定、历史文化保存、自然环境保护等问题。理解场地社会网络与自然生态系统服务的相互作用机制，协调生态系统服务与场地建设发展目标，引导建设用地的紧凑集聚开发模式，从土地使用、环境容量、配套设施和行为活动等几个方面提出环境控制要素。场地规划融合生态系统服务，有利于改善社区的环境品质，提升社区的活力与凝聚力，以及社区空间场所感和地方感，增强社区居民与自然环境的视觉联系，将社区建成有共同未来视角、场所认同与人文关怀的生命共同体。生态系统服务与场地规划的融合策略如下：①分析场地土地利用主体对生态系统服务的需求，通过列出资源环境详细目录清单，评估场地及其周边区域的生态系统服务水平，平衡生态系统服务的供需关系，确定生态系统结构和服务功能，包括生物多样性保护、碳汇绿地、绿色出行、游憩娱乐、雨洪调节等多种生态服务功能。②确定提供生态系统服务的生态元素，维持或重建健康环境过程的生态结构，将区域和城市生态系统服务功能导入社区内部。例如，雨洪过程对维持健康的社会—生态系统具有重要的意义，通过雨洪过程提供的生态系统服务提升社会福祉，构建适应和包容雨洪过程的人水互惠共生的空间结构模式（颜文涛等，2016）。③分析场地生态系统服务的时空特征，提出适宜的场地生态结构，连接社区的人类福祉。建立支持自然系统服务功能的管理机构和社会网络，可以产生维持社区生态系统功能的内生动力。

生态系统服务是将自然与人文过程联系起来的桥梁和纽带，与土地利用变化有十分紧密的联系与复杂的作用机制。深刻分析与理解自然生态系统与社会网络的作用机制，是把握生态系统服务的形成过程、获取途径、维持方式以及相应机理等的前提与基础。生态系统服务价值的实现，取决于生态系统结构和功能及人类群体的社会活动，只有通过在土地利用之上的社会过程才能发挥效用。从生态系统服务供需关系视角，将生态系统服务纳入城乡规划体系，通过有效地组织建设用地和非建设用地的空间协同关系，引导城乡土地利用类型、格局和强度，可以保障和提升生态系统服务水平，改善人类福祉。基于公众参与的生态系统服务识别与权衡过程，引导土地利用规划与管制政策，对于合理配置土地资源、构建健康的生态系统结构和维持稳定的生态系统功能，有着重要的理论和实践意义。

参考文献

[1] BENNETT E M，PETERSON G D，GORDON L J. Understanding relationships among multiple ecosystem services[J]. Ecology Letters，2009，12（12）：1394-1404.

[2] BRADFORD J B，D'Amato A W. Recognizing trade-offs in multi-objective land management [J]. Frontiers in Ecology and the Environment，2012，10（4）：210-216.

[3] BRYAN B A. Incentives，land use，and ecosystem services：Synthesizing complex linkages[J]. Environmental Science & Policy，2013（27）：124-134.

[4] KAIN J H，LARONDELLE N，HAASE D，et al. Exploring local consequences of two land-use alternatives for the supply of urban ecosystem services in Stockholm year 2050[J]. Ecological Indicators 2016（70）：615-629.

[5] LAMBIN E F，BAULIES X，BOCKSTAEL N，et al. Land use and land cover change：Implementation Strategy[R]. IGBP Secretariat，Stockholm，1999. http：//www.igbp.net/download/18.1b8ae20512db692f2a680006377/1376383119247/report_48-LUCC.pdf.

[6] MEA（Millenium Ecosystem Assessment.）. Ecosystems and human well-being：synthesis[R]. Washington，D.C.：Island Press，2005.

[7] WOODRUFF S C，BenDor T K. Ecosystem services in urban planning：Comparative paradigms and guidelines for high quality plans [J]. Landscape and Urban Planning，2016（152）：90-100.

[8] 戴尔阜，王晓莉，朱建佳，等. 生态系统服务权衡：方法、模型与研究框架 [J]. 地理研究，2016，35（6）：1005-1016.

[9] 傅伯杰，于丹丹. 生态系统服务权衡与集成方法 [J]. 资源科学，2016，38（1）：1-9.

[10] 傅伯杰，张立伟. 土地利用变化与生态系统服务：概念、方法与进展 [J]. 地理科学进展，2014，33（4）：441-446.

[11] 李鹏，姜鲁光，封志明，等. 生态系统服务竞争与协同研究进展 [J]. 生态学报，2012，32（16）：5219-5229.

[12] 李双成，张才玉，刘金龙，等. 生态系统服务权衡与协同研究进展及地理学研究议题 [J]. 地理研究，2013，32（8）：1379-1390.

[13] 罗静茹，张德顺，刘鸣，等. 城市生态系统服务的量化评估与制图：以德国盖尔森基辛市沙克尔协会地区为例 [J]. 风景园林，2016（5）：41-49.

[14] 王娟，崔保山，卢远. 基于生态系统服务价值核算的土地利用规划战略环境评价 [J]. 地理科学，2007，27（4）：449-554.

[15] 颜文涛，王云才，象伟宁. 城市雨洪管理实践需要生态实践智慧的引导 [J]. 生态学报，2016，36（16）：4926-4928.

[16] 颜文涛，王正，韩贵峰，等. 低碳生态城规划指标及实施途径 [J]. 城市规划学刊，2011（3）：39-50.

[17] 颜文涛，萧敬豪. 城乡规划法规与环境绩效——环境绩效视角下城乡规划法规体系的若干思考 [J]. 城市规划，2015（11）：39-47.

[18] 颜文涛，萧敬豪，胡海，邹锦. 城市空间结构的环境绩效：进展与思考 [J]. 城市规划学刊，2012（5）：50-59.

[19] 邹锦，颜文涛，曹静娜，等. 绿色基础设施实施的规划学途径——基于与传统规划技术体系融合的方法 [J]. 中国园林，2014（9）：92-95.

第十一章

生态城市实践与社会建构

人是环境的产物，同时环境也是人的产物。人与环境的交互作用和影响，使大部分环境事件具有了社会特征。以和谐共生为价值取向的生态城市，除了人与环境、人与人的和谐共生，理解环境与社会的“协同建构”也同样重要。专注于研究环境与社会互动为中心的环境社会学，可以为生态城市的社会过程研究提供思路与方法。在价值观层面上，在生态城市的建设过程中必然产生利益再分配过程，这就需要关注相关利益群体，尤其是关注弱势群体的利益诉求。而城市规划对社会资源公平分配有着重要的作用，通过城市规划促进城市公平的规划价值理念也被越来越多的规划学者所接受。

1　城市环境问题的社会建构

环境问题并不能物化自身，它们必须经由个人或组织的“建构”，被认为是令人担心且必须采取行动加以应付的情况，这时才构成“问题”（约翰·汉尼根，2009）。诞生于 20 世纪 70 年代的环境社会学开始把社会建构论引入环境问题的研究之中，经过几十年来的发展，社会建构论已经成为环境问题研究中比较成熟的理论视角。

约翰·汉尼根（2009）在其著作《环境社会学》中指出，环境问题在许多方面与社会问题相似，但也有明显的不同之处。即社会问题经常从医学的语境进入到公众话语与行动的论争，大多数情况下，它们借助于道德的力量而非科学的解释。但类似杀虫剂污染或全球变暖这样的环境问题，通常与科学发现及其主张紧密联系，并阐明多数环境问题根源于人的行动，因此它们具有事实基础，比社会问题更具说服力。而另一些社会问题则更多起源于一些个人的麻烦，而后转化为公共议题。

环境问题常常发端于科学领域，而其中有些问题与我们的日常生活联系紧密，由此造成的环境污染或潜在环境污染引发的群体性事件，就成为具有了明显社会属性的事件。接续发生的、在某些方面具有类似属性的事件，往往成为“现象”，更进一步成为呈现社会问题的社会事实标本。关于环境事件和环境问题，环境社会学形成了两种分析视角，一是社会冲突的视角，一是社会建构的视角。

环境冲突的视角强调冲突的正向功能：第一、作为直接结果。冲突有利于解决区域特定环境污染问题；第二、社会减压。减轻或缓解公众与政府的对立情绪；第三、社会报警。增强环境问题的“社会可视性”；第四、社会整合。促进环境群体的扩张和团结；第五、社会创新。促生新的规范控制和制度调节（谢振忠，2013）。

社会构建论认为，环境社会问题要比环境事件复杂得多，环境问题是一个主观认同、选择的建构过程。一个环境问题的呈现，倚赖于人们对环境现象的解读，环境建构反映特定的社会结构和文化理解。环境社会建构论专注于考察环境事件的问题化过程。

环境问题的社会建构由于认识源头的不同导致建构过程的不同。发端于科学领域的环境问题，例如臭氧层知识、PM2.5 等，通常经过了从自然科学术语到人文社会领域的延展，经过社会精英的公共认知推动，最终进入政府部门的决策议题，最著名的例子如《京都议定书》。而环境群体性事件的问题化过程，则经历了特殊利益群体的自我表演、大众媒体的“声称”表达从而影响决策者的认知。冲突与建构，部分地解释了环境事件的生成和环境问题的呈现。

在具体建构过程上，约翰 · 汉尼根（2009）认为环境问题从最初发现到政策执行阶段的发展程序有一定时间上的先后次序，包括三个阶段：环境主张集成（Assembling Claims）、环境主张表达（Presenting Claims）和竞争环境主张（Contesting Claims）。这三个程序通常以交叠方式出现，并相互影响。

简单来说，环境主张集成就是发现问题和阐述问题，包括对所发现的问题进行命名、甄别，并确定其科学、技术、道德或法律等方面的基础。在确认环境主张的起源上，必须要弄清楚主张来自何处、由谁拥有或负责、主张提出者代表谁的经济和政治利益，以及在主张提出过程中带来了什么样的资源。环境主张表达就是把该主张引入公众的视野，并使其公开化、合法化。通过大众传媒、制造流行话题、形成让人印象深刻的口头语言和视觉表象等方式吸引大众的注意力，进而在媒体、政府、科学界、公众等多个领域得到合法化。当然，即使社会建构者对环境问题的诉求已获得了合法性，也并不意味着治理环境问题的行动就能自动发生，因此还需要建构者做出不断的努力，以求在法律上和政策上取得突破并对问题采取集体行动。因此，还需要引入竞争环境主张界定，即是在政治领域内寻求法律和政策援助，以便对环境问题采取政策上的行动（洪长安，2010）。

约翰 · 汉尼根（2009）进一步提出了成功建构环境问题的六个必要条件：①环境主张具有科学权威的支持和证实；②需要有能够把环境主张和科学联结起来的“科学普及者”；③受到媒体的关注与重视；④把复杂的环境主张转化为容易为公众理解且具有伦理刺激性的观点；⑤对环境问题采取积极的行动必须有经济激励或惩罚；⑥需要能够确保环境问题建构合法性的、持续性的制度化支持者。

因此，环境问题的解决，不仅是自然环境状况的改善，更需要社会环境的改变。环境问题的社会建构过程，是一个社会共识、共建的过程，有助于改变政府主导建构的观念，让社会动员起来广泛参与到环境问题的建构和治理中，共享建构环境问题带来的生态效益。

2　社会公平与城市生态正义

社会公平是人与人之间的一种平等关系，在城市规划领域，社会公平则可以认为是每个人都有机会满足他们生活的基本需求，让他们享有社会福利并满足他们潜在的需求。具体来说，社会公平可以从四个层次展现，第一层次为人身权利的平等分配，意味着城市发展要平等地给予和保护公众对决策的参与、财产不受侵害、人身安全、自由迁徙等基本权利；第二层次为基本物品的平等分配，指要合理布局和为公众提供住房、教育、医疗、交通、必要的公共空间以及其他基本的基础设施和公共服务，以保证和提高人生存和发展的基本能力；第三层次是对其他物品的依据功利主义的分配，在满足公众基本权利和物品分配的前提下，要注重土地利用和资源配置、开发的效率；第四层次是国家基于社会和谐理念对于弱势群体的关怀（陈锋，2007）。

生态正义也可称之为环境正义，是指“在环境法律、法规和政策的制定、适用和执行等方面，全体国民，不论种族、肤色、国籍和财产状况差异，都应得到公平对待和有效参与环境决策的权利”（卡林沃思和凯夫斯，2016）。“公平对待”和“有效参与”是它的两个重要原则：公平对待，首先是权利公平和规则公平，其次是机会公平，即公众享有均等机会；有效参与，按照雪莉 · 阿恩斯坦（Arnstein，1969）的“市民参与的阶梯”理论，公众参与模式有 8 种层次，按其参与程度可以分为：操纵、引导、告知、咨询、劝解、合作、授权和公众控制（叶林等，2018），越靠后的层次代表参与程度越深。

但是，公平并非绝对平等，因为绝对平等的目标在市场经济制度下是不现实的。费恩斯坦（2010）认为“不需要对每个人都同样对待，只要对待方式适当即可”。“差异的正义不是不要公平，而是需要多层的公平设计”（任平，2011），多层设计可以分为：基本公平、比例公平和不成比例公平。基本公平是指消除人群、地区间对基本需求的差别，供给均等化服务；比例公平是指尊重使用者的个体差异、获益能力的高低，实现能者多得；不成比例公平指在特殊情况下（如强势与弱势群体间），倾向某些人群，让利于他们，并不保证能者多得。基本公平多由政府供给，比例公平和不成比例公平则由政府干预和市场规则来共同实现（叶林等，2018）。

城市规划对社会资源公平分配有着重要的作用，必须意识到被排斥的弱势群体在决策中的不可替代作用。在美国注册规划师学会颁布的《美国注册规划师职业操守和道德准则》中提出，规划的重要职责之一就是满足弱势群体的需求，并在区域政策制定过程中注意对贫困阶层和劳动阶层的服务。平等规划（Equity Planning）的理念是由克伦霍茨和他的同事们针对经济发展过程中富裕阶层和贫困阶层所产生的公共资源不平等分配所提出的，旨在促进公共资源的平等分配（Krumholz，1982）。作为倡导型规划师，克伦霍茨和他的同事们提出要帮助弱势群体，通过对公共资源的再分配使得弱势群体能够享有同等的权利，根据社会公平理念监管各种规划的成本和收益（解永庆，2012）。

事实上，生态正义只能趋近而不能达到，因此需要通过对规划技术、识别、程序、补偿、执行等方面的“非正义”环节进行完善修正。由于低收入人群的声音往往不能有效地传递给规划的制定者和决策者，因而在规划阶段更应该注意规划的公平原则，通过平等规划来实现社会公平。对于平等规划来说，一方面需要有政府的意识、规划师的价值观对弱势群体进行关注，更为重要的是通过公众参与，尤其是关注弱势群体的诉求，引导城市的平等规划。这种公众参与的过程不仅仅是简单的一个环节，而是要贯穿到城市规划的各个阶段当中；同时公众参与的形式可以采取多样化的原则，通过不同的形式，让城市居民都能了解城市规划，并知道城市规划对其生活产生的影响和其对规划的一些意见反馈（叶林等，2018）。

3 生态城市的社会建构过程

持久地维持和更新城市良好的生态状态，人和社会系统是关键环节。生态城市社会系统的建构或重构，通过影响个体的认知和行为强化过程，从而对生态城市实体环境功能的维持和更新，在某种意义上起决定作用。实体环境持续优化的内在动力，来自于社会系统的建构，这是一种内生的主动力量。通过一种自下而上的社会学习过程，形成城市“生态化”的社会共识，将为维护和改善实体环境系统提供持续的动力，从而可以改善人与自然的共生关系。

如果没有良好的社会系统建构，由自然系统和人工设施构成的实体环境，将无法发挥持续的服务功能（Doxiadis，1968）。换句话说，由城市居民与他们之间的经济关系、政治关系和文化关系构成的社会系统，将对城市实体环境产生关键和永久的影响。社会系统的健康稳定运行，是维持实体环境健康有序的前提，也是维持良好状态的基础保障。如果社会系统不支持实体环境的功能目标，毫无疑问，这些实体环境系统都会面临（从初始目标而言）功能退化的命运。比如，历史上的京杭运河传统功能的退化，以及都江堰水利系统功能的千年维持，主要是社会系统的演变或继承导致的结果。

生态城市目标的实现，应该是社会系统和实体环境系统协同作用的结果。通过物质规划可以调节城市系统的“初始状态”，而通过社会规划可以维持和更新城市系统的整体功能。个体认知、社会行为、实体环境三者相互作用，共同影响着城市系统的演变路径。基于“物质性途径”物质规划的作用，可为持续改善人与自然的共生关系提供物质条件，但最终能否实现这个目标，还是取决于使用实体环境的“人”及其形成的社会系统。社会系统的构建可以通过制度、文化、政策等方面，培育社会系统的环境共识，影响调节个体行为和社会行为模式。

我们可以设想，针对相同的实体环境系统，不同社会群体使用后的环境影响，将产生不一样的环境效应。因此，基于物质规划的实体环境营造，和基于社会规划的社会系统重构，具有同等的重要性。物质规划和社会规划的终极目标，都是引导或影响城市各类主体的行为模式，实现人类和自然在时间和空间维度上的共生关系。因此，如何将社会单元和环境单元更好地融合，强化社会单元的环境体验，以及通过精神空间体系的现代建构，培育社会系统的环境共识，应该是物质规划和社会规划将要面对的重要议题（颜文涛，2012）。不管怎样，生态城市不能只关注短期的“物质性途径”，更需要长期的社会共识的培育。我们当前面临的城市环境状况，是我们的政治和文化选择的直接结果。这一“选择”过去是，现在也完全是能否实现人和自然的共生关系的重要根源。

4 自下而上的实施途径

城市环境问题的社会过程是社会共识、共建的过程，需要改变政府主导建构的观念，让社会动员起来广泛参与到环境问题的建构和治理中。当然，政府作为城市管理者和公众利益的代表，是兼有自利性与公共性的“经济人”，拥有规划建设决策权，也获得生态城市建设带来的土地增值、环境宜居、经济繁荣等最大利益，须承担最大比例的责任，负责土地供给、财税补贴、制定责任分配标准，以及惩戒不执行责任的行为等（叶林等，2018）。但是实际的城市环境问题大多数来自于市民的日常生活中，“一个生态型社会一定是权利下放的，这样才能保持对环境多样性和社会多样性的敏感度”，因为“最贴近环境而生活的人最了解环境”（科尔曼，2005）。

生态城市的社会过程应该是一种自下而上的运作方式，需要公众的参与，所有相关利益者都应能够获得信息，并使他们能够充分参与决策过程（Laurent，2011）。政府管理者应与市民建立一种“合作”的关系。“合作”意味着公众与当权者通过协商对权利进行了再分配，决策权部分下放给公众（Arnstein，1969），“市民参与的阶梯理论”认为，当公众与当权者之间进行合作时，就开始了深度参与阶段。

在我国，公众普遍漠视其所在地区的环境状况，不知道自己的环境权益，环境资源被掠夺、侵占的事件经常发生，却没有组织或团体站出来保护自己的权益。很多居民不重视环境的改变是因为来自于“无意识”，或者缺乏相应的知识和技术，当然也缺乏相应的法律法规保障。针对这一现状，社区可以作为公众参与环境问题的有效单元。在我国由于历史的原因，政府职能“全能化”和社区自组织高度单一的行政化使得社区自组织发育不良、功能异化，居民与社区间缺乏积极的互动关系，并对社区缺乏认同感和凝聚力，社区意识极为缺失（罗英豪，2006）。转变认识需要从关系到社区居民切身利益的环境问题入手——在基层社区层面，“所有（生态）问题都被作为切身的问题加以处理”（科尔曼，2005），这有助于引导社区居民采取积极的社区行为，通过日常措施、技术手段、法律武器等方式方法，切实地保护自己的家园和周围的环境。社区居民既是社区环境的使用主体又是管理主体，这对形成良性的社区自我维护和自我更新过程至关重要。

相关的社区行为还可以在全社会范围进行推广，通过基层组织或志愿者推动公众参与对城市环境的监督、管理和维护。培养参与意识，对促进公民环境保护意识教育也非常重要，全民环境保护意识的普遍提高还可促进民间环保组织和环保活动的发展。从而实现社会公众共同参与环境问题的建构过程。此外，公民还通过社会学习过程获取实践知识，进而自觉调节个体的行为方式以适应环境。林奇（Lynch）提出“‘学习生态学’可能对人居环境改善是更适合的，因为，至少其一些行为者是自觉的，能够改变他们自身的行为，从而改变游戏规则”，如通过重组物质流和转换能量流的路径。

5　两个实践案例

5.1　区域社会—生态实践：都江堰灌区的生态实践案例

世界文化遗产区都江堰灌区的历史是一部因水而兴、治水而兴的历史，人与自然的关系集中体现在人与水的关系上。都江堰水利系统对都江堰灌区的人类聚居模式一直有着重大影响。水利系统建设后，都江堰灌区被称为“天府之国”，距今已有 2200 多年的历史，至今仍然发挥着巨大的综合功能。它缔造了基于灌区水系的自然系统和社会系统，形成了人与自然协调发展的人类聚居环境实践典范。以灌溉水利网络为载体的自然系统为数千万人口提供农业灌溉、市政供水、航运、水产品、生态保护、旅游观光等综合服务功能，成就了“天府之国”长久不衰的辉煌成就。

近似于天然河道的都江堰灌区无坝引水的工程形式，与自然环境融为一体，不但要处理成都灌区平原内部各系统的相互关系，还需协调与区域自然系统和社会系统的关联。整个灌区平原的上下游和内外江自然要素的变化，都会影响相关的自然要素和社会要素。防洪系统、灌溉系统、航运系统、供水系统、聚居系统等多种自然系统和社会系统中任何一个系统的变化，必定会影响其他几个系统，不同系统运行在互相制约中达到妥协和整体平衡，而仅靠单一系统是无法保障整体系统有效运行的。

社会系统的可持续性是人居环境可持续性的核心。“兼利天下”的社会行为准则为“天府之国”可持续发展奠定了社会基础。“兼利天下”指的是使天下万物都受益，即人类的社会行为应利于万物的生长。都江堰水利系统即体现了“流域公平水权”的社会准则。它的兼利天下、四六分水原则，为都江堰灌区人居环境的可持续发展提供了社会基础，体现了人与人之间以及人与自然之间的平衡关系。

“以道驭术”的伦理观规范着人们从事都江堰水利技术活动的行为，强调治水活动中多种要素的协调关系。都江堰水利系统历经各个时代的演变，其建造、维护和改造技术行为，始终受到自然法则和社会道德的制约。都江堰的治水“三字经”和河工“八字诀”① 等，都是从上千年的历史经验和教训中凝练出的合乎都江堰水利系统的自然本性的技术规程，从而达到技术活动各要素之间的和谐——不仅指技术操作者与技术工具的和谐，也包括治水技术活动中人与人的和谐、技术活动与社会系统的和谐、技术活动与自然系统的和谐。

人居环境实体系统的有效运行和长久保持有赖于治理良好的社会系统建构。都江堰水利系统经过 2200 多年仍在发挥作用，从某种意义上，是良好社会治理的延续。主要体现在以下两个方面。

第一，形成了国家与基层社会的合作与依赖关系。国家对都江堰水利系统的管理，最终要通过乡村社会组织发挥作用。汉代遵从国家祀典礼制为李冰立祠，产生了成都灌区富有宗教色彩的灌溉祀典和仪式。水神崇拜与岁修和灌溉仪式有效地融合，形成了政府行政机构、官方专业机构和民间社会组织之间的联系纽带，为灌区行政管理与基层社会组织提供沟通合作的桥梁，也为灌区水利系统的延续和有效运行注入了活力，有助于维持灌区平原正常的社会秩序，有利于培育起地方百姓共同的精神情感。对于需要动用大量劳动力进行维护管理的水利系统，这种精神纽带可以凝聚各方力量。通过在各级渠堰兴建供奉李冰的小祠庙，建立了灌区社会最基层的管理组织单元，它们除了管理乡村水利工程和公共资源外，还是乡村公共事务议事和村民宗教活动的场所。

第二，多方互动的管理过程，强调管理主体多元化和地方民众的参与。都江堰水利系统非常复杂，由于不同季节内外江和上下游的需水量都有变化，如采用命令式的自上而下的管理方式，将失去应变能力并无法达到资源管理目标。复杂的灌区水系管理逐渐分化为两个层级，即渠首及干渠以上的官堰系统，以及支渠及以下的民堰系统。在政府管理权限无法到达的支渠及以下的民堰系统，通过用水户广泛参与，形成了具有自治性质的乡村社会组织管理末端水系的方式。其中民堰管理者的产生大致有选举制和轮换制，由此形成支渠以下水利系统的管理方式和管理手段的

---

① 二王庙石刻：都江堰治水三字经“深淘滩，低作堰，六字旨，千秋鉴，挖河沙，堆堤岸，砌鱼嘴，安羊圈，立湃阙，凿漏罐，笼编密，石装健，分四六，平潦旱，水画符，铁椿见，岁勤修，预防患，遵旧制，勿擅变”，以及河工八字诀“遇弯截角、逢正抽心”，是古代都江堰管理者对无数次经验和教训的实践总结，形成了修缮都江堰水系的技术规程，有着深刻的文化内涵，是管理都江堰水利系统的行为准则。《河渠志》（汉）和《四川志》（明）亦提到了六言石刻的治水之法。

多元化。为了协调官堰和民堰、上下游、内外江的用水纠纷，人们通过会议讨论（如成都灌区的“堰工讨论会”）形成乡规民约，即提出对各方行为均有限制作用的公共契约。整个灌区官民协调，形成了良好的以水系为基础的地区协作管治机制。由于各方利益代表的公共参与协商具有灵活的利益表达机制，有利于形成良好的社会治理体系，为灌区水利系统的功能延续和有效运行提供了非常重要的社会保障。

以世界观和实践观作为思想基点和行动准则，以环境伦理观和社会道德约束工程技术，以成熟的社会治理体系维持水系功能的延续与有效运行，是都江堰灌区自然和社会系统的协同进化，也为当代生态城市的社会—生态实践提供了范式与思考：结合环境特性，包含生态伦理、社会习俗、宗教活动等的多元地域文化的延续和地方知识的传承带给区域及其社会组织独特的精神价值和内涵，有助于社区居民积极参与与其密切相关的各类规划决策过程，形成富有活力的、健康的社会自治组织形式。这种社会组织结构和社会治理模式，通过社会学习过程形成社区共识，可以有效管理社区尺度的自然系统，是实现公共利益最大化的基本保障。利益相关者的参与可以形成符合社会共同价值标准的行动，也是规划权力合法性的来源和社会基础。通过各种形式的参与决策过程，可以有效防止和化解公民与公民、公民与政府机构、公民与相关经济组织之间的冲突，避免出现政府与经济组织的政治关联引起的腐败问题。这种多元化的协作性管理方式，也可避免单向命令式管理所面临的社会风险。

5.2 社区社会—生态实践：中国台湾的桃米生态社区案例

位于中国台湾中部南投县的桃米社区，原是一个贫穷落后的郊野社区，由于垃圾填埋场设于此，当地人自嘲为“垃圾里”。早期当地人以种植竹子为生，由于生存现状相当艰难，桃米的人口外流现象非常严重，人口结构老龄化。该社区的转折始于一场灾难——1999 年的“9 · 21”大地震摧毁了桃米 80% 的房屋。震后的桃米得到了台湾的非营利组织和专家团队的关注，以及有关部门的赈灾资金（用于社区灾后基本生活秩序重建的应急款项）。没有良好的资源本底，又处于灾难的摧毁下，桃米开始了基于多组织协助，缓慢并充满未知的草根化社区营建历程。

桃米社区实践先改变“人”，重构人与社会、人与自然的共同体关系，然后再推进实体环境的重建，经历了三个阶段。第一阶段重点关注“人的改造与成长”，通过专家团队（台湾淡江大学、台湾中兴大学、台湾特生中心）和非营利组织（台湾新故乡基金）的协助，对桃米社区外部环境资源进行了详细调查，发现桃米社区拥有丰富的自然生态资源（如物种多样性，台湾共 29 类青蛙，桃米就有 23 种），让村民重新认知和体验周边环境，构建社区的核心价值，通过专业化分工协作，形成专业互助的感情纽带，社区逐渐形成环境共识。如“生态解说员”的职位设定、以户为单位的个性化民宿经营尝试、“以工代赈”、成立社区工班组织“就地营造”“大家来清溪”等多样化的社区活动，重构了社区居民之间协同互助的社区情感。第二阶段为桃米社区生态产业运营阶段，台湾新故乡基金逐渐将事务移交给桃米社区居民，居民的自主能力和社区意识逐渐加强。灾后第三年（2002 年）桃米社区正式成立游客中心，游客人数从 2002 年的 7889 人增至 2014 年的 54 万人。面向青少年和儿童的生态休闲旅游（如以青蛙栖息地为主题的溯溪活动）和以青蛙为主题的手工艺品逐渐形成桃米社区的主导产业，已经成为社区居民的稳定经济来源之一，是桃米社区发展获得持续动力的源泉。第三个阶段为桃米村与非营利组织的合作。在自主运营之后，桃米社区开始寻求与非营利组织的合作，其中纸教堂形成社区精神纽带，不仅是桃米社区震后的社区精神凝聚力的体现，也是新故乡基金推广台湾社区营造经验的基地。

桃米模式目前来看是成功的，但最初也属无奈之举，居民在灾难的绝望中，对自主营建有迟疑和不确定，是多方外力与居民的共同努力促成了今天的局面。灾后桃米在诸多团体共同协助下，有效挖掘长期被忽视又极具独特性的村落环境特质，取得了旅游开发与乡村社区复兴相结合的渐进式“进化”（Evolution）历程。原有村落“底色”既是旅游开发的象征与符号，又成了重聚社区的精神内核。桃米在自主营建的过程中，不断重建和加强原有分散的社区意识和凝聚力，形成了灾后新的精神凝聚核心，与多方协助组织之间形成了良性的合作关系。社区营建中将社会网络与环境资源的开发紧密结合在一起，过去的十多年居民通过学习、认知、尝试、经营完成了对自身资源开发利用的历程。社区居民拥有独立和完善的自治能力及管理系统，有理由相信其有能力面对将来的变化。除此之外，具有成熟的社区自主营建的社会环境，如非营利组织和民间融资平台提供的资金支持，社会意识中草根力量和社会自组织的壮大，以及有关部门对社区自治倡导并提供法律保障，都是保障桃米生态社区实践的重要因素。

桃米社区复兴模式带给我们如下的启示：社区的个体与之共同构成的社会网络是社区的核心要素。完善的社会网络建构使社区或社会在面对环境冲击或压力时具有自我适应、自我组织、自我重建，从而具有适应环境变化的强大韧性，是使城市或社区复兴并富有韧性的充分条件。营建富有活力的社区离不开良好的社会网络、社会系统及其相关社会行为方式，将可感知的社区环境过程与生命体验相结合，可以培育人与自然之间互惠共生关系的契约精神，是调节居民行为方式的基础。使每个社区居民都参与到社区的营建过程中来，完成的不仅是物质空间的营建，更重要的是重塑了社区良好的社会系统，提升了社区精神凝聚力，产生了维持社区系统功能的生动力，最终改变的是社区个体及共同组成的生命网络。

参考文献

[1] ARNSTEIN S R. A ladder of citizen participation[J]. Journal of the American Institute of Planners，1969（35）：216-224 .

[2] DOXIADIS C A. Ekistics：An introduction to the science of human settlements[M]. New York：Oxford University Press，1968.

[3] KRUMHOLZ N. A retrospective view of equity planning cleveland 1969—1979[J]. Journal of the American Planning Association，1982，48（2）：163-174.

[4] Eloi Laurent. Issues in environmental justice within the European Union[J]. Ecological Economics，2011，70（11）：1846-1853.

[5] XIANG W N. Ecophronesis：The ecological practical wisdom for and from ecological practice[J]. Landscape and Urban Planning，2016（155）：53-60.

[6] 巴里 · 卡林沃思，罗杰 · 凯夫斯 . 美国城市规划政策、问题与过程 [M]. 吴建新，杨至德，译 . 武汉：华中科技大学出版社，2016.

[7] 陈锋 . 社会公平视角下的城市规划 [J]. 城市规划，2007（11）：40-46.

[8] 丹尼尔 · A · 科尔曼 . 生态政治——建设一个绿色社会 [M]. 梅俊杰，译 . 上海：上海世纪出版集团，2005.

[9] 洪长安 . 环境问题的社会构建过程研究 [D]. 上海：上海大学，2010.

[10] 解永庆 . 生态交通系统的平等规划——以波特兰为例 [C]. 2012 中国城市规划年会，2012.

[11] 罗英豪 . 社会建构论视角下的现代城市社区意识 [J]. 理论研究，2006（5）：41-43.

[12] 任平 . 论差异性社会的正义逻辑 [J]. 江海学刊，2011（2）：24-31.

[13] 苏珊 · S · 费恩斯坦 . 正义城市 [M]. 武煊，译 . 北京：社会科学文献出版社，2010.

[14] 谢振忠 . 环境问题的社会建构过程研究 [D]. 北京：北京工业大学，2013.

[15] 颜文涛，象伟宁，袁琳 . 探索传统人类聚居的生态智慧——以世界文化遗产区都江堰灌区为例 [J]. 国际城市规划，2017（4）：1-9.

[16] 颜文涛，萧敬豪，胡海，等 . 城市空间结构的环境绩效：进展与思考 [J]. 城市规划学刊，2012（5）：50-59.

[17] 颜文涛，王云才，象伟宁 . 城市雨洪管理实践需要生态实践智慧的引导 [J]. 生态学报，2016，36（16）：4926-4928.

[18] 叶林，邢忠，颜文涛等 . 趋近正义的城市绿色空间规划途径探讨 [J]. 城市规划学刊，2018（3）：57-64.

[19] 约翰·汉尼根 . 环境社会学 [M]. 洪大用，等译 . 北京：中国人民大学出版社，2009.

第十二章

存量背景下的生态城市实践路径

针对存量背景下生态城市规划与建设的问题，提出从存量空间的生态化、公园化转型入手，带动线性空间资源的更新与转型，进而撬动整个区域的生态城市建设思路。从空间利用形式、动力机制和精神内涵等三个方面，对存量空间生态化转型提出优化策略，再利用网络构建方法组织转型的存量空间，实施存量背景下的城市空间结构生态化转型，对存量背景下生态城市的规划设计方法进行了探索。

1 存量空间转型支撑生态城市战略

城乡生态空间结构应作为城乡开发建设的基础性和前置性工作，是统筹农业生产空间和城镇建设空间的基本骨架。但对于许多城市，尤其是自然资源本身比较匮乏，建设初期又缺乏全局性、前瞻性规划控制的地区，生态新城的建设样本难以复制和借鉴。对存量空间资源利用的方式，无论是拆除重建、整建维修，还是功能改变，都与未来的城市形态、功能混合情况和城市特色关系紧密（刘巍和吕涛，2017）。对于具备存量空间资源利用条件的用地方式，必须与城市未来的发展方向结合进行考虑。因此，存量背景下建设生态城市，需要从理念到实施的创新性探索。

1.1 视存量空间转型为实施生态城市的战略机遇

与西方城市相比，中国城市建设规模大、密度高，尤其是对于很多大城市来说，生态城市建设实践面对的困境是现有城市生态空间缺乏前期战略层面的统筹规划，城市公共开放空间相对割裂和破碎，难以发挥不同功能之间的协同增效作用。由于国土空间土地资源短缺的刚性约束，结合城市社会经济发展阶段，从增量发展规划向存量优化设计的转型已成为必然趋势（陈沧杰等，2013），而存量空间生态化更新为生态城市建设提供了新的战略机遇与契机。

将存量空间资源纳入城市整体空间结构中进行统筹安排，根据城市自然资源和社会经济资源等特点，对城市现有生态空间的分布特征、社会效益、价值评估等做出综合分析判断，以城市各级各类生态空间的系统整合为总体目标，明确城市存量空间资源利用的分区政策与时序安排。依托城市的自然、半自然和人工蓝绿空间，构建跨社区的公共开放空间，利用休闲绿道、城市河岸缓冲带、隔离防护林带、道路沿线绿化带等线状绿地构建生态廊道，整合与串接沿线社区生活圈，搭建跨尺度绿色开放空间网络。

城市老旧社区用地紧张，更新改造中应关注用地功能的复合化、充分发掘现有用地的兼容特性，同时随着城市更新的推进逐步通过用地的置换或动迁，实现存量空间的生态化转型。由于存量空间现状产权关系复杂，通过探索公私合营的制度设计，实现不同产权公共空间的复合与共享，提高自然、半自然和人工蓝绿空间的连通性，提升城市居民的可获取福祉。以建成区品质提升为目标的存量空间转型与城市更新应针对区域的具体特征，从历史文脉延续、交通方式转变、公共设施升级、空间尺度变化、景观风貌重构等方面入手（陈沧杰等，2013），以多元化的更新手段取代单一化的改造方式，将单个地块更新改造的任务和目标，置于城市结构和功能优化的整体框架下，并注重其与周边区域的联动发展，强化其“空间触媒”作用，在城市生态化更新过程中分时段、分片区，逐步实现生态城市建设目标。

1.2 将生态城市战略作为存量空间的统筹框架

在现代城市建设与营造过程中，城市空间被道路、桥梁、铁路等灰色基础设施分割形成条块状，建筑成为构建城市秩序的首要元素。然而作为有机体的城市，其空间形态应该是在各种复杂过程共同影响作用下“自然生长”出来的结果，有机城市的空间形态应该是一种变化的、含蓄的、非线性的、自组织的形式。因此，在城市存量空间更新与转型过程中，要思考如何恢复城市的自然肌理。景观作为一种能容纳和安排各种复杂城市活动的组织结构，既是自然过程，又是人文过程的载体，并能为这两种过程提供相互融入和交换的界面。因此，城市自然或人工的蓝绿开放空间元素可以与建筑元素共同作为“空间发生器”，成为城市空间秩序的基本构成元素。

针对存量背景下难以直接采用生态城市的新城建设模式，只能从现有存量空间中挖潜，以存量空间的生态化、公园化转型为入手点，采用“点—线—面”的实践路径，反向“撬动”城市乃至区域的生态化、公园化转型。这是一个渐进式的转化过程，需要具有引导性、连续且时序化推进的生态城市战略进行统筹安排。结合生态城市的发展目标，需要探索支持健康环境过程的城市未来空间结构模式，确定城市存量更新应与自然演进过程的动态平衡理念，系统整合存量空间资源要素（颜文涛等，2011；颜文涛等，2012）。比如，将老旧社区和历史街区更新、滨水空间生态修复、历史河流复兴、工业生产遗迹和采煤废弃地再生、棕地修复、交通设施改造等存量空间更新行动，纳入城市未来绿色发展战略框架中统筹考虑，进而确定各类存量空间生态化更新的规划目标、具体策略以及时序安排。

1.3 将存量更新作为生态城市战略的实施工具

生态城市战略实施需要有空间载体，由于土地资源和生态环境承载能力等刚性约束，存量空间的优化更新是实施生态城市战略的必然选择。从具体实施空间上来看，能纳入生态城市发展战略统筹的存量空间主要存在以下几类：①已衰退和改变用地性质的城市用地，如废弃的工业厂区、衰退的码头、仓储设施等，这类原先处于城市边缘区的用地由于城市区域的扩张而进入城市腹地之中，又由于生产力进步、生产方式的发展与变革而被废弃；②灰色基础设施及其周边用地，如城市车道、高架桥与轨道交通等下部空间、城市人行空间等，这类空间在满足城市交通及道路等各种基础设施功能的基础上，也可兼容生态与文化要素，利用其特有的线性空间形态成为城市生态空间体系的网状联系走廊；③城市滨水空间用地，由于其特殊的价值，城市滨水空间的建设往往是受一定限制的，河岸带同时也是多种生物的栖息地，是城市生态系统的重要组成部分，河网水系空间结构可以成为生态城市的支撑骨架之一；④老旧社区的更新改造用地，城市老旧城区除了各种设施匮乏、结构不合理、交通混乱等问题，绿地破碎与零散化、历史风貌丧失等问题，都应纳入生态城市建设的视野进行统筹规划与设计，推动从社区层面缝合城市生活网络。

城市历史文化的传承和保护也是生态城市建设的主要内容。城市发展不仅仅需要城市物质空间的支撑，还需要文化内涵的提升和完善。将历史遗迹融入城市生态空间网络，保存场地固有特征，复兴历史遗迹区，可以使得历史文化得到延续。将文化艺术元素融入城市生态空间网络，体现对人的关怀和审美体验，赋予生态空间具有多方面的人文趣味属性。总体而言，生态城市建设旨在突出人文属性和生态特征，充分发挥生态本底、文化底蕴的独特优势，将城市的绿色发展、人的全面发展、自然生态延续作为一个整体，从而促进人与自然的共生关系，逐渐形成社会与自然系统的协同进化模式。

2 存量空间生态化转型的优化策略

根据前述提出的建设思路以及“点—线—面”的实施途径，存量空间的生态化转型是实施生态城市战略的第一步。城市处于不断发展变化之中，拟更新或转型的存量空间的功能、形态、周围环境、人口等要素不断发生变化，场地周围未来的城市生活充满种种不可预测性。因而，把该空间视为有机体的生长过程，通过自然过程的演进和城市生活的逐步介入，使其转变为具有生命力和活力十足的复合功能空间，真正成为存量空间生态化或公园化转型的“空间发生器”。作者从基于自然资本的主题公园、整合文化资本的绿色园区、延续文脉的绿色基础设施、多功能复合的生态化更新四个方面，提出城市存量空间生态化转型的四大策略。

2.1 基于自然资本的主题公园策略

城市人类活动对植被多样性结构和布局的影响最为显著，并导致自然绿地斑块的破碎化。连通性是影响城市空间格局的关键特性，它可以促进或限制各自然地块之间的物质流动和生物迁移。城市发展不可避免地改变了场地或区域的生物物理结构，直接影响生态空间的连通性，间接影响社会网络的连通性。具有价值的生态空间应符合重要的自然特征，以便充分保护具有最大生物多样性价值的要素。绿化带、绿楔、绿道等生态空间结构可以通过在高密度城市发展区域提供和保持连通的开放空间，实现直接或间接地支持生物多样性维护的目标，同时提供娱乐设施，促进积极的土地精明管理。为此，应在区域规划框架内考虑生态结构和生态特征。除了保护和维护现状有价值的特征和栖息地外，总体规划还应设法确定潜在的连接走廊。生态效益可能不会在近期内实现，但随着时间的推移，这些连接的生态效益将逐渐凸显，并形成一个连续和完整的生态空间网络。

存量空间公园化转型可以弥合现有破碎化的生态空间，通过完善城市生态空间结构提升居民福祉。对于原工业厂区，尤其是被严重污染的重工业用地，通过生态设计与生态修复，利用自然具有的自组织和自我设计能力，以及自我愈合能力和自净能力，充分发挥自然在适应环境、分解净化、自我更新、循环再生和生产能力方面所具有的能动性，借力自然、让自然做功。设计中注重引入适当的自然要素及其相关过程，遵循自然能效最大化法则设计生态化结构，促进自然系统的物质利用和能量循环，恢复或维护场地的自然过程与原有的生态格局。存量空间通过生态设计与修复重获新生，使其在生物多样性和文化多样性方面均得以提升，转变成为城市中有价值的绿色开放空间，适宜营造自然景观与人文气息相结合的主题公园。这一绿色空间还能同时向外辐射到更广阔的区域，与周边区域产生更多的生态联系，有助于形成相互连通的生态网络。

基于自然资本的主题公园策略，既有区域尺度的，也有场地尺度的。在纽约清泉公园（Fresh Kills Park）的方案中，为了修复原垃圾场中受到严重污染的土壤，在场地中先引入抗性强、适宜生长的乡土野草，降解土壤中的有毒物质，随着因地制宜的动态管理，促进基地环境的不断改善，再逐步引入木本植物，达到恢复自然生境和完善生态体系的目的（图 12-1）。又如哈格里夫斯在烛台角文化公园里创作了富于变化的生态系统，种植乡土的、耐旱的植物，并让野生的花卉和灌木都自由地生长。经过多年的自然演变，场地中初始的浅坑中已经萌发出刺槐等植物，坑地的造型被淹没在植物的绿色之中。当初地形塑造的棱角被逐渐软化，最终基于自然演进过程重塑环境（张红卫，2003）。这两个案例都通过生态修复转化为兼具人文气息和自然生态的主题公园。

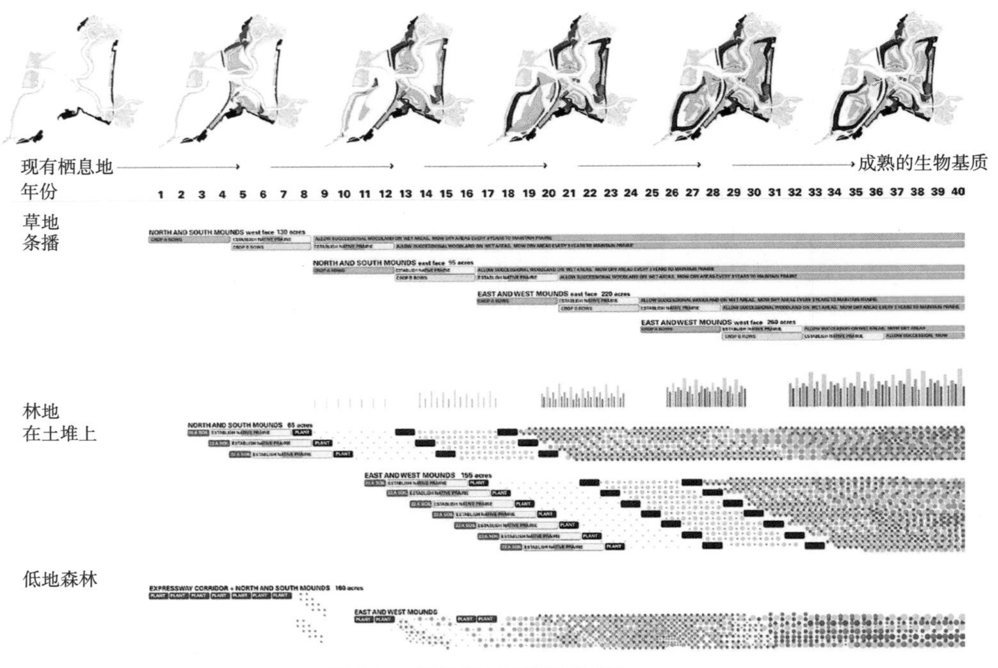

图 12-1 清泉公园的植物演替过程
图片来源：翟俊，2010.

2.2 整合文化资本的生态园区策略

作为城市空间的组成部分，存量空间的价值并不仅由空间本身决定，而是由过去和现在的事件持续在同一地点发生所决定，每一个新的活动都包含着过去的回忆和对未来潜在的“记忆”。它是人们的社会文化观念的一种表现，与人们所在的场所、时间紧密联系在一起，是意象与实体的聚合体。城市是集体记忆的场所①，集体记忆对加强城市市民的身份认同和社会共识发挥着至关重要的作用。集体记忆既可以存在于物质形式中，如老工业厂区、历史街区、古建筑等特定空间，也可以存在于非物质形式的文化实践活动中，比如仪式、风俗、节日等纪念仪式和主题性活动等。随着城市的发展，这些承载着集体记忆的场所也逐渐成了需要更新和转型的城市存量空间。这些空间的功能会随着时间推移逐渐变化，但形态特征相对不变，体现了空间的文化价值。比如由老码头转变为了城市休闲中心，由城市历史中长期存在的工业旧厂房转化为了创意公园等。虽然这些场地的功能发生了变化，但其重要的实体形式仍应被保留。这类形式给予人们强烈的视觉印象和深刻的精神体验，延续了城市的人文历史脉络，成了城市的永恒记忆。

① 集体记忆由法国社会学家莫里斯·哈布瓦赫（Maurice Halbwachs）在 1925 年首次完整地提出，以跟个人记忆区分开，是指各种各样的集体对一起建构的事或物所保存的记忆。

（a）

（b）

图 12-2　北杜伊斯堡公园

（a）公园举办的音乐节已成为国际著名的音乐盛会；（b）原有工业设施成为受欢迎的公园娱乐场所

图片来源：邹锦，2016.

例如北杜伊斯堡公园的原址为 1985 年关闭的奥格斯特蒂森钢铁厂，景观设计师彼得·拉茨（Peter Latz）充分利用了原址上的工业构架，将空间划分为四个层次上的功能不同、形态相异、可以独立运行的系统，通过功能、视觉、意向等方式将不同层次的空间联系起来。公园的一些厂区存在着严重的污染，通过土壤改良和植被种植，恢复了优美的环境，对原有场地进行重新设计和改装后形成的广场、剧院、运动区域、步道等多样化的空间，赋予了场地以新的气息，在改变了原址的面貌的同时又保存了人们对场地的集体记忆，同时为附近地区的环境和经济营造了一个好的氛围，使老旧厂区重获生机（图 12-2）。

2.3　延续文脉的绿色基础设施策略

城市的历史记忆和文脉是城市的精神内核，城市更新与转型过程中需要确保文化遗产保护的完整性和历史信息感知的连续性，对于传承城市传统文化、提升城市品位与形象，强化市民对城市的认同感至关重要。存量空间生态化转型过程中，可以与绿色基础设施（GI，Green Infrastructure）相结合，构建承载城市记忆的连续的文化遗产网络。

GI 是指维持健康生命过程的自然、半自然或人工的绿色空间网络，为城市生态环境和历史文化遗产保护提供框架是其基本功能之一。GI 网络将全部有价值的自然和历史文化遗产作为保护对象，将各类遗产通过 GI 线性网络通道连接起来，为城市自然和文化遗产保护提供空间框架（邹锦等，2014）。可以将全部文化遗产、历史遗存、乡土遗产等有价值的历史文化区域作为保护对象，确定需要保护、恢复和强化的历史区域，分析保护对象的人文演变过程和遗产体验的人文活动过程，将分散

（a）

（b）

图 12-3　上海西岸徐汇滨江转型改造前后对比
（a）徐汇滨江工业基地旧貌；（b）改造后与城市 GI 系统完美融合的西岸徐汇滨江绿带
图片来源：http：//www.kaixian.tv/gd/2016/1120/733755.html.

的历史遗产保护地通过历史步道、带状公园、河流廊道等生态空间连接通道连接起来。

将城市存量空间资源进行分类，把具有历史价值和保存城市记忆的存量空间转型纳入城市 GI 系统中，可以确保城市历史文化遗产保护的完整性和历史信息感知的连续性，将城市历史文脉与城市基础设施网络相结合。在进行这类历史存量空间的生态化转型时，可以保留其历史性物质遗存，例如旧工业厂房、老码头、大烟囱、桁架、大型起重机、旧铁轨等，以传承并体现其空间历史特色，同时植入新的城市功能，适应当代人们休闲文化的需要，并塑造人性化的尺度空间。

例如上海西岸徐汇滨江，曾是上海重要的交通运输、物流仓储和工业生产基地，区域内有众多历史遗存，如飞机制造厂、水泥厂、油罐码头、仓库等。徐汇滨江区在逐渐推进区域功能结构的转换与地区活力的复兴的过程中，将区域棕地的改造与再开发融入滨江绿地系统规划中，使其成为城市绿色基础设施的有机组成部分。通过对区域内历史遗存保护利用，改造为美术馆、艺术设计机构、文化展会空间等形式的公共开敞空间，以优化、整合、连通现状绿地斑块及这些经过改造的历史遗存空间，建立区域慢行系统连通原分散的绿地空间等策略，不仅增加了区域生态效益，还延续了城市历史文脉，同时创造适宜多元活动的滨水空间和丰富多样的生态环境（图 12-3）。

2.4　多功能复合的生态化更新策略

空间高效利用是由城市土地内在的有限和竞争性的特性决定的（Jack and Ahern，2013）。适应城市用地紧张和不断变化着的环境的景观应该是多目标的综合策略。将多种功能有机结合、合理安排的多用途混合使用的城市景观空间往往具有更高的土地使用效率与多样性，并且富有活力，同时兼具社会、经济和生态价值。存量背景的城市土地稀缺性与城市的快速发展、市民生活的多样化要求相叠加，这要求城市景观空间应该能够适应随着时间流逝而发生的各种各样的都市休闲行为，为城市生活和事件提供更多可能性的空间舞台，对转型的城市存量空间采取灵活、高效、功能混合的土地利用方式，实现有限用地的综合价值最大化。

例如美国亚特兰大的弗斯沃德（Fourth Ward）公园，占地 6.88hm^2，地处该市的低洼地段，原本是一块受工业污染严重的不毛之地，而且逢雨必涝。作为亚特兰大连接 45 个社区、总长 22 英里的环城绿道部分，通过对低洼地的景观改造，公园的景观布局围绕调蓄雨水的滞洪池展开，将雨水的收集调蓄过程与富于表现力的水景相结合，营建出公园的主景，形成一个集雨洪调蓄、资源回用、休闲娱乐等多功能于一体的城市雨洪公园。让固定的公园空间在不同时期发挥不同的功能，形成一个集雨洪调蓄、污染阻隔、水资源循环利用、景观、休闲娱乐等多用途于一体的新型公园，从而在有限的公园用地上，综合地发挥其生态效益、社会效益和基础设施效益（翟俊，2015）。这种融社会、经济、环境、基础设施和景观空间结构与形态为一体的综合性协同规划，通过基础设施与景观设计相结合的途径，利用有限的城市用地，在保证城市和区域免遭洪水侵袭的同时，提升了城市的社会、生态服务功能，同时丰富了城市的空间体验。

3　存量空间转型的网络化建构路径

完全依赖于孤立的存量空间生态化转型难以实现生态城市的整体战略目标，必须将其整合进城市未来的绿色发展空间框架中，通过点状存量空间的转型带动形成线性体验带、多层线性空间的叠合生长形成网络构架，以及多点小尺度微更新形成的网状绿色蔓延，构建多层次网络化的生态城市空间结构。

3.1　线性链接：多点转型形成线性体验带

点状的存量空间更新不仅仅出于其自身的功能需要，同时也在周围环境的生长、完善过程中扮演角色，通过对环境的适应和改善，实现空间自我的自播繁衍，进而向周边传播伸展，促成空间的生长（邹锦和杜春兰，2018）。许多成功的案例证明景观能以较低的前期投入撬动整个地区的发展，从而推动空间的生长和废弃场地的再生，产生巨大的社会和经济效益。在这方面早期的例子如纽约的中央公园，由纽约市的郊外的闲置荒地和棚户区，一跃成为全纽约，甚至全世界最繁华、地价最高的区域。城市存量空间往往也是城市的历史记忆和文脉延续的场所，针对这类存量空间，在对历史性物质遗存进行保护的前提下，可以通过设计，将这部分原来被城市遗忘的空间重新与城市建立起良性的互动与联系。例如理查德 · 海格（Richard

（a）

（b）

图 12-4 西雅图煤气公司公园
（a）公园外景；（b）原有设施改造成为公园娱乐场所
图片来源：邹锦，2016.

Haag）在西雅图煤气公司（Gas Works）公园的设计方案中保留了若干工业建筑，使得场地记忆得以延续。设计师同时还丰富了公园的娱乐功能，使得公园成为一个供人们生活、休息、运动的场所。因此，成功的存量空间转型不仅满足人们休闲娱乐的需要，还延续了城市的人文历史脉络，满足了人们的精神需求，有助于充分激发存量空间的公共交往行为，触发该空间的自我生长与更新（图 12-4）。

单体存量空间的更新与转型应与城市有机融合，还需要一个连续的网络结构来承载其连锁反应。"联系"是这个过程中的关键词，将分散的开放空间联系在一起，将割裂的步行网络联系在一起（周恒和杨猛，2010），使其由点到线，再扩散至整个区域。典型的案例如詹姆斯 · 康纳（James Corner）主持设计的纽约曼哈顿高线（High Line）公园项目。这条建于 1930 年的高架铁原为港口与加工区之间的铁路货运专用线，总长约 2.4km，横贯纽约 22 个街区。高线于 1980 年便告废弃，其所处的纽约第十大道以西原是城市的仓储区，遭废弃后这一区域越加破旧脏乱，高线也一度面临拆迁的危险。2009 年 6 月，高线公园（一期工程）建成开放，只是原铁路线最南端的约三分之一段。由于开放后受到出乎意料的欢迎，后续的二、三期工程也陆续开工，最终覆盖了整条铁路线。建成后的高线公园在发挥游憩功能的同时，起到了经济恢复引擎的作用。纽约市对高架周边地区进行了重新分区，鼓励开发的同时保留社区特色，新区和公园的组合使这里成为纽约市增长最快、最有活力的社区，十年间新区人口增长了 60%。临近高架的项目建设许可签发增加一倍，至少有 29 个大型开发项目动工，总投资超过 20 亿美元。这个体量不大的空中公园成为优质的空间触媒，由点到线，成功带动了人气的大量回归，形成了极具活力的公共开放空间，进而重振了整个曼哈顿西区，成了当地的标志（图 12-5）。

（a）

（b）

（c）

图 12-5　线性链接——高线公园
（a）从空中俯瞰的线性公园；（b）高线公园景观营造；（c）公园沿线新建的地产项目
图片来源：邹锦拍摄

3.2　网络建构：多层线性空间的叠合生长

网络化提供的水平框架，极大地提升了漫游、联络、互连、聚集和移动的机动性，可以维持存量空间功能的自组织和自演化能力，促进了空间的自我生长。在存量空间转型实践中，这个网络不同于传统的城市中那些自上而下的中心、轴线、等级等组织空间的结构形式，而是基于转型存量空间自身的特征，根据城市未来绿色发展的空间架构，结合存量空间现状、生态空间结构、历史遗迹、生态廊道、现有基础设施以及新的规划项目等进行调查研究后得出的空间划分框架。将现有资源进行有机整合，形成转型存量空间与现有城市公共空间、历史遗迹、绿地与公园系统的连续性网络化空间结构，并进而与城市外围的“山水林田湖草”的生态基底产生联系，将城市自然、半自然和人工的绿色空间融入区域整体生态空间格局，构建多功能、多层次、网络化的城市开放空间体系。

通过“层叠”的方式，将地形、交通、植被、人流等水平扩展的秩序系统叠加覆盖在网格空间上，可以强化空间的骨架，并在各个空间之间形成有机联系。因此，网络连接形式既可能是实体的空间要素，如绿道、河流、基础设施等，也可能是某些非实体的要素，例如城市活动或持续性事件引发人群的流动，由此形成人们活动的轨迹，同样构成一种水平秩序系统，促进开放空间的功能演进。

此外，网络状的空间划分方式可以提供多个平行的空间，形成一定的空间秩序。细分后的空间实体更具有可操作性，同时每一部分都可以相对独立并具有其空间个性。网络空间还保持着开放性，可以适应随时间而变化的弹性和发展。这样的柔性组织方式也更适合在城市建成区内的实施与操作。存量背景下的生态城市建设以“点—线—面”的路径，从现有存量空间中挖潜，以单体存量空间的生态化、公园化转型入手，以柔性组织方式构建连续的网络结构，带动沿线空间资源的更新与转型，使其成为城市空间体系的有机组成部分，进而撬动整个区域的绿色发展。

3.3 绿色蔓延：社区微更新的多点并网

触媒（catalyst），也叫催化剂。在城市设计中，触媒是指在空间中加入的某些变量，以此为媒介触发相应的过程，促进空间向期望的方向生长、发展和变化。将促进空间本身发展变化的触媒，称为“空间触媒”。

城市更新涉及点多面广的城市建成区老旧社区更新与微更新、城市街道提升空间品质改造等，这些多点的小尺度微更新就是一个个的“空间触媒”。例如，改造后的街道空间形成一个宜人的社区小型绿地，加上配置合理的相关设施，可以激发相应的活动并带动周围空间的活力，从而促使空间向更具活力的方向发展。在社区更新中通过规划植入生态和人文元素，可以形成独特的环境特征和社区空间支撑结构，增强社区的归属感。这些要素主要包括社区公园、社区步行网络、游憩场地、历史小径和文化遗迹等人文要素，以及自然林地、库塘湿地、径流通道、雨水蓄滞设施等自然要素（邹锦等，2014），寻找场地潜在的生态结构，构建要素之间的连通性，可以形成基于自然、生物和人文过程的社区 GI 网络。通过与城市 GI 网络连接，社区 GI 网络可以融入城市生态结构成为有机的组成部分。社区更新是存量空间转型中重要且最为常见的一类空间组成，社区 GI 的多点位公园化转型极易带动周边社区，从社区层面形成“绿色蔓延”，推动公园城市体系建设。

雷姆·库哈斯（Rem Koolhass）为加拿大多伦多当斯维尔（Downsview）公园所做的“树城”（Tree City）方案（图 12-6），将公园的绿色空间作为“空间触媒”，以植物的繁殖与扩张蔓延能力使公园向都市中延伸，充分展现了动态的、过程式的规划设计理念。设计者把绿色空间视为城市“绿色生命体”，具有自我繁殖再生与扩张蔓延能力，系统可自行运转，犹如永不停歇的绿色播种机。而公园就是一颗具有顽强生命力的“种子”，将其“植入”城市钢筋混凝土的丛林之中，由其自然地生长。这种“绿色蔓延”（Green Sprawl）的设计策略让绿色空间元素成为城市

图 12-6 “树城”方案
图片来源：华晓宁和吴琅，2009.

的空间序列元素，公园将多伦多的其他绿地空间联系起来，最终使该地区完整地融入大多伦多地区的景观系统之中（邹锦，2016）。“树城”方案说明了以存量空间转型带动的“点—线—面”的生长模式可以运用在更大尺度的城市空间结构塑造中。存量背景下的生态城市战略更注重系统渐进的、微小的、积累的变化，坚持“以人民为中心、以生态文明为引领”指导思想，构建生产、生活、生态空间相宜，自然、经济、社会、人文相融的复合系统。

参考文献

[1] 陈沧杰，王承华，宋金萍．存量型城市设计路径探索：宏大场景 VS 平民叙事——以南京市鼓楼区河西片区城市设计为例 [J]. 规划师，2013，29（5）：29-35.

[2] 颜文涛，王正，韩贵锋，等．低碳生态城规划指标及实施途径 [J]. 城市规划学刊，2011（3）：39-50.

[3] 刘巍，吕涛．存量语境下的城市更新——关于规划转型方向的思考 [J]. 上海城市规划，2017（5）：17-22.

[4] 翟俊．不以审美表象为主导的师法自然——行使功能的景观 [J]. 中国园林，2010（12）：36-40.

[5] 张红卫．熵与开放式新景观——哈格里夫斯的景观设计 [J]. 新建筑，2003（5）：52-55.

[6] 邹锦．基于过程的山地城市滨水区景观设计方法研究 [D]. 重庆：重庆大学，2016.

[7] 邹锦，颜文涛，曹静娜，等．绿色基础设施实施的规划学途径——基于与传统规划技术体系融合的方法 [J]. 中国园林，2014（9）：92-95.

[8] AHERN J. Urban landscape sustainability and resilience：the promise and challenges of integrating ecology with urban planning and design[J]. Landscape Ecology，2013（28）：1203-1212.

[9] 翟俊．景观基础设施公园初探——以城市雨洪公园为例 [J]. 国际城市规划，2015（5）：110-115.

[10] 邹锦，杜春兰．引导过程的主动介入式设计模式：生态智慧启发下的方法探索 [J]. 中国园林，2018，34（7）：59-63.

[11] 周恒，杨猛．作为一种规划工具的城市事件——斯图加特园艺展与城市开放空间优化 [J]. 城市规划，2010（11）：63-67.

[12] 华晓宁，吴琅．当代景观都市主义理念与实践 [J]. 建筑学报，2009（12）：85-89.

[13] 颜文涛，萧敬豪，胡海，等．城市空间结构的环境绩效：进展与思考 [J]. 城市规划学刊，2012（5）：50-59.

后记

生态城市研究是一个跨学科并极具挑战性的研究领域，特别强调策略和行动的综合性。本书并没有尝试构建一个完整的生态城市理论框架，而是从若干核心议题提出生态城市综合实践路径和框架，并通过部分案例进一步诠释实践过程。如果说城市是一个可持续性问题的发生器，那么生态城市应该是一种可持续性问题的解决方案。本书相关研究成果对于我国下半场的可持续城镇化工作有一定的启示。

本书针对生态城市实践的探索，还只是初步的和浅层次的。还需要同行们的共同探索，聚焦生态城市领域并展开长期研究，分享彼此的创新观点、创新方法和实践案例非常重要。需要注意的是，我们在借鉴国内外的生态城市实践案例时，应该有所甄别，不能简单套用其他案例的路径和方法。

生态城市有普适性的实践框架，但针对特定地区的生态城市，具体的行动路径将是地方性的。每个生态城市都是与众不同的，都有其特定的社会经济背景、资源环境条件以及期望解决的问题，需要关注该城市的人（社会）—事（行动）—物（环境）—知（知识）的匹配性，“适境律”是生态城市实践成功的关键。

对生态城市规划理论的研究还有待不断发展和完善，并通过理论和实践持续性地进行相互印证，期待未来能够有一个生态城市规划理论的整体框架。

这些年最令我难忘的是在生态城市领域给我启迪、指引我前进的学者前辈和学界朋友们。本书撰写过程中，参考了许多专业人员的论著和成果，书中特别对文献或图表引用部分作出详细标注，但仍恐有疏漏之处，诚请包涵。特别感谢我的妻子邹锦博士对本书的文字校对工作。本书出版得到中国建筑工业出版社的大力支持，对于本书的编辑极为严谨的工作态度，在此表示衷心的感谢。

颜文涛

2021 年 2 月于上海